港口工业固体废物管理指南

MANAGEMENT GUIDELINES OF INDUSTRIAL SOLID WASTE IN PORT

孙虎　刘伟 / 主编

中国市场出版社
China Market Press
·北 京·

图书在版编目（CIP）数据

港口工业固体废物管理指南 / 孙虎，刘伟主编 . 北京：中国市场出版社有限公司，2025. 4. -- ISBN 978-7-5092-2638-4

Ⅰ. X736.105-62

中国国家版本馆 CIP 数据核字第 2024AR5033 号

港口工业固体废物管理指南

GANGKOU GONGYE GUTI FEIWU GUANLI ZHINAN

主　　编：孙　虎　刘　伟

责任编辑：张　瑶（zhangyao9903@126.com）

出版发行：中国市场出版社 China Market Press

社　　址：北京市西城区月坛北小街 2 号院 3 号楼（100837）

电　　话：（010）68020337/68021338

网　　址：http://www.scpress.cn

印　　刷：北京厚诚则铭印刷科技有限公司

规　　格：185mm × 260mm　16 开本　　版　　次：2025 年 4 月第 1 版

印　　张：23.25　　印　　次：2025 年 4 月第 1 次印刷

字　　数：417 千字　　定　　价：98.00 元

书　　号：ISBN 978-7-5092-2638-4

编委会

主　　编：孙虎　刘伟

主　　审：曹应峰　王彪

副 主 编：蔡全杰　郭庆宏　赵鲁华　于建军　黄文栋　张忆文

参编人员：浦家飞　王钰　隋亚男　侯昌茂　朱昆鹏　欧阳辉　安可胜　齐钰　李大兴　车顺　张雪　温泉　蒲开艳　任学来　孙正文　杨忠　刘峰　黄惠　石重明　谭智

序言

FOREWORD

近年来，中国港口迎来了飞速发展，我国沿海主要港口不断向专业化、大型化和深水化发展，不仅硬件设施进一步更新换代，软实力也实现了全面提升。在“一带一路”倡议的推动下，中国港口正成为连接世界的新枢纽，为全球贸易提供更加便捷、高效的服务。在高质量发展不断推进、生态文明建设不断深化的时代背景下，中国港口必须以更高站位、更宽视野、更大力度来谋划和推进新时代生态环境保护工作，以高品质生态环境支撑高质量发展。

固体废物治理是生态文明建设的重要内容，新修订的《中华人民共和国固体废物污染环境防治法》2020 年 9 月 1 日起施行后，对制度规范的针对性和可操作性提出了更高的要求，明确多措并举推进各行业领域固体废物的减量化、资源化、无害化，不断提升固体废物污染防治水平。现阶段，固体废物的管理已成为影响环境质量和可持续发展的关键因素，提升固体废物综合治理水平，对深入打好污染防治攻坚战，改善生态环境质量具有重要意义。

港口作业产生的工业固体废物种类繁多，其产生、收集、贮存、运输、利用、处置等环节工作是一个复杂、庞大的系统工程，具有复杂性、错位性、经济性、危害性等特点，更需要进行规范、系统的管控。辽宁港口作为我国东北地区重要的物流枢纽和国际贸易的窗口，其工业固体废物的管理不仅直接影响港口自身的可持续发展，更关系到地区环境的健康与安全。

港口工业固体废物管理指南

《港口工业固体废物管理指南》依据国家有关固体废物环境管理政策法规与标准规范的要求，结合辽宁港口的实际情况，深入剖析了港口企业涉及的工业固体废物的定义、分类与产生机理，并对一般工业固体废物及危险废物的产生、收集、运输、处理、处置及监管等各个环节进行规范指导，明确常见违法行为与法律责任，旨在形成一个科学、系统、可持续的工业固体废物管理框架，确保港口企业在遵循法律法规的同时，也能在市场竞争中保持领先动力。在合规管理的基础上，固体废物管理的核心在于推动减量化、资源化和无害化处理，以实现工业固体废物的环境风险最小化和资源利用最大化。本指南的编制发布为辽宁港口提供了一套行之有效的管理方法和实践路径，是对绿色发展理念的坚定践行，希望本指南的出版对新时期港口工业固体废物管理发挥有效作用，助力辽宁港口实现绿色发展、循环发展、低碳发展，同时也为其他港口及相关工业领域提供宝贵的经验和参考。

张华勤[1]
2025 年 3 月

[1] 张华勤，男，工学博士，正高级工程师、国务院政府特殊津贴专家、天津市政府特约研究员、国家长江生态环境保护修复联合研究中心总体专家组成员。曾任交通运输部天津水运工程科学研究院院长、党委副书记，交通运输部部长政策咨询委员会委员，港口水工建筑技术国家工程实验室管委会主任，科技部水路绿色建设与灾害防治国际科技合作基地负责人，中国工程建设标准化协会水运专业委员会副主任委员等职务。中美合作项目“港湾突发性溢油应急及生态修复技术合作研究发”等 10 余项成果获省部级科技奖励。

前言 PREFACE

2024年2月6日，《国务院办公厅关于加快构建废弃物循环利用体系的意见》指出，到2030年，建成覆盖全面、运转高效、规范有序的废弃物循环利用体系，各类废弃物资源价值得到充分挖掘，再生材料在原材料供给中的占比进一步提升，资源循环利用产业规模、质量显著提高，废弃物循环利用水平总体居于世界前列。

企业内部生态环境管理是企业正常生产运营的一道重要防线，为提高港口工业固体废物生态环境精细化管理水平，结合“无废城市”建设要求以及港口工业固体废物实际产生情况，辽宁港口集团有限公司、天津港股份有限公司、山东省港口集团有限公司、宁波舟山港股份有限公司和中翰格瑞（大连）环保技术有限公司共同组织编制了这本《港口工业固体废物管理指南》，旨在明确企业工业固体废物管理自我检查及自我完善的标准流程，为各单位排查环境风险、解决生态环境隐患提供具体方法，为打造美丽港口提供相关技术支撑和理论依据。

依据《中华人民共和国固体废物污染环境防治法》，固体废物一级分类按照产生源划分为工业固体废物、生活垃圾、建筑垃圾和农业固体废物。工业固体废物又分为一般工业固体废物和危险废物（放射性废物除外）。

本指南适用于港口企业产废单位一般工业固体废物管理及危险废物管理工作，不包含其他固体废物的管理要求。

本指南在编制过程中坚持工业固体废物减量化、资源化和无害化的总原则，严守固体废物综合利用和安全处置的生态环境底线。推动建设符合有关国家标准的贮存设施，实现安全分类存放，杜绝混排混堆。统筹兼顾固体废物增量消纳和存量治理，健全生态环境管理长效监督机制。本指南主要内容包括以下几方面。

一、工业固体废物管理

本指南作为港口企业工业固体废物管理方面的专业指导书，梳理了工业固体废物方面的管理责任和常见违法行为。其中一般工业固体废物、危险废物管理常见违法行为及其法律责任各 12 种。另外，其他章节中的各个管理环节也同样罗列了相对应的法律责任。

二、一般工业固体废物管理

一般工业固体废物污染环境防治工作是企业履行生态环境保护的基本义务之一，不合规的行为可能给企业带来潜在的法律风险和经营风险，导致企业受到行政处罚，造成经营损失和名誉损失，严重者可能带来刑事责任。

为指导企业规范开展一般工业固体废物管理工作，根据《一般工业固体废物管理台账制定指南（试行）》（2021 年）、《排污单位环境管理台账及排污许可证执行报告技术规范 总则（试行）》（HJ 944—2018）、《一般工业固体废物贮存和填埋污染控制标准》（GB 18599—2020）和《排污许可证申请与核发技术规范 工业固体废物（试行）》（HJ 1200—2021）等，本指南全面梳理了企业管理的主要义务和贮存标准，以及台账制定和标识设立的方法。

三、危险废物管理

近年来，危险废物的管理工作发生了较大的变化，国家相继出台了一些新标准和技术导则，如《危险废物贮存污染控制标准》（GB 18597—2023）、《危险废物识别标志设置技术规范》（HJ 1276—2022）、《危险废物管理计划和管理台账制定技术导则》（HJ 1259—2022）、《排污许可证申请与核发技术规范 码头》（HJ 1107—2020）和《排污许可证申请与核发技术规范 工业固体废物（试行）》（HJ 1200—2021）等。这些新标准的出台，给辽宁港口等各级产废单位带来较大挑战，若干年的危险废物管理工作要重新梳理，以往的管理思路和管理经验要进行新的调整，但在调整过程中难免会出现些许不适，有可能造成潜在的环境法律风险。

本指南在危险废物管理上，从危废的识别、危废管理制度、管理计划、申报登记、台账、收集、贮存、转移、处置和危废标识这 10 个方面，对如何管好危险废物进行了说明和解释，旨在帮助企业实现危险废物的规范化管理。

此外，本指南根据法规要求，以表格形式从 12 个方面罗列出 44 条港口企业危险废物自我检查条款，企业可按照这些条款一一对照，排查问题、消除隐患。

四、部分省份工业固体废物管理相关政策

为了防治固体废物污染环境，节约和合理利用资源，维护生态安全，推进生态文明建设，促进经济社会可持续发展，各省根据《中华人民共和国固体废物污染环境防治法》等法律、行政法规，结合本省实际，分别制定、出台了相关固体废物污染环境防治条例、实施方案、管理规程等，本指南重点梳理了大连、天津、浙江、山东、辽宁等地的相关政策规定，以便港口企业查询、参考。

本指南强调落实辽宁港口作业的全过程管理要求，推进一般工业固体废物和危险废物管理规范化，协同推进工业固体废物的产生、贮存、转移、综合利用和处置各环节的规范管理，紧密结合港口企业特点，全方位诊断、多角度施策。

有些政策随着时间的推移，可能有所变化，各港口企业应根据政策变化随时调整具体管理要求。

实际工作中如遇到未收录的相关政策及要求，可以自行查询并落实，本指南也将实时进行补充更新。

目录

CONTENTS

第 1 章

工业固体废物管理概述

Management Guidelines of

Industrial Solid Waste

in Port

PORT

1.1　工业固体废物建设项目管理

根据《建设项目环境影响评价分类管理名录（2021 年版）》第四十七条“生态保护和环境治理业”之“101. 危险废物（不含医疗废物）利用及处置”的规定，危险废物利用及处置（产生单位内部回收再利用的除外；单纯收集、贮存的除外）需要编制环境影响评价报告书，其他编制报告表。根据该条“103. 一般工业固体废物（含污水处理污泥）”的规定，采取填埋、焚烧（水泥窑协同处置的改造项目除外）方式的，需要编制环境影响评价报告书，其他编制报告表。

因此，港口企业的工业固体废物产废单位，在办理环评审批时一般需要明确环境影响报告表级别。

《中华人民共和国固体废物污染环境防治法》（以下简称《固废法》）新修订以后，主体工程配套固体废物项目的验收由企业自行组织。

1.2　工业固体废物管理法律体系

1. 法律

（1）《中华人民共和国环境保护法》；

（2）《固废法》；

（3）《中华人民共和国刑法》及刑法修正案（八）、（十一）；

（4）《中华人民共和国海洋环境保护法》；

（5）《中华人民共和国水污染防治法》；

（6）《中华人民共和国港口法》；

（7）《中华人民共和国行政处罚法》。

2. 行政法规

（1）《防治船舶污染海洋环境管理条例》；

（2）《废弃电器电子产品回收处理管理条例》；

（3）《城市市容和环境卫生管理条例》；

（4）《危险化学品安全管理条例》；

（5）《危险废物经营许可证管理办法》。

3. 部门规章

（1）《电子废物污染环境防治管理办法》；

（2）《国家危险废物名录（2025年版）》；

（3）《危险废物转移管理办法》；

（4）《危险废物转移联单管理办法》；

（5）《工业固体废物资源综合利用评价管理暂行办法》；

（6）《环境行政处罚办法》。

4. 地方法规

（1）《辽宁省固体废物污染环境防治办法》；

（2）《辽宁省海洋环境保护办法》；

（3）《辽宁省危险废物转移管理办法（试行）》。

5. 相关指南、技术标准

（1）《一般工业固体废物管理台账制定指南（试行）》；

（2）《危险废物管理计划和管理台账制定技术导则》（HJ 1259—2022）；

（3）《排污许可证申请与核发技术规范 码头》（HJ 1107—2020）；

（4）《一般工业固体废物贮存和填埋污染控制标准》（GB 18599—2020）；

（5）《危险废物贮存污染控制标准》（GB 18597—2001）；

（6）《危险废物收集贮存运输技术规范》（HJ 2025—2012）；

（7）《危险废物识别标志设置技术规范》（HJ 1276—2022）；

（8）《废矿物油回收利用污染控制技术规范》（HJ 607—2011）；

（9）《含多氯联苯废物污染控制标准》（GB 13015—2017）；

（10）《实验室废弃化学品收集技术规范》（GB/T 31190—2014）；

（11）《废铅蓄电池处理污染控制技术规范》（HJ 519—2020）；

（12）《固体废物鉴别标准 通则》（GB 34330—2017）；

（13）《危险废物鉴别标准 通则》（GB 5085.7—2019）；

（14）《危险废物鉴别技术规范》（HJ 298—2019）；

（15）《排污单位环境管理台账及排污许可证执行报告技术规范 总则（试行）》（HJ 944—2018）；

（16）《排污许可证申请与核发技术规范 工业固体废物（试行）》（HJ 1200—2021）。

1.3　工业固体废物管理常见违法行为

1.3.1　一般工业固体废物管理常见违法行为

详见表 1–1。

表 1–1　一般工业固体废物管理常见违法行为

序号	违法行为	处罚依据
1	环评未经审批即开工建设	《固废法》第十八条 建设项目的环境影响评价文件确定需要配套建设的固体废物污染环境防治设施，应当与主体工程同时设计、同时施工、同时投入使用。建设项目的初步设计，应当按照环境保护设计规范的要求，将固体废物污染环境防治内容纳入环境影响评价文件，落实防治固体废物污染环境和破坏生态的措施以及固体废物污染环境防治设施投资概算。
2		《中华人民共和国环境保护法》第六十一条 建设单位未依法提交建设项目环境影响评价文件或者环境影响评价文件未经批准，擅自开工建设的，由负有环境保护监督管理职责的部门责令停止建设，处以罚款，并可以责令恢复原状。
3	阻挠监督检查	《固废法》第一百零三条 违反本法规定，以拖延、围堵、滞留执法人员等方式拒绝、阻挠监督检查，或者在接受监督检查时弄虚作假的，由生态环境主管部门或者其他负有固体废物污染环境防治监督管理职责的部门责令改正，处五万元以上二十万元以下的罚款；对直接负责的主管人员和其他直接责任人员，处二万元以上十万元以下的罚款。

续表

序号	违法行为	处罚依据
4	违反排污许可证制度	《固废法》第一百零四条 违反本法规定，未依法取得排污许可证产生工业固体废物的，由生态环境主管部门责令改正或者限制生产、停产整治，处十万元以上一百万元以下的罚款；情节严重的，报经有批准权的人民政府批准，责令停业或者关闭。
5	未依法及时公开固体废物污染环境防治信息	《固废法》第一百零二条 违反本法规定，有下列行为之一，由生态环境主管部门责令改正，处以罚款，没收违法所得；情节严重的，报经有批准权的人民政府批准，可以责令停业或者关闭： （一）产生、收集、贮存、运输、利用、处置固体废物的单位未依法及时公开固体废物污染环境防治信息的； …… 处五万元以上二十万元以下的罚款。
6	未建立固体废物管理台账	《固废法》第一百零二条 （八）产生工业固体废物的单位未建立固体废物管理台账并如实记录的； …… 处五万元以上二十万元以下的罚款。
7	未采取防范措施造成工业固体废物环境污染	《固废法》第一百零二条 （七）擅自倾倒、堆放、丢弃、遗撒工业固体废物，或者未采取相应防范措施，造成工业固体废物扬散、流失、渗漏或者其他环境污染的； …… 处所需处置费用一倍以上三倍以下的罚款，所需处置费用不足十万元的，按十万元计算。
8	贮存工业固体废物不符合防护措施	《固废法》第一百零二条 （十）贮存工业固体废物未采取符合国家环境保护标准的防护措施的； …… 处十万元以上一百万元以下的罚款。
9	未经批准转移固体废物	《固废法》第一百零二条 （五）转移固体废物出省、自治区、直辖市行政区域贮存、处置未经批准的； …… 处十万元以上一百万元以下的罚款。

续表

序号	违法行为	处罚依据
10	随意倾倒、抛撒或者焚烧生活垃圾	**《固废法》第一百一十一条** 违反本法规定，有下列行为之一，由县级以上地方人民政府环境卫生主管部门责令改正，处以罚款，没收违法所得： （一）随意倾倒、抛撒、堆放或者焚烧生活垃圾的； …… 处五万元以上五十万元以下的罚款。
11	违法在水边、岸坡堆放、存贮固体废物	**《中华人民共和国水污染防治法》第三十八条** 禁止在江河、湖泊、运河、渠道、水库最高水位线以下的滩地和岸坡堆放、存贮固体废弃物和其他污染物。 **第八十五条** 有下列行为之一的，由县级以上地方人民政府环境保护主管部门责令停止违法行为，限期采取治理措施，消除污染，处以罚款；逾期不采取治理措施的，环境保护主管部门可以指定有治理能力的单位代为治理，所需费用由违法者承担： （四）向水体排放、倾倒工业废渣、城镇垃圾或者其他废弃物，或者在江河、湖泊、运河、渠道、水库最高水位线以下的滩地、岸坡堆放、存贮固体废弃物或者其他污染物的。
12	向海域倾倒任何废弃物	**《中华人民共和国海洋环境保护法》第七十一条** 任何个人和未经批准的单位，不得向中华人民共和国管辖海域倾倒任何废弃物。 需要倾倒废弃物的，生产废物的单位应当向国务院生态环境主管部门海域派出机构提出书面申请，并出具废物特性和成分检验报告，取得倾倒许可证后，方可倾倒。 禁止中华人民共和国境外的废弃物在中华人民共和国管辖海域倾倒。 **第九十三条** 违反本法规定，有下列行为之一，由依照本法规定行使海洋环境监督管理权的部门或者机构责令改正或者责令采取限制生产、停产整治等措施，并处以罚款；情节严重的，报经有批准权的人民政府批准，责令停业、关闭： （一）向海域排放本法禁止排放的污染物或者其他物质的； …… （六）其他未依照本法规定向海洋排放污染物、废弃物的。 有前款第一项、第二项行为之一的，处二十万元以上一百万元以下的罚款；有前款第五项、第六项行为之一的，处一万元以上二十万元以下的罚款。个人擅自在岸滩弃置、堆放和处理生活垃圾的，按次处一百元以上一千元以下的罚款。

1.3.2　危险废物管理常见违法行为

详见表 1–2。

表 1–2 危险废物管理常见违法行为

序号	违法行为	处罚依据
1	未经批准擅自开工建设	**《固废法》第十七条** 建设产生、贮存、利用、处置固体废物的项目，应当依法进行环境影响评价，并遵守国家有关建设项目环境保护管理的规定。
		《中华人民共和国环境保护法》第六十一条 建设单位未依法提交建设项目环境影响评价文件或者环境影响评价文件未经批准，擅自开工建设的，由负有环境保护监督管理职责的部门责令停止建设，处以罚款，并可以责令恢复原状。
2	未按照规定设置危险废物识别标志	**《固废法》第一百一十二条** 违反本法规定，有下列行为之一，由生态环境主管部门责令改正，处以罚款，没收违法所得；情节严重的，报经有批准权的人民政府批准，可以责令停业或者关闭： （一）未按照规定设置危险废物识别标志的； …… 由生态环境主管部门责令改正，处十万元以上一百万元以下的罚款，没收违法所得；情节严重的，报经有批准权的人民政府批准，可以责令停业或者关闭。
3	未制定危险废物管理计划、未申报	**《固废法》第一百一十二条** （二）未按照国家有关规定制定危险废物管理计划或者申报危险废物有关资料的； …… 由生态环境主管部门责令改正，处十万元以上一百万元以下的罚款，没收违法所得；情节严重的，报经有批准权的人民政府批准，可以责令停业或者关闭。
4	未建立危险废物管理台账	**《固废法》第一百一十二条** （十三）未按照国家有关规定建立危险废物管理台账并如实记录的。 由生态环境主管部门责令改正，处十万元以上一百万元以下的罚款，没收违法所得；情节严重的，报经有批准权的人民政府批准，可以责令停业或者关闭。
5	未制定应急预案	**《固废法》第一百一十二条** （十二）未制定危险废物意外事故防范措施和应急预案的； …… 由生态环境主管部门责令改正，处十万元以上一百万元以下的罚款，没收违法所得；情节严重的，报经有批准权的人民政府批准，可以责令停业或者关闭。

续表

序号	违法行为	处罚依据
6	擅自倾倒、堆放危险废物	**《固废法》第一百一十二条** （三）擅自倾倒、堆放危险废物的； …… 由生态环境主管部门责令改正，处所需处置费用三倍以上五倍以下的罚款，所需处置费用不足二十万元的，按二十万元计算，没收违法所得；情节严重的，报经有批准权的人民政府批准，可以责令停业或者关闭。
7	将危险废物混入非危险废物中贮存	**《固废法》第一百一十二条** （六）未按照国家环境保护标准贮存、利用、处置危险废物或者将危险废物混入非危险废物中贮存的； …… 由生态环境主管部门责令改正，处十万元以上一百万元以下的罚款，没收违法所得；情节严重的，报经有批准权的人民政府批准，可以责令停业或者关闭。
8	未经安全性处置，混合收集、贮存不相容性质的危险废物	**《固废法》第一百一十二条** （七）未经安全性处置，混合收集、贮存、运输、处置具有不相容性质的危险废物的； …… 由生态环境主管部门责令改正，处十万元以上一百万元以下的罚款，没收违法所得；情节严重的，报经有批准权的人民政府批准，可以责令停业或者关闭。
9	将危险废物提供或者委托给无许可证的单位	**《固废法》第一百一十二条** （四）将危险废物提供或者委托给无许可证的单位或者其他生产经营者从事经营活动的； …… 由生态环境主管部门责令改正，处所需处置费用三倍以上五倍以下的罚款，所需处置费用不足二十万元的，按二十万元计算，没收违法所得；情节严重的，报经有批准权的人民政府批准，可以责令停业或者关闭。
10	未经批准擅自转移危险废物	**《固废法》第一百一十二条** （五）未按照国家有关规定填写、运行危险废物转移联单或者未经批准擅自转移危险废物的； …… 由生态环境主管部门责令改正，处十万元以上一百万元以下的罚款，没收违法所得；情节严重的，报经有批准权的人民政府批准，可以责令停业或者关闭。

续表

序号	违法行为	处罚依据
11	未采取危险废物防范措施	《固废法》第一百一十二条 （十）未采取相应防范措施，造成危险废物扬散、流失、渗漏或者其他环境污染的； …… 由生态环境主管部门责令改正，处所需处置费用三倍以上五倍以下的罚款，所需处置费用不足二十万元的，按二十万元计算，没收违法所得；情节严重的，报经有批准权的人民政府批准，可以责令停业或者关闭。
12	非法排放、倾倒、处置危险废物	《最高人民法院 最高人民检察院关于办理环境污染刑事案件适用法律若干问题的解释》（法释〔2023〕7号）第一条 实施刑法第三百三十八条规定的行为，具有下列情形之一的，应当认定为“严重污染环境”： （二）非法排放、倾倒、处置危险废物三吨以上的； ……

1.4 工业固体废物管理规定

1. 固体废物管理坚持减量化、资源化和无害化的原则

《固废法》第四条

固体废物污染环境防治坚持减量化、资源化和无害化的原则。

任何单位和个人都应当采取措施，减少固体废物的产生量，促进固体废物的综合利用，降低固体废物的危害性。

《中华人民共和国循环经济促进法》第九条

企业事业单位应当建立健全管理制度，采取措施，降低资源消耗，减少废物的产生量和排放量，提高废物的再利用和资源化水平。

2. 综合利用的工业固体废物，符合国家和地方环境保护标准的，暂予免征环境保护税

《财政部 税务总局 生态环境部关于环境保护税有关问题的通知》（财税〔2018〕23号）第三条

纳税人依法将应税固体废物转移至其他单位和个人进行贮存、处置或者综合利用

的，固体废物的转移量相应计入其当期应税固体废物的贮存量、处置量或者综合利用量；纳税人接收的应税固体废物转移量，不计入其当期应税固体废物的产生量。纳税人对应税固体废物进行综合利用的，应当符合工业和信息化部制定的工业固体废物综合利用评价管理规范。

3. 固体废物应采取防扬散、防流失、防渗漏等措施

《固废法》第二十条

产生、收集、贮存、运输、利用、处置固体废物的单位和其他生产经营者，应当采取防扬散、防流失、防渗漏或者其他防止污染环境的措施，不得擅自倾倒、堆放、丢弃、遗撒固体废物。

4. 禁止向生活垃圾收集设施中投放工业固体废物

《固废法》第三十六条

禁止向生活垃圾收集设施中投放工业固体废物。

5. 禁止在江河、湖泊、运河、渠道、水库最高水位线以下的滩地和岸坡堆放、存贮固体废弃物和其他污染物

《中华人民共和国水污染防治法》第三十八条

禁止在江河、湖泊、运河、渠道、水库最高水位线以下的滩地和岸坡堆放、存贮固体废弃物和其他污染物。

第八十五条

有下列行为之一的，由县级以上地方人民政府环境保护主管部门责令停止违法行为，限期采取治理措施，消除污染，处以罚款；逾期不采取治理措施的，环境保护主管部门可以指定有治理能力的单位代为治理，所需费用由违法者承担：

……

（四）向水体排放、倾倒工业废渣、城镇垃圾或者其他废弃物，或者在江河、湖泊、运河、渠道、水库最高水位线以下的滩地、岸坡堆放、存贮固体废弃物或者其他污染物的。

6. 转移固体废物出省的需要按照规定填报转移联单，存档固体废物接收和运输证明，如实转移

《固废法》第二十二条

转移固体废物出省、自治区、直辖市行政区域利用的，应当报固体废物移出地的

省、自治区、直辖市人民政府生态环境主管部门备案。移出地的省、自治区、直辖市人民政府生态环境主管部门应当将备案信息通报接受地的省、自治区、直辖市人民政府生态环境主管部门。

第一百零二条

违反本法规定，有下列行为之一，由生态环境主管部门责令改正，处以罚款，没收违法所得；情节严重的，报经有批准权的人民政府批准，可以责令停业或者关闭：

……

（五）转移固体废物出省、自治区、直辖市行政区域贮存、处置未经批准的；

（六）转移固体废物出省、自治区、直辖市行政区域利用未报备案的。

有前款行为之一，处十万元以上一百万元以下的罚款。

7. 运输污染危害性货物，船舶需要具备适载能力，向海事机构提出申请方可进出港口

《防治船舶污染海洋环境管理条例》第二十一条

船舶不符合污染危害性货物适载要求的，不得载运污染危害性货物，码头、装卸站不得为其进行装载作业。

污染危害性货物的名录由国家海事管理机构公布。

第二十二条

载运污染危害性货物进出港口的船舶，其承运人、货物所有人或者代理人，应当向海事管理机构提出申请，经批准方可进出港口或者过境停留。

第二十三条

载运污染危害性货物的船舶，应当在海事管理机构公布的具有相应安全装卸和污染物处理能力的码头、装卸站进行装卸作业。

8. 公开固体废物污染环境防治信息

《固废法》第二十九条

产生、收集、贮存、运输、利用、处置固体废物的单位，应当依法及时公开固体废物污染环境防治信息，主动接受社会监督。

利用、处置固体废物的单位，应当依法向公众开放设施、场所，提高公众环境保护意识和参与程度。

9. 工业固体废物贮存、处置的设施、场所，应当符合国家环境保护标准

《固废法》第四十条

产生工业固体废物的单位应当根据经济、技术条件对工业固体废物加以利用；对暂时不利用或者不能利用的，应当按照国务院生态环境等主管部门的规定建设贮存设施、场所，安全分类存放，或者采取无害化处置措施。贮存工业固体废物应当采取符合国家环境保护标准的防护措施。

10. 建立污染环境防治责任制度，建立工业固体废物管理台账

《固废法》第三十六条

产生工业固体废物的单位应当建立健全工业固体废物产生、收集、贮存、运输、利用、处置全过程的污染环境防治责任制度，建立工业固体废物管理台账，如实记录产生工业固体废物的种类、数量、流向、贮存、利用、处置等信息，实现工业固体废物可追溯、可查询，并采取防治工业固体废物污染环境的措施。

第一百零二条

违反本法规定，有下列行为之一，由生态环境主管部门责令改正，处以罚款，没收违法所得；情节严重的，报经有批准权的人民政府批准，可以责令停业或者关闭：

……

（八）产生工业固体废物的单位未建立固体废物管理台账并如实记录的；

……

有前款行为，处五万元以上二十万元以下的罚款。

11. 违规处置工业固体废物行为将受到处罚

《固废法》第一百零二条

违反本法规定，有下列行为之一，由生态环境主管部门责令改正，处以罚款，没收违法所得；情节严重的，报经有批准权的人民政府批准，可以责令停业或者关闭：

……

（七）擅自倾倒、堆放、丢弃、遗撒工业固体废物，或者未采取相应防范措施，造成工业固体废物扬散、流失、渗漏或者其他环境污染的；

……

（九）产生工业固体废物的单位违反本法规定委托他人运输、利用、处置工业固

体废物的；

（十）贮存工业固体废物未采取符合国家环境保护标准的防护措施的；

（十一）单位和其他生产经营者违反固体废物管理其他要求，污染环境、破坏生态的。

有前款第七项行为，处所需处置费用一倍以上三倍以下的罚款，所需处置费用不足十万元的，按十万元计算。有前款第九项、第十项、第十一项行为之一，处十万元以上一百万元以下的罚款。

1.5 工业固体废物管理常见问题

（1）根据《国家危险废物名录（2025年版）》（下文简称《名录》）豁免清单，900-041-49“废弃的含油抹布、劳保用品”是否可以直接随其他垃圾一起处理?

答：900-041-49“废弃的含油抹布、劳保用品”主要指不便于统一收集、混入大量生活垃圾中的少量沾染废油的抹布和劳保用品，全过程不按危险废物管理。

（2）沾染毒性原料、产品的废弃包装物是否应直接定性为900-041-49？如果定性为危险废物，应该如何归类?

答：沾染毒性原料、产品的废弃包装物不应直接定性为900-041-49，是否属于危险废物取决于盛装的内容物（原料、产品）是否具有危险特性。

如内容物具有危险特性，则其包装物属于危险废物。属于危险废物的废弃包装物的归类应遵循便于污染特性消除和利用处置的原则。

《名录》中有明确代码的，应分别归到《名录》中相应的代码，例如农药废弃包装物归为900-003-04，废矿物油包装物归为900-249-08，废有机溶剂的废弃包装物归为900-000-06，染料涂料的废弃包装物可按照废染料涂料进行归类或归到900-000-012。没有确定类别的，可归到900-041-49或900-000-××。

（3）《名录》豁免清单中，900-249-08“废铁质油桶（不包括900-041-49类）”是否包含盛装废矿物油的铁质废油桶?

答：本条款豁免的是900-249-08类废物，而900-041-49类废物由于其所盛装的废矿物油组分复杂，利用过程环境风险较大，因此未被纳入豁免管理，故不在该条豁免范围内。

（4）关于《名录》豁免清单中，900–249–08“废铁质油桶，封口处于打开状态、静置无滴漏且经打包压块后用于金属冶炼”，是否可以理解为废油桶倒置没有油流出即可？另外，铁质废油漆桶是否可以参照执行？

答：废油桶倒置没有油流出可视为满足“打开状态、静置无滴漏”的条件，但是对其“金属冶炼”利用过程实施豁免还应满足“经打包压块后”这一条件。铁质废油漆桶不在《名录》豁免清单范围内。

（5）废包装桶是否可以由厂家回收？

答：《固体废物鉴别标准　通则》（GB 34330—2017）第 6 部分明确提出，任何不需要修复和加工即可用于其原始用途的物质，不属于固体废物，当然也就不属于危险废物。因此，用于原始用途的含有或直接沾染危险废物的包装物、容器，不属于危险废物，可直接回收。但厂家需对废包装桶再进行加工处理。

（6）有利用价值的、未列入《名录》的产品周转桶是否属于固体废物范畴？在落实周转桶的安全贮存和运输措施后，是否可不作为固体废物进行管理？

答：清洗沾染微量产品的周转桶并重复使用是相关行业的通常做法，具备清洗能力是企业实现产品周转桶重复利用的必需条件。

因此，在企业具备产品周转桶清洗能力的前提下，沾染了微量产品的周转桶可以被认为是“不需要修复和加工即可用于其原始用途的物质”，即不作为固体废物管理。同时，产品生产企业应承担产品周转桶收集、贮存、运输、清洗等过程的污染防治责任，采取有效措施避免造成环境污染。

（7）《名录》中未列硒鼓、墨盒，但在环保检查中检查人员提出过硒鼓、墨盒属于危险废物，应按相关规定收集处理；请问按照我国相关危险废物管理规定，硒鼓、墨盒现列入危废管理范围吗？

答：废弃的硒鼓、墨盒属于电子废物，不属于危险废物，但其含有的废油墨属于危险废物。废弃的硒鼓、墨盒应当委托具有电子废物经营资质的单位利用处置，利用处置过程产生的废油墨属于危险废物，按照危险废物管理。

（8）废旧保温棉是否属于危险废物？保温棉材质为硅酸铝和玻璃棉的，是否属于危险废物？如果属于，那么废物代码属于哪个分类？

答：废旧保温棉如果是石棉，就属于危险废物中“含有隔膜、热绝缘体等石棉材料的设施保养拆换及车辆制动器衬片的更换产生的石棉废物（900–032–36）”。保温棉材质为硅酸铝和玻璃棉的，应根据纤维的细度和毒性进行危险废物鉴别。

（9）涉及危险废物企业的环境应急制度检查要点有哪些？

答：一是环境应急预案是否在3年有效期内，是否有备案证明；

二是企业是否每年进行1次真实演练，演练内容是否与危险废物环境事故相关（非消防演练）；

三是检查企业提供的每次演练活动的演练计划、演练参与人员签到材料、演练过程照片以及演练总结材料。

（10）危险废物标签的检查要点是什么？

答：一是包装物上的标签每一项信息必须全部填写；

二是根据产生时间信息判断是否超期贮存；

三是危废代码是否填写错误；

四是企业是否对废物重量进行称量，并准确填写、记录台账。

（11）危废暂存间是否需要双人双锁？

答：危废暂存间里存有废弃剧毒化学品的，需要按照“双人双锁”对危废暂存间进行管理，其他不需要。

（12）根据900–252–12“使用油漆（不包括水性漆）、有机溶剂进行喷漆、上漆过程中产生的废物”，水性漆渣是否不属于危险废物？

答：不属于列入《名录》的危险废物，是否属于危险废物需要根据《危险废物鉴别标准 通则》（GB 5085.7—2019）以及《危险废物鉴别技术规范》（HJ 298—2019）等予以判定。

（13）废铅蓄电池能否交由销售门店回收？

答：参与生产者责任延伸制试点单位的下设回收网点门店可以回收。具体试点单位由省生态环境厅公布。

（14）油墨桶带有油墨是否属于危险废物？

答：《名录》规定，生产、销售及使用过程中产生的失效、变质、不合格、淘汰、伪劣的油墨、染料、颜料、油漆（不包括水性漆）属于危险废物，废物代码

900–299–12，危险特性为毒性。含有或沾染毒性危险废物的废弃包装物、容器属于危险废物，废物代码 900–041–49。

（15）企业在危险废物环境管理方面需要落实哪些规定或要求？

答：危险废物产生单位首先在日常经营管理方面需落实的危险废物环境管理要求，概括地说，就是八项制度、一项业务培训。

八项制度，是指环境防治责任制度、标识管理制度、管理计划及备案制度、申报登记和台账管理制度、分类收集制度、转移联单制度、贮存设施管理制度、应急预案及备案制度。

一项业务培训，是指每年开展与危险废物相关的业务培训。

（16）使用后的涂料桶交由涂料生产厂家回收，是否属于危险废物豁免管理的情形？使用后的涂料桶清洗过程产生的废水处理污泥属性该如何定性？

答：使用后的涂料桶由涂料生产厂家回收并直接或经清洗后用于盛装涂料，属于《固体废物鉴别标准 通则》（GB 34330—2017）规定的不作为固体废物管理的情形（6.1a），即该使用后的涂料桶不属于固体废物，也不属于危险废物，不属于豁免管理内容。

该清洗过程产生的废水处理污泥不属于《名录》中 772–006–49 类废物，是否属于危险废物需要根据国家规定的危险废物鉴别标准和鉴别方法予以认定。使用后的涂料桶由涂料生产厂家回收，直接或经清洗后用于回收材料或处置，该涂料桶属于固体废物，是否属于危险废物需要根据国家规定的危险废物鉴别标准和鉴别方法予以认定。

（17）海水过滤产生的废盐是否属于危险废物？

答：不属于。

（18）废铅蓄电池是否按照危险废物管理？

答：是，废铅蓄电池在《名录》中属于含铅类危险废物。

（19）医疗废物是否按照危险废物管理？

答：是，《固废法》第九十条规定，医疗废物按照国家危险废物名录管理。

（20）实验室产生的固体废物是否按危险废物管理？

答：是，《固废法》第七十三条规定，各级各类实验室及其设立单位应当加强对实验室产生的固体废物的管理，依法收集、贮存、运输、处置实验室固体废物。

（21）供热过程中纯水制备产生的废树脂、离子交换污泥以及脱硝过程中的废催化剂是否属于危险废物？

答：废树脂：目前，用自来水制备纯水过程中产生的离子交换树脂，不按危险废物进行管理。

离子交换废污泥：废物类别“HW49 其他废物”的离子交换废污泥不包括饮用水、工业纯水和锅炉软化水制备装置再生过程中产生的废水处理污泥。

废催化剂：目前，大多数 SNCR、PNCR 脱硝工艺不会产生危险废物，只有使用废钒钛系催化剂产生的废物属于危险废物，废物代码为 772–007–50。

（22）电力容器、变压器废物是否属于危险废物？

答：是，属于《名录》中 HW10 多氯（溴）联苯类废物。

（23）废弃的电视机、电冰箱、空调、洗衣机、电脑是危险废物吗？

答：不是，废电器“四机一脑”属于电子废物。

其他电子类废物如废弃的手机、IPAD、家用热水器、微波炉、电话机、其他电子产品等，同样不属于危险废物。

但是，从废弃“四机一脑”及其他电子废物中分离出来的铅玻璃、线路板、压缩机、单独收集的制冷剂、废荧光粉、废电机等，则属于危险废物，废物类别分别有 HW08、HW29、HW31、HW49。

（24）电子废物如何管理？

答：按照《电子废物污染环境防治管理办法》管理。具体包括如下几方面：

一是废弃电器电子产品等实行回收和集中处理制度；

二是禁止个人拆解利用电子废物；

三是贮存电子废物作业场所要符合规定，贮存期不能超过一年；

四是产生电子废物单位要做好记录（资料保存三年以上）；

五是转移整机电气、设备要采取防破碎措施。

第 2 章

一般工业固体废物管理

Management Guidelines of

Industrial Solid Waste

in Port

P O R T

2.1　港口企业常见工业废物种类

港口企业常见工业废物情况见表 2-1。

表 2-1　港口企业常见工业废物

序号	废物种类	废物来源	废物代码	该类废物描述
1	粉煤灰	煤炭燃烧	SW02	从燃煤过程产生烟气中收捕下来的细微固体颗粒物，不包括从燃煤设施炉膛排出的灰渣，主要来自火力发电和其他使用燃煤设施的行业。
2	炉渣	锅炉供热	SW03	燃烧设备从炉膛排出的灰渣（不含冶炼废渣），不包括燃料燃烧过程中产生的烟尘。
3	脱硫石膏	废气脱硫	SW06	废气脱硫的湿式石灰石 / 石膏法工艺中，吸收剂与烟气中 SO_2 等反应后生成的副产物。
4	污泥	污水处理、雨水沟清淤等	SW07	各类污水处理产生的固体沉淀物。
5	可再生类废物	工业生产过程边角废料	SW17	工业生产加工活动中产生的废钢铁、废有色金属、废纸、废塑料、废玻璃、废橡胶、废木材等。
6	其他工业固体废物	场地清理、施工废料等	SW59	除上述种类以外的其他工业固体废物。

2.2　一般工业固体废物贮存管理

根据《一般工业固体废物贮存和填埋污染控制标准》（GB 18599—2020），采用库房、包装工具（罐、桶、包装袋等）贮存一般工业固体废物过程的，其贮存过程应满足相应防渗漏、防雨淋、防扬尘等环境保护要求，不用遵守表 2–2 所示的标准。

表 2–2　一般工业固体废物贮存技术标准

序号	一般要求	技术要点
1	一般规定	（1）根据建设、运行、封场污染控制技术要求不同，贮存场分为Ⅰ类和Ⅱ类场。 （2）贮存场的防洪标准应按重现期不小于 50 年一遇的洪水位设计，国家已有标准提出更高要求的除外。 （3）贮存场一般应包括以下单元： ①防渗系统、渗滤液收集和导排系统； ②雨污分流系统； ③分析化验与环境监测系统； ④公用工程和配套设施； ⑤地下水导排系统和废水处理系统（根据具体情况选择设置）。
2	入场要求	（1）进入Ⅰ类场的一般工业固体废物应同时满足以下要求： ①第Ⅰ类一般工业固体废物（包括第Ⅱ类一般工业固体废物经处理后属于第Ⅰ类一般工业固体废物的）； ②有机质含量小于 2%（煤矸石除外）； ③水溶性盐总量小于 2%。 （2）进入Ⅱ类场的一般工业固体废物应同时满足以下要求： ①有机质含量小于 5%（煤矸石除外）； ②水溶性盐总量小于 5%。 （3）不相容的一般工业固体废物应设置不同的分区进行贮存和填埋作业。 （4）危险废物和生活垃圾不得进入一般工业固体废物贮存场及填埋场。
3	场地技术标准	（1）Ⅰ类场技术标准。 当天然基础层饱和渗透系数不大于 1.0×10^{-5}cm/s，且厚度不小于 0.75m 时，可以采用天然基础层作为防渗衬层。 （2）Ⅱ类场技术标准。 Ⅱ类场应采用单人工复合衬层作为防渗衬层，并符合以下技术要求： ①人工合成材料应采用高密度聚乙烯膜，厚度不小于 1.5mm，并满足《土工合成材料　聚乙烯土工膜》（GB/T 17643—2011）规定的技术指标要求。采用其他人工合成材料的，其防渗性能至少相当于 1.5mm 高密度聚乙烯膜的防渗性能。 ②黏土衬层厚度应不小于 0.75m，且经压实、人工改性等措施处理后的饱和渗透系数不应大于 1.0×10^{-7}cm/s。使用其他黏土类防渗衬层材料时，应具有同等以上隔水效力。

续表

序号	一般要求	技术要点
3	场地技术标准	③Ⅱ类场基础层表面应与地下水年最高水位保持 1.5m 以上的距离。当场区基础层表面与地下水年最高水位距离不足 1.5m 时，应建设地下水导排系统。地下水导排系统应确保Ⅰ类场运行期地下水水位维持在基础层表面 1.5m 以下。 ④Ⅱ类场应设置渗漏监控系统，监控防渗衬层的完整性。渗漏监控系统的构成包括但不限于防渗衬层渗漏监测设备、地下水监测井。 ⑤人工材料衬层、渗滤液收集和导排系统施工不应对黏土衬层造成破坏。
4	运行与管理	（1）贮存场、填埋场的环境保护图形标志应符合《环境保护图形标志——固体废物贮存（处置）场》（GB 15562.2—1995）的规定，并应定期检查和维护。 （2）易产生扬尘的贮存或填埋场应采取分区作业、覆盖、洒水等有效抑尘措施防止扬尘污染。 （3）贮存场应制定突发环境事件应急预案或在突发事件应急预案中制定环境应急预案专章，说明各种可能发生的突发环境事件情景及应急处置措施。 （4）贮存场应制订运行计划，运行管理人员应定期参加企业的岗位培训。 （5）贮存场运行企业应建立档案管理制度。 （6）贮存场产生的渗滤液应进行收集处理。已有行业、区域或地方污染物排放标准规定的，应执行相应标准。 （7）贮存场产生的无组织气体排放应符合《大气污染综合排放标准》（GB 16297—1996）规定的无组织排放限值的相关要求。 （8）贮存场排放的环境噪声、恶臭污染物应符合《工业企业厂界环境噪声排放标准》（GB 12348—2008）、《恶臭污染物排放标准》（GB 14554—93）规定。

2.3　一般工业固体废物台账管理

一般工业固体废物台账相关管理要求，见表 2-3 至表 2-11。

表 2–3　一般工业固体废物产生清单（　　　年度）

负责人签字：　　　　　　填表人签字：　　　　　　填表日期：

序号	代码	名称	类别	产生环节	物理性状	主要成分	污染特性	产废系数 / 年产生量
1								
2								
…								

注：

1. 代码：根据实际情况从表 2–11 中选择对应的代码。

2. 名称：结合表 2–11 中的废物种类确定具体的名称。以尾矿为例，应当依据采选的主要矿种命名尾矿的具体名称，如铁尾矿、铜尾矿、铅尾矿、铅锌尾矿等。

3. 类别：选择第Ⅰ类一般工业固体废物或第Ⅱ类一般工业固体废物。

4. 产生环节：说明固体废物的产生来源，例如在某个设施以某种原辅材料生产某种产物时产生的废物，明确产生废物的生产设施编码。

5. 物理性状：选择固态、半固态、液态、气态或其他形态。

6. 主要成分：固体废物含有的典型物质成分，如磷石膏的主要成分为硫酸钙。

7. 污染特性：描述固体废物的特征污染物，以及其释放迁移对大气、水、土壤环境造成的影响。

8. 产废系数 / 年产生量：单位产品或单位原料所产生的固体废物量，或者填写固体废物的年度产生量。

表 2–4　一般工业固体废物流向汇总表（　　　年　　月）

负责人签字：　　　　　　　填表人签字：　　　　　　　填表日期：

代码	名称	类别	产生量	贮存量	累计贮存量	自行利用方式	自行利用数量	委托利用方式	委托利用数量	自行处置方式	自行处置数量	委托处置方式	委托处置数量

注：

1. 产生量、贮存量、利用量、处置量：均为填表期间的实际发生数量。
2. 累计贮存量：截至填表当月月底，累计实际贮存总量，包括本指南实施之前发生的贮存量。
3. 自行 / 委托利用方式：根据实际情况，简要描述利用技术路线和利用产物。
4. 自行 / 委托处置方式：根据实际情况，选择焚烧、填埋、其他处置方式。
5. 利用 / 处置数量：原则上应以“吨”为单位计量，如以其他单位计量则应说明计量单位，并通过估算换算成以“吨”计量。

表 2-5　一般工业固体废物出厂环节记录表

记录表编号：　　　　　　　填表人签字：　　　　　　　填表日期：

代码	名称	出厂时间	出厂数量（单位）	出厂环节经办人	运输单位	运输信息	运输方式	接收单位	流向类型

注：

1. 记录表编号：可采用“出厂”首字母加年月日再加编号的方式设计，例如“CC20210731001”，也可根据需要自行设计。
2. 出厂时间：原则上应精确至“分”。
3. 出厂数量：原则上应以“吨”为单位计量，如以其他单位计量则应说明计量单位，并通过估算换算成以“吨”计量。
4. 运输信息：填写运输车辆车牌号码、驾驶员姓名及联系方式。
5. 运输方式：选择公路、铁路、水路。
6. 流向类型：选择省内转移、跨省转移、越境转移。

表 2–6　一般工业固体废物产生环节记录表

记录表编号：　　　　生产设施编码：　　　　废物产生部门负责人：　　　　填表日期：

代码	名称	产生时间	产生数量（单位）	转移时间	转移去向	产生部门经办人	运输经办人

注：

1. 记录表编号：可采用“产生”首字母加年月日再加编号的方式设计，例如“CS20210731001”，也可根据需要自行设计。

2. 生产设施编码：填写排污许可证载明的设施编码，无编码的依据《排污单位编码规则》（HJ 608—2017）自行编码。无固定产生环节的固体废物，可不填写编码。

3. 转移去向：是指固体废物在厂内的转移去向，如不经过贮存、利用等环节直接出厂则填写“出厂”。

4. 运输经办人：是指固体废物在厂内的运输经办人员。

5. 对于废物连续产生的情况，产生时间可按日或按班次计，“转移时间”填写“连续产生”，“运输经办人”项可不填写。

表 2–7　一般工业固体废物贮存环节记录表

记录表编号：　　　　贮存设施编码：　　　　贮存部门负责人：　　　　填表日期：

入库情况								出库情况				
废物来源	前序表单编号	代码	名称	入库时间	入库数量（单位）	运输经办人	贮存部门经办人	出库时间	出库数量（单位）	废物去向	贮存部门经办人	运输经办人

注：

1. 记录表编号：可采用“贮存”首字母加年月日再加编号的方式设计，例如“ZC20210731001”，也可根据需要自行设计。
2. 贮存设施编码：填写排污许可证载明的设施编码，无编码的依据《排污单位编码规则》（HJ 608—2017）自行编码。
3. 废物来源：填写废物移出设施（废物产生设施或贮存设施）的编码和名称。
4. 前序表单编号：如废物来自生产环节，则填写表 2–6 的记录表编号；如废物来自贮存环节，则填写其他贮存场地表 2–7 的记录表编号。
5. 如废物为连续产生且经过皮带、管道等方式自动入库而无废物运输经办人，则运输经办人可不填，入库时间可按日计。

表 2–8　一般工业固体废物自行利用环节记录表（接收）

记录表编号：　　　　自行利用设施编码：　　　　自行利用部门负责人：　　　　填表日期：

废物来源	前序表单编号	代码	名称	接收时间	接收数量（单位）	运输经办人	自行利用部门经办人

注：

1. 记录表编号：可采用“接收”首字母加年月日再加编号的方式设计，例如“JS20210731001”，也可根据需要自行设计。
2. 自行利用设施编码：填写排污许可证载明的设施编码，无编码的依据《排污单位编码规则》（HJ 608—2017）自行编码。
3. 前序表单编号：如废物来自生产环节，则填写表 2–6 的记录表编号；如废物来自贮存环节，则填写表 2–7 的记录表编号。
4. 运输经办人：是指固体废物在厂内的运输经办人员。

表 2–9　一般工业固体废物自行利用环节记录表（运出）

记录表编号：　　　　自行利用设施编码：　　　　自行利用部门负责人：　　　　填表日期：

利用产物名称	运出时间	运出数量（单位）	运出去向	自行利用部门经办人	运输经办人

注：

1. 记录表编号：可采用“运出”首字母加年月日再加编号的方式设计，例如“YC20210731001”，也可根据需要自行设计。
2. 运出去向：根据实际情况填写，利用产物可企业自用，也可对外销售等。
3. 运输经办人：可根据实际情况，填写厂内运输经办人或出厂运输经办人。

表 2-10　一般工业固体废物自行处置环节记录表

记录表编号：　　　　自行处置设施编码：　　　　自行处置部门负责人：　　　　填表日期：

废物来源	前序表单编号	代码	名称	接收时间	接收数量（单位）	处置方式	自行处置部门经办人

注：

1. 记录表编号：可采用“处置”首字母加年月日再加编号的方式设计，例如“CZ20210731001”，也可根据需要自行设计。
2. 自行处置设施编码：填写排污许可证载明的设施编码，无编码的依据《排污单位编码规则》（HJ 608—2017）自行编码。
3. 前序表单编号：如废物来自生产环节，则填写表 2-6 的记录表编号；如废物来自贮存环节，则填写表 2-7 的记录表编号。

表 2-11 一般工业固体废物分类表

废物代码	废物种类	废物描述
SW01	冶炼废渣	黑色金属冶炼、有色金属冶炼、贵金属冶炼等产生的固体废物（不含赤泥），包括炼铁产生的高炉渣、炼钢产生的钢渣、电解锰产生的锰渣等。
SW02	粉煤灰	从燃煤过程产生烟气中收捕下来的细微固体颗粒物，不包括从燃煤设施炉膛排出的灰渣，主要来自火力发电和其他使用燃煤设施的行业。
SW03	炉渣	燃烧设备从炉膛排出的灰渣（不含冶炼废渣），不包括燃料燃烧过程中产生的烟尘。
SW04	煤矸石	煤炭开采、洗选产生的矸石以及煤泥等固体废物。
SW05	尾矿	金属、非金属矿山开采出的矿石，经选矿厂选出有价值的精矿后产生的固体废物，包括铁矿、铜矿、铅矿、铅锌矿、金矿（涉氰或浮选）、钨钼矿、硫铁矿、萤石矿、石墨矿等矿石选矿后产生的尾矿。
SW06	脱硫石膏	废气脱硫的湿式石灰石 / 石膏法工艺中，吸收剂与烟气中 SO_2 等反应后生成的副产物。
SW07	污泥	各类污水处理产生的固体沉淀物。
SW09	赤泥	从铝土矿中提炼氧化铝后排出的污染性废渣，一般含氧化铁量大，外观与赤色泥土相似。
SW10	磷石膏	在磷酸生产中用硫酸分解磷矿时产生的二水硫酸钙、酸不溶物，未分解磷矿及其他杂质的混合物。主要来自磷肥制造业。
SW11	工业副产石膏	工业生产活动中产生的以硫酸钙为主要成分的石膏类废物，包括氟石膏、硼石膏、钛石膏、芒硝石膏、盐石膏、柠檬酸石膏等，不含脱硫石膏、磷石膏。
SW12	钻井岩屑	石油、天然气开采活动以及其他采矿业产生的钻井岩屑等矿业固体废物，不包括煤矸石、尾矿。
SW13	食品残渣	农副食品加工、食品制造等产生的有机类固体废物，包括各类农作物、牲畜、水产品加工残余物等。
SW14	纺织皮革业废物	纺织、皮革、服装等行业产生的固体废物，包括丝、麻、棉边角废料等。
SW15	造纸印刷业废物	造纸业、印刷业产生的固体废物，包括造纸白泥等。
SW16	化工废物	石油煤炭加工、化工行业、医药制造业产生的固体废物，包括气化炉渣、电石渣等。

2.4　一般工业固体废物标识管理

一般工业固体废物标识具体标准详见表 2-12。

表 2-12　一般工业固体废物标识具体标准

类目	具体标准
平面式	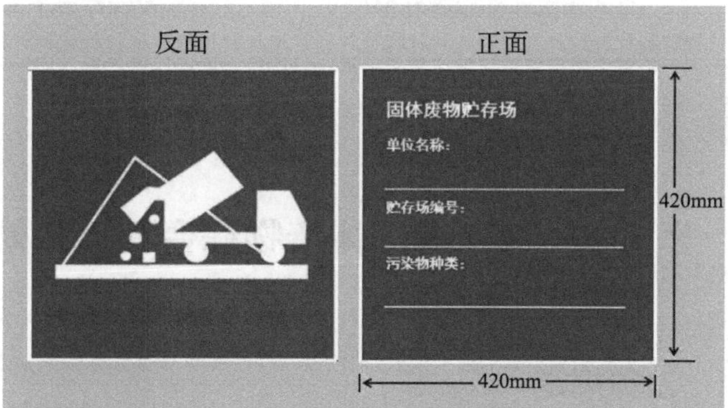 提示标志立式固定式标志牌外形尺寸 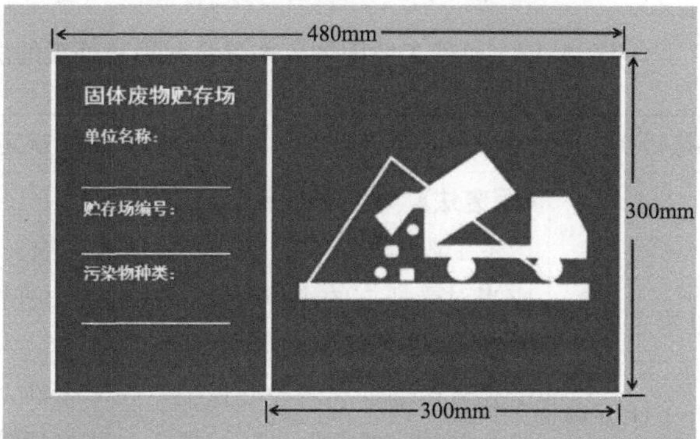 提示标志平面固定式标志牌外形尺寸

续表

类目	具体标准
立式	 立式固定式标志牌外形尺寸 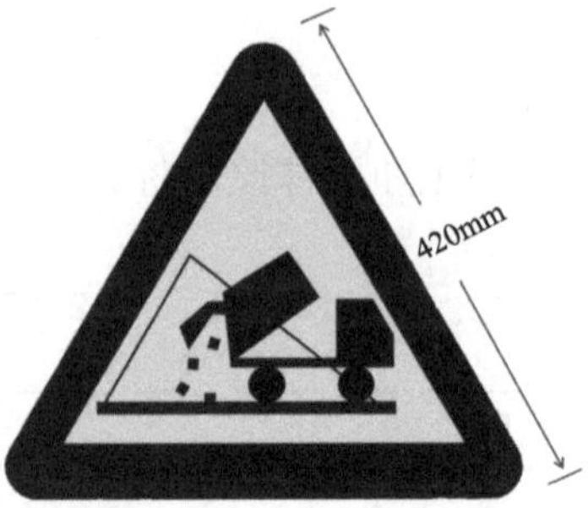 警告标志平面固定式标志牌外形尺寸

2.5 一般工业固体废物综合利用和处置规定

2.5.1 法律规定

详见表 2-13。

表 2-13 一般工业固体废物综合利用和处置的法律规定

序号	规范行为	具体法律规定
1	委托处置工业固体废物，要核实受托方主体资格并以合同约定污染防治要求。	**《固废法》第三十七条** 产生工业固体废物的单位委托他人运输、利用、处置工业固体废物的，应当对受托方的主体资格和技术能力进行核实，依法签订书面合同，在合同中约定污染防治要求。 受托方运输、利用、处置工业固体废物，应当依照有关法律法规规定和合同约定履行污染防治要求，并将运输、利用、处置情况告知产生工业固体废物的单位。 产生工业固体废物的单位违反本条第一款规定的，除依照有关法律法规的规定予以处罚外，还应当与造成环境污染和生态破坏的受托方承担连带责任。

续表

<table>
<tr><th>序号</th><th>规范行为</th><th>具体法律规定</th></tr>
<tr><td rowspan="7">2</td><td rowspan="7">固体废物综合利用，符合条件的可以免征环境保护税。</td><td>《中华人民共和国环境保护税法》第十二条
下列情形，暂予免征环境保护税：
……
（四）纳税人综合利用的固体废物，符合国家和地方环境保护标准的；
……</td></tr>
<tr><td>《中华人民共和国环境保护税法实施条例》第五条
固体废物的综合利用量，是指按照国务院发展改革、工业和信息化主管部门关于资源综合利用要求以及国家和地方环境保护标准进行综合利用的固体废物数量。</td></tr>
<tr><td>《财政部 税务总局 生态环境部关于环境保护税有关问题的通知》（财税〔2018〕23 号）第三款
……纳税人对应税固体废物进行综合利用的，应当符合工业和信息化部制定的工业固体废物综合利用评价管理规范。</td></tr>
<tr><td>《中华人民共和国工业和信息化部公告》（2018 年第 26 号）附件 1《工业固体废物资源综合利用评价管理暂行办法》第七条
开展工业固体废物资源综合利用评价的企业，可依据评价结果，按照《财政部 税务总局 生态环境部关于环境保护税有关问题的通知》和有关规定，申请暂予免征环境保护税，以及减免增值税、所得税等相关产业扶持优惠政策。</td></tr>
<tr><td>《辽宁省工业和信息化厅关于做好工业固体废物资源综合利用评价工作的通知》（辽工信资源〔2023〕129 号）
三、有关要求
（一）各市工业和信息化局负责指导并监督本辖区内工业固体废物资源综合利用评价工作，对上报的评价机构实施监督管理。按季度对本辖区综合利用评价报告备案情况，综合利用的工业固体废物种类、综合利用量、综合利用产值、减免税额等情况进行整理汇总，自季度终了 15 日内报省工业和信息化厅。每年 12 月 31 日前将本年度综合利用情况形成总结报告报省工业和信息化厅。</td></tr>
<tr><td>《辽宁省工业和信息化厅 发展和改革委 科学技术厅 财政厅 自然资源厅 生态环境厅 商务厅 税务局关于印发辽宁省推动工业资源综合利用实施方案的通知》
三、保障措施
……
（三）加大政策资金支持
认真落实国家及省有关节能、节水、资源综合利用的相关财政和税收政策，发挥财政资金的作用，统筹利用现有资金，支持工业资源综合利用重点项目和关键技术开发。围绕工业固体废物大掺量、规模化、高值化利用，支持尾矿、粉煤灰、煤矸石、冶炼渣、工业副产石膏等工业固体废物资源化利用项目。</td></tr>
</table>

2.5.2 技术要点

详见表 2–14。

表 2–14 一般工业固体废物综合利用和处置的技术要点

序号	一般要求	技术要点
1	自行综合利用或处置的	产废单位应当按照“宜用则用、全程管控”的原则，根据经济、技术条件对一般工业固体废物进行综合利用。综合利用过程应遵守生态环境法律法规，符合固体废物污染环境防治技术标准，使用固体废物综合利用产物应当符合国家规定的用途、标准，严禁以利用名义非法转移、倾倒一般工业固体废物。 对不能利用的一般工业固体废物应当进行无害化处置。按照《一般工业固体废物贮存和填埋污染控制标准》（GB 18599—2020）相关要求可进入一般工业固体废物填埋场进行填埋处置。
2	委托综合利用或处置的，要加强对下游单位的管理	（1）营业执照、环境评价文件及批复文件、排污许可证。 （2）利用处置单位的固体废物管理制度及管理台账。 （3）利用处置单位贮存、利用处置相应一般工业固体废物相关设施的工艺流程、技术水平和实际运营情况。 （4）利用单位一般固体废物综合利用产物实际利用情况、执行的产品质量标准等。 （5）对已经开展相关利用处置合作的单位，还应该结合实际要求提供“固体废物综合利用评价报告”（用于环境保护税免税证明）。

2.6 工业固体废物排污许可执行报告要求

根据《排污许可证申请与核发技术规范 工业固体废物（试行）》（HJ 1200—2021）的要求，应定期上报工业固体废物排污许可证执行报告。说明排污许可证执行情况，包括排污单位基本信息及产排污环节、污染物及污染治理设施等。

排污许可证执行情况具体参见表 2–15。

表 2-15　排污许可证执行情况汇总表

项目	内容				报告周期内执行情况	备注
排污单位基本情况	（一）排污单位基本信息		工业固体废物产生、贮存、利用 / 处置方式		□变化　□未变化	
			工业固体废物污染防治执行标准名称		□变化　□未变化	
			危险废物经营许可证相关情况 （仅从事收集 / 贮存 / 利用 / 处置危险废物经营活动的单位需填报）		□变化　□未变化	
	（二）产排污环节、污染物及污染治理设施	固体废物	①污染物治理设施（自动生成）	工业固体废物种类及废物代码	□变化　□未变化	
				产生环节	□变化　□未变化	
				自行贮存、自行利用 / 处置设施	□变化　□未变化	
			②污染物治理设施（自动生成）	工业固体废物种类及废物代码	□变化　□未变化	
				产生环节	□变化　□未变化	
				自行贮存、自行利用 / 处置设施	□变化　□未变化	
			……		□变化　□未变化	
注：对于选择“变化”的，应在“备注”中说明原因。						

第 3 章

危险废物管理

Management Guidelines of
Industrial Solid Waste
in Port

P
O
R
T

3.1　危险废物管理概述

3.1.1　管理原则

1. 分类管理

根据危险废物的产生数量和环境风险等因素，将产生危险废物单位的管理类别分为环境重点监管单位、简化管理单位和登记管理单位。具体划分原则如下：

一是将同一生产经营场所危险废物年产生量 100 吨及以上的单位、具有危险废物自行利用处置设施的单位或持有危险废物经营许可证的单位纳入危险废物环境重点监管单位。

二是将同一生产经营场所危险废物年产生量 10 吨及以上且未纳入危险废物环境重点监管单位的单位纳入危险废物简化管理单位。

三是将同一生产经营场所危险废物年产生量 10 吨以下且未纳入危险废物环境重点监管单位的单位纳入危险废物登记管理单位。

2. 计划管理

环境重点监管单位制定内容包括：单位基本信息、设施信息、危险废物产生情况信息、危险废物贮存情况信息、危险废物自行利用处置情况信息、危险废物减量化计划和措施、危险废物转移情况信息。

简化管理单位制定内容包括：单位基本信息、危险废物产生情况信息、危险废物贮存情况信息、危险废物减量化计划和措施、危险废物转移情况信息。

登记管理单位制定内容包括：单位基本信息、危险废物产生情况信息、危险废物转移情况信息。

3. 定期申报

关于申报周期，在年度申报的基础上，危险废物环境重点监管单位按月申报，简化管理单位按季度申报。

鼓励有条件的地区在危险废物环境重点监管单位推行电子地磅、视频监控、电子标签等集成智能监控手段，有条件的可与国家危险废物信息管理系统联网。

4. 建立台账

建立危险废物管理台账，如实记录有关信息，并通过国家危险废物信息管理系统向所在地生态环境主管部门申报危险废物的种类、产生量、流向、贮存、处置等有关资料。

3.1.2 管理制度

相关管理制度主要包括如下八项：

（1）危险废物环境防治责任制度；

（2）危险废物标识管理制度；

（3）危险废物管理计划及备案制度；

（4）危险废物台账管理和申报登记制度；

（5）危险废物分类收集制度；

（6）危险废物转移联单制度；

（7）危险废物贮存设施环境管理制度；

（8）应急预案及备案制度。

3.1.3 档案管理

危险废物管理档案基础资料见表 3–1。

表 3–1 危险废物管理档案基础资料

序号	档案名称	档案内容
1	污染环境防治责任制度	《危险废物环境防治责任制度》文本至少包含以下内容： （1）管理机构与职责； （2）各个环节主体责任人； （3）收集、贮存、转移与处置等环节污染防治要求。
2	标识管理制度	按照《危险废物识别标志设置技术规范》（HJ 1276—2022）张贴危废标识（查看现场，无须内业档案）。 建议在进出口位置和方向及环境应急物资所在位置张贴平面分区图。

续表

序号	档案名称	档案内容
3	管理计划及备案制度	（1）《单位基本信息表》; （2）《设施信息表》（重点监管单位填写）; （3）《危险废物产生情况信息表》; （4）《危险废物贮存情况信息表》; （5）《危险废物减量化计划和措施》（重点监管单位、简化管理单位填写）; （6）《危险废物转移情况信息表》。
4	台账管理和申报登记制度	在危险废物信息系统申报并审核通过: （1）《危险废物产生环节记录表》; （2）《危险废物入库环节记录表》; （3）《危险废物出库环节记录表》; （4）《危险废物自行利用 / 处置环节记录表》; （5）《危险废物委外利用 / 处置记录表》。
5	分类收集制度	至少包含以下内容: 收集任务概述、收集目标及原则、危险废物特性、危险废物收集量、收集作业范围及方法、收集设备与包装容器、安全生产与个人防护、工程防护与事故应急、进度安排与组织管理等。
6	转移联单制度	转移计划（获得生态环境主管部门批准）、转移联单、处置合同、运输合同、资质。
7	贮存设施环境管理制度	一、《危险废物贮存设施环境管理制度》（上墙） （1）废物贮存场所的设备设施管理、标识管理、安全管理、台账管理、堆放贮存管理等内容; （2）日常管理：定期检查危废贮存状况，及时清理贮存设施地面，更换破损泄漏的危贮容器和包装物，并保留记录。 二、《危险废物贮存设施管理人员岗位职责制度》（上墙） （1）各级管理人员的岗位责任; （2）设施管理人员的岗位责任：门禁系统、监控系统、入库、出库、计量、规范贮存、定期巡查、库房卫生、警示标识牌等岗位责任。 三、《危险废物贮存设施运行操作制度》（上墙） （1）入库前校验：危险废物入库前对危险废物类别、特性、标签的一致性进行核验，不一致的或类别、特性不明的不应存入; （2）作业后的管理：作业设备及车辆等结束作业离开贮存设施时，对其残留的危险废物进行清理，清理的废物或清洗废水应收集处理; （3）基础信息维护：企业信息、危险废物类别、危险废物名称、包装类型、产废点、仓库等;

续表

序号	档案名称	档案内容
7	贮存设施环境管理制度	（4）应急物资管理：安全帽、防护服、手套、警戒线、扫帚、铁锹、消防沙、灭火器，以及棉纱、包装袋等物品。实施应急演练或者处理突发事故后，废旧应急物资应及时更换。 四、《危险废物贮存人员岗位培训制度》（上墙） 培训的内容主要包括：危险废物管理规定、人员职责与责任、分类收集方法和工作要求、内部运收工作程序、转交手续及登记制度、职业卫生安全与自身防护措施、意外事故紧急处理措施等。
8	应急预案及备案制度	应急预案、备案证明材料、应急演练证明材料。

3.1.4 污染防治责任信息公示牌

污染防治责任信息公示牌范本见表 3–2。

表 3–2 污染防治责任信息公示牌范本（上墙）

<table>
<tr><th colspan="6">危险废物污染防治责任信息牌</th></tr>
<tr><td colspan="6">企业名称：××× 有限责任公司</td></tr>
<tr><td colspan="6">环保负责人及电话：张 ×× 139××××××××</td></tr>
<tr><td colspan="6">贮存设施负责人及电话：李 ×× 138××××××××</td></tr>
<tr><th>序号</th><th>危废名称</th><th>产生环节</th><th>危害特性</th><th>废物代码</th><th>去向</th></tr>
<tr><td>1</td><td></td><td></td><td></td><td></td><td></td></tr>
<tr><td>2</td><td></td><td></td><td></td><td></td><td></td></tr>
<tr><td>3</td><td></td><td></td><td></td><td></td><td></td></tr>
<tr><td>4</td><td></td><td></td><td></td><td></td><td></td></tr>
<tr><td>5</td><td></td><td></td><td></td><td></td><td></td></tr>
<tr><td>6</td><td></td><td></td><td></td><td></td><td></td></tr>
<tr><td>7</td><td></td><td></td><td></td><td></td><td></td></tr>
</table>

3.2　港口企业危险废物识别

3.2.1　危险废物识别原则及方法

1. 识别原则

（1）危险废物，是指列入国家危险废物名录或者根据国家规定的危险废物鉴别标准和鉴别方法认定的具有危险特性的固体废物。

（2）凡列入国家危险废物名录的固体废物，属于危险废物，不需要进行危险特性鉴别。

（3）未列入国家危险废物名录，但不排除具有腐蚀性、毒性、易燃性、反应性的固体废物，依据《危险废物鉴别标准 腐蚀性鉴别》（GB 5085.1）、《危险废物鉴别标准 急性毒性初筛》（GB 5085.2）、《危险废物鉴别标准 浸出毒性鉴别》（GB 5085.3）、《危险废物鉴别标准 易燃性鉴别》（GB 5085.4）、《危险废物鉴别标准 反应性鉴别》（GB 5085.5）、《危险废物鉴别标准 毒性物质含量鉴别》（GB 5085.6）和《危险废物鉴别标准 通则》（GB 5085.7），以及《危险废物鉴别技术规范》（HJ 298）进行鉴别。凡具有腐蚀性、毒性、易燃性、反应性中一种或一种以上危险特性的固体废物，属于危险废物。

2. 识别方法

一是对企业自身产生的工业固体废物，依据辨识原则进行分类辨识，确定是否属于危险废物。

二是通过财务报表、基础材料报表、原辅材料进货单、生产报表等，确定企业可能涉及的危险废物种类、含量，通过生产过程的损耗或增加情况确定产生危险废物的种类及数量。

3.2.2　常见危险废物种类

根据港口业务分类，辽宁港口集团所属企业常见的主要危险废物种类如表 3–3 至表 3–12 所示。

表 3-3　散、杂货等类型码头

（1）生产场所。

序号	危险废物名称	废物类别	废物代码
燃料油储存及设施清理			
1	废燃料油及燃料油储存过程产生的油泥	HW08	900-221-08
2	污油、含油污水	HW08	900-210-08
3	各种油泥、含油垃圾	HW08	900-210-08
4	废油桶	HW08	900-249-08
5	废油沾布袋	HW08	900-249-08
6	废弃的含油棉纱、油毡、布料等	HW08	900-249-08
7	沾染油类的废旧保温棉	HW08	900-249-08
8	废消油剂（溢油分散剂）	HW08	900-404-06
设备维修、拆解			
9	废机油	HW08	900-249-08
10	废矿物油	HW08	900-249-08
11	废弃溶剂油（设备清洗）	HW08	900-201-08
12	废制动器油	HW08	900-214-08
13	废齿轮油	HW08	900-214-08
14	废润滑油	HW08	900-214-08
15	废液压油	HW08	900-218-08
16	废油壶	HW08	900-249-08
17	废旧机油滤清器	HW08	900-249-08
18	各种油泥	HW08	900-214-08
19	防冻液（冷却液）	HW06	900-402-06
20	油 / 水、烃 / 水混合物或乳化液	HW09	900-006-09 或 900-007-09
21	废油桶	HW08	900-249-08
22	其他沾染矿物油的废弃包装物	HW08	900-249-08
23	废弃的含油抹布、手套等	HW08	900-249-08
喷漆、上漆			
24	废油漆、涂料	HW12	900-299-12 或 900-256-12
25	调配油漆的废有机溶剂	HW12	264-013-12
26	废油漆桶或废弃包装物	HW12	900-299-12

续表

序号	危险废物名称	废物类别	废物代码
废水处理			
27	含油废水处理中隔油、气浮、沉淀等处理过程中产生的浮油、浮渣和污泥	HW08	900-210-08
28	废酸	HW34	900-349-34
29	废碱（废中和剂）	HW35	900-399-35
30	化学实验废物、废液	HW49	900-047-49
其他			
31	含有石棉的废绝缘材料、建筑废物	HW36	900-031-36
32	难以集中收集的废油桶、废油漆桶、罐、刷、含油垃圾、铁锈、油毡、棉布、手套、污染土等	HW49	900-041-49

（2）附属场所。

序号	危险废物名称	废物类别	废物代码
办公及物业			
1	废含汞荧光灯管及其他废含汞电光源	HW29	900-023-29
2	废弃的镉镍电池	HW49	900-044-49
3	废铅蓄电池	HW31	900-052-31
4	废电器（非拆解状态属于电子废物）	HW49	900-045-49
5	废电路板	HW49	900-045-49
6	废硒鼓（非破损状态属于电子废物）	HW12	900-299-12
7	废墨盒（非破损状态属于电子废物）	HW12	900-299-12
园林绿化			
8	废农药瓶	HW04	900-003-04

表 3-4　集装箱类型码头

（1）生产场所。

序号	危险废物名称	废物类别	废物代码
设备维修、拆解			
1	废机油	HW08	900-249-08
2	废矿物油	HW08	900-249-08

续表

序号	危险废物名称	废物类别	废物代码
3	废弃溶剂油（设备清洗）	HW08	900-201-08
4	废制动器油	HW08	900-214-08
5	废齿轮油	HW08	900-214-08
6	废润滑油	HW08	900-214-08
7	废液压油	HW08	900-218-08
8	废油壶	HW08	900-249-08
9	废旧机油滤清器	HW08	900-249-08
10	各种油泥	HW08	900-214-08
11	防冻液（冷却液）	HW06	900-402-06
12	油 / 水、烃 / 水混合物或乳化液	HW09	900-006-09 或 900-007-09
13	废油桶	HW08	900-249-08
14	沾染矿物油的废弃包装物	HW08	900-249-08
15	废弃的含油抹布、手套等	HW08	900-249-08
喷漆、上漆			
16	废油漆、涂料	HW12	900-299-12 或 900-256-12
17	调配油漆的废有机溶剂	HW12	264-013-12
18	废油漆桶或废弃包装物	HW12	900-299-12
废水处理			
19	含油废水处理中隔油、气浮、沉淀等处理过程中产生的浮油、浮渣和污泥	HW08	900-210-08
20	废酸	HW34	900-349-34
21	废碱（废中和剂）	HW35	900-399-35
22	化学实验废物、废液	HW49	900-047-49
其他			
23	含有石棉的废绝缘材料、建筑废物	HW36	900-031-36
24	难以集中收集的废油桶、废油漆桶、罐、刷、含油垃圾、铁锈、油毡、棉布、手套、污染土等	HW49	900-041-49

（2）附属场所。

序号	危险废物名称	废物类别	废物代码
办公及物业			
1	废含汞荧光灯管及其他废含汞电光源	HW29	900–023–29
2	废弃的镉镍电池	HW49	900–044–49
3	废铅蓄电池	HW31	900–052–31
4	废电器（非拆解状态属于电子废物）	HW49	900–045–49
5	废电路板	HW49	900–045–49
6	废硒鼓（非破损状态属于电子废物）	HW12	900–299–12
7	废墨盒（非破损状态属于电子废物）	HW12	900–299–12
园林绿化			
8	废农药瓶	HW04	900–003–04

表 3–5　液体贮存、油化品等类型码头

（1）生产场所。

序号	危险废物名称	废物类别	废物代码
燃料油储存及设施清理			
1	废燃料油及燃料油储存过程产生的油泥	HW08	900–221–08
2	污油、含油污水	HW08	900–210–08
3	各种油泥、含油垃圾	HW08	900–210–08
4	废油桶	HW08	900–249–08
5	废油沾布袋	HW08	900–249–08
6	废弃的含油棉纱、油毡、布料等	HW08	900–249–08
7	沾染油类的废旧保温棉	HW08	900–249–08
8	废消油剂（溢油分散剂）	HW08	900–404–06
设备维修、拆解			
9	废机油	HW08	900–249–08
10	废矿物油	HW08	900–249–08
11	废弃溶剂油（设备清洗）	HW08	900–201–08
12	废制动器油	HW08	900–214–08
13	废齿轮油	HW08	900–214–08
14	废润滑油	HW08	900–214–08
15	废液压油	HW08	900–218–08

续表

序号	危险废物名称	废物类别	废物代码
16	废油壶	HW08	900-249-08
17	废旧机油滤清器	HW08	900-249-08
18	各种油泥	HW08	900-214-08
19	防冻液（冷却液）	HW06	900-402-06
20	油 / 水、烃 / 水混合物或乳化液	HW09	900-006-09 或 900-007-09
21	废油桶	HW08	900-249-08
22	其他沾染矿物油的废弃包装物	HW08	900-249-08
23	废弃的含油抹布、手套等	HW08	900-249-08
喷漆、上漆			
24	废油漆、涂料	HW12	900-299-12 或 900-256-12
25	调配油漆的废有机溶剂	HW12	264-013-12
26	废油漆桶或废弃包装物	HW12	900-299-12
废水处理			
27	含油废水处理中隔油、气浮、沉淀等处理过程中产生的浮油、浮渣和污泥	HW08	900-210-08
28	废酸	HW34	900-349-34
29	废碱（废中和剂）	HW35	900-399-35
30	化学实验废物、废液	HW49	900-047-49
其他			
31	含有石棉的废绝缘材料、建筑废物等	HW36	900-031-36
32	难以集中收集的废油桶、废油漆桶、罐、刷、含油垃圾、铁锈、油毡、棉布、手套、污染土等	HW49	900-041-49

（2）附属场所。

序号	危险废物名称	废物类别	废物代码
办公及物业			
1	废含汞荧光灯管及其他废含汞电光源	HW29	900-023-29
2	废弃的镉镍电池	HW49	900-044-49
3	废铅蓄电池	HW31	900-052-31
4	废电器（非拆解状态属于电子废物）	HW49	900-045-49
5	废电路板	HW49	900-045-49

续表

序号	危险废物名称	废物类别	废物代码
6	废硒鼓（非破损状态属于电子废物）	HW12	900-299-12
7	废墨盒（非破损状态属于电子废物）	HW12	900-299-12
化验室			
8	化学实验废物、废液	HW49	900-047-49
园林绿化			
9	废农药瓶	HW04	900-003-04

表 3-6　汽车客运滚装等类型公司

（1）生产场所。

序号	危险废物名称	废物类别	废物代码
喷漆、上漆			
1	废油漆、涂料	HW12	900-299-12 或 900-256-12
2	调配油漆的废有机溶剂	HW12	264-013-12
3	废油漆桶或废弃包装物	HW12	900-299-12
废水处理			
4	含油废水处理中隔油、气浮、沉淀等处理过程中产生的浮油、浮渣和污泥	HW08	900-210-08
5	废酸	HW34	900-349-34
6	废碱（废中和剂）	HW35	900-399-35
7	化学实验废物、废液	HW49	900-047-49
其他			
8	含有石棉的废绝缘材料、建筑废物	HW36	900-031-36
9	难以集中收集的废油桶、废油漆桶、罐、刷、含油垃圾、铁锈、油毡、棉布、手套、污染土等	HW49	900-041-49

（2）附属场所。

序号	危险废物名称	废物类别	废物代码
办公及物业			
1	废含汞荧光灯管及其他废含汞电光源	HW29	900-023-29
2	废弃的镉镍电池	HW49	900-044-49

续表

序号	危险废物名称	废物类别	废物代码
3	废铅蓄电池	HW31	900-052-31
4	废电器（非拆解状态属于电子废物）	HW49	900-045-49
5	废电路板	HW49	900-045-49
6	废硒鼓（非破损状态属于电子废物）	HW12	900-299-12
7	废墨盒（非破损状态属于电子废物）	HW12	900-299-12
医疗			
8	医疗废物	HW01	841-005-01
园林绿化			
9	废农药瓶	HW04	900-003-04

表 3-7　船舶、轮驳等类型公司

（1）生产场所。

序号	危险废物名称	废物类别	废物代码
设备维修、拆解			
1	废机油	HW08	900-249-08
2	废矿物油	HW08	900-249-08
3	废弃溶剂油（设备清洗）	HW08	900-201-08
4	废制动器油	HW08	900-214-08
5	废齿轮油	HW08	900-214-08
6	废润滑油	HW08	900-214-08
7	废液压油	HW08	900-218-08
8	废油壶	HW08	900-249-08
9	废旧机油滤清器	HW08	900-249-08
10	各种油泥	HW08	900-214-08
11	防冻液（冷却液）	HW06	900-402-06
12	油 / 水、烃 / 水混合物或乳化液	HW09	900-006-09 或 900-007-09
13	废油桶及沾染矿物油的废弃包装物	HW08	900-249-08
14	废弃的含油抹布、手套等	HW08	900-249-08
喷漆、上漆			
15	废油漆、涂料	HW12	900-299-12 或 900-256-12
16	调配油漆的废有机溶剂	HW12	264-013-12

续表

序号	危险废物名称	废物类别	废物代码
17	废油漆桶或废弃包装物	HW12	900-299-12
其他			
18	含有石棉的废绝缘材料、建筑废物	HW36	900-031-36
19	难以集中收集的废油桶、废油漆桶、罐、刷、含油垃圾、铁锈、油毡、棉布、手套、污染土等	HW49	900-041-49

（2）附属场所。

序号	危险废物名称	废物类别	废物代码
办公及物业			
1	废含汞荧光灯管及其他废含汞电光源	HW29	900-023-29
2	废弃的镉镍电池	HW49	900-044-49
3	废铅蓄电池	HW31	900-052-31
4	废电器（非拆解状态属于电子废物）	HW49	900-045-49
5	废电路板	HW49	900-045-49
6	废硒鼓（非破损状态属于电子废物）	HW12	900-299-12
7	废墨盒（非破损状态属于电子废物）	HW12	900-299-12
医疗			
8	医疗废物	HW01	841-005-01

表 3-8 铁路、运输等类型公司

（1）生产场所。

序号	危险废物名称	废物类别	废物代码
设备维修、拆解			
1	废机油	HW08	900-249-08
2	废矿物油	HW08	900-249-08
3	废弃溶剂油（设备清洗）	HW08	900-201-08
4	废制动器油	HW08	900-214-08
5	废齿轮油	HW08	900-214-08
6	废润滑油	HW08	900-214-08
7	废液压油	HW08	900-218-08

续表

序号	危险废物名称	废物类别	废物代码
8	废油壶	HW08	900-249-08
9	废旧机油滤清器	HW08	900-249-08
10	各种油泥	HW08	900-214-08
11	防冻液（冷却液）	HW06	900-402-06
12	油 / 水、烃 / 水混合物或乳化液	HW09	900-006-09 或 900-007-09
13	废油桶	HW08	900-249-08
14	沾染矿物油的废弃包装物	HW08	900-249-08
15	废弃的含油抹布、手套等	HW08	900-249-08
喷漆、上漆			
16	废油漆、涂料	HW12	900-299-12 或 900-256-12
17	调配油漆的废有机溶剂	HW12	264-013-12
18	废油漆桶或废弃包装物	HW12	900-299-12
废水处理			
19	含油废水处理中隔油、气浮、沉淀等处理过程中产生的浮油、浮渣和污泥	HW08	900-210-08
20	废酸	HW34	900-349-34
21	废碱（废中和剂）	HW35	900-399-35
22	化学实验废物、废液	HW49	900-047-49
其他			
23	难以集中收集的废油桶、废油漆桶、罐、刷、含油垃圾、铁锈、油毡、棉布、手套、污染土等	HW49	900-041-49

（2）附属场所。

序号	危险废物名称	废物类别	废物代码
办公及物业			
1	废含汞荧光灯管及其他废含汞电光源	HW29	900-023-29
2	废弃的镉镍电池	HW49	900-044-49
3	废铅蓄电池	HW31	900-052-31
4	废电器（非拆解状态属于电子废物）	HW49	900-045-49
5	废电路板	HW49	900-045-49

续表

序号	危险废物名称	废物类别	废物代码
6	废硒鼓（非破损状态属于电子废物）	HW12	900-299-12
7	废墨盒（非破损状态属于电子废物）	HW12	900-299-12
园林绿化			
8	废农药瓶	HW04	900-003-04

表 3-9　机械、机修等类型公司或车间

（1）生产场所。

序号	危险废物名称	废物类别	废物代码
设备维修、拆解			
1	废机油	HW08	900-249-08
2	废矿物油	HW08	900-249-08
3	废弃溶剂油（设备清洗）	HW08	900-201-08
4	废制动器油	HW08	900-214-08
5	废齿轮油	HW08	900-214-08
6	废润滑油	HW08	900-214-08
7	废液压油	HW08	900-218-08
8	废油壶	HW08	900-249-08
9	废旧机油滤清器	HW08	900-249-08
10	各种油泥	HW08	900-214-08
11	防冻液（冷却液）	HW06	900-402-06
12	油 / 水、烃 / 水混合物或乳化液	HW09	900-006-09 或 900-007-09
13	废油桶	HW08	900-249-08
14	沾染矿物油的废弃包装物	HW08	900-249-08
15	废弃的含油抹布、手套等	HW08	900-249-08
喷漆、上漆			
16	废油漆、涂料	HW12	900-299-12 或 900-256-12
17	调配油漆的废有机溶剂	HW12	264-013-12
18	废油漆桶或废弃包装物	HW12	900-299-12 或 900-041-49
废水处理			
19	含油废水处理中隔油、气浮、沉淀等处理过程中产生的浮油、浮渣和污泥	HW08	900-210-08

续表

序号	危险废物名称	废物类别	废物代码
20	废酸	HW34	900-349-34
21	废碱（废中和剂）	HW35	900-399-35
22	化学实验废物、废液	HW49	900-047-49
其他			
23	废铅蓄电池	HW31	900-052-31
24	废电路板	HW49	900-045-49
25	废氟利昂类制冷剂等	HW49	900-053-49
26	废汽车尾气净化催化剂	HW50	251-019-50
27	车辆制动器衬片更换产生的石棉废物	HW36	900-032-36
28	难以集中收集的废油桶、废油漆桶、罐、刷、含油垃圾、铁锈、油毡、棉布、手套、污染土等	HW49	900-041-49

（2）附属场所。

序号	危险废物名称	废物类别	废物代码
办公及物业			
1	废含汞荧光灯管及其他废含汞电光源	HW29	900-023-29
2	废弃的镉镍电池	HW49	900-044-49
3	废电器（非拆解状态属于电子废物）	HW49	900-045-49
4	废电路板	HW49	900-045-49
5	废硒鼓（非破损状态属于电子废物）	HW12	900-299-12
6	废墨盒（非破损状态属于电子废物）	HW12	900-299-12
园林绿化			
7	废农药瓶	HW04	900-003-04

表 3-10　供热公司

（1）生产场所。

序号	危险废物名称	废物类别	废物代码
设备维修、拆解			
1	废机油	HW08	900-249-08
2	废矿物油	HW08	900-249-08

续表

序号	危险废物名称	废物类别	废物代码
3	废弃溶剂油（设备清洗）	HW08	900–201–08
4	废制动器油	HW08	900–214–08
5	废齿轮油	HW08	900–214–08
6	废润滑油	HW08	900–214–08
7	废液压油	HW08	900–218–08
8	废油壶	HW08	900–249–08
9	废旧机油滤清器	HW08	900–249–08
10	各种油泥	HW08	900–214–08
11	防冻液（冷却液）	HW06	900–402–06
12	油 / 水、烃 / 水混合物或乳化液	HW09	900–006–09 或 900–007–09
13	废油桶	HW08	900–249–08
14	沾染矿物油的废弃包装物	HW08	900–249–08
15	废弃的含油抹布、手套等	HW08	900–249–08
喷漆、上漆			
16	废油漆、涂料	HW12	900–299–12 或 900–256–12
17	调配油漆的废有机溶剂	HW12	264–013–12
18	废油漆桶或废弃包装物	HW12	900–299–12
供热生产			
19	废碱包装物	HW35	900–399–35
20	烟气脱硝过程中产生的废钒钛系催化剂	HW50	772–007–50
废水处理			
21	含油废水处理中隔油、气浮、沉淀等处理过程中产生的浮油、浮渣和污泥	HW08	900–210–08
22	废酸	HW34	900–349–34
23	废碱（废中和剂）	HW35	900–399–35
24	化学实验废物、废液	HW49	900–047–49
其他			
25	含有石棉的废绝缘材料、建筑废物	HW36	900–031–36
26	难以集中收集的废油桶、废油漆桶、罐、刷、含油垃圾、铁锈、油毡、棉布、手套、污染土等	HW49	900–041–49

（2）附属场所。

序号	危险废物名称	废物类别	废物代码
办公及物业			
1	废含汞荧光灯管及其他废含汞电光源	HW29	900–023–29
2	废铅蓄电池	HW31	900–052–31
3	废弃的镉镍电池	HW49	900–044–49
4	废电器（非拆解状态属于电子废物）	HW49	900–045–49
5	废电路板	HW49	900–045–49
6	废硒鼓（非破损状态属于电子废物）	HW12	900–299–12
7	废墨盒（非破损状态属于电子废物）	HW12	900–299–12
园林绿化			
8	废农药瓶	HW04	900–003–04

表 3–11　实业、投资发展等类型公司

（1）生产场所。

序号	危险废物名称	废物类别	废物代码
燃料油储存及设施清理			
1	废燃料油及燃料油储存过程产生的油泥	HW08	900–221–08
2	污油、含油污水	HW08	900–210–08
3	各种油泥、含油垃圾	HW08	900–210–08
4	废油桶	HW08	900–249–08
5	废油沾布袋	HW08	900–249–08
6	废弃的含油棉纱、油毡、布料等	HW08	900–249–08
7	沾染油类的废旧保温棉	HW08	900–249–08
8	废消油剂（溢油分散剂）	HW08	900–404–06
设备维修、拆解			
9	废机油	HW08	900–249–08
10	废矿物油	HW08	900–249–08
11	废弃溶剂油（设备清洗）	HW08	900–201–08
12	废制动器油	HW08	900–214–08
13	废齿轮油	HW08	900–214–08
14	废润滑油	HW08	900–214–08
15	废液压油	HW08	900–218–08

续表

序号	危险废物名称	废物类别	废物代码
16	废油壶	HW08	900-249-08
17	废旧机油滤清器	HW08	900-249-08
18	各种油泥	HW08	900-214-08
19	防冻液（冷却液）	HW06	900-402-06
20	油 / 水、烃 / 水混合物或乳化液	HW09	900-006-09 或 900-007-09
21	废油桶	HW08	900-249-08
22	其他沾染矿物油的废弃包装物	HW08	900-249-08
23	废弃的含油抹布、手套等	HW08	900-249-08
喷漆、上漆			
24	废油漆、涂料	HW12	900-299-12 或 900-256-12
25	调配油漆的废有机溶剂	HW12	264-013-12
26	废油漆桶或废弃包装物	HW12	900-299-12
废水处理			
27	含油废水处理中隔油、气浮、沉淀等处理过程中产生的浮油、浮渣和污泥	HW08	900-210-08
28	废酸	HW34	900-349-34
29	废碱（废中和剂）	HW35	900-399-35
30	化学实验废物、废液	HW49	900-047-49
其他			
31	含有石棉的废绝缘材料、建筑废物	HW36	900-031-36
32	难以集中收集的废油桶、废油漆桶、罐、刷、含油垃圾、铁锈、油毡、棉布、手套、污染土等	HW49	900-041-49

（2）附属场所。

序号	危险废物名称	废物类别	废物代码
办公及物业			
1	废含汞荧光灯管及其他废含汞电光源	HW29	900-023-29
2	废弃的镉镍电池	HW49	900-044-49
3	废铅蓄电池	HW31	900-052-31
4	废电器（非拆解状态属于电子废物）	HW49	900-045-49

续表

序号	危险废物名称	废物类别	废物代码
5	废电路板	HW49	900-045-49
6	废硒鼓（非破损状态属于电子废物）	HW12	900-299-12
7	废墨盒（非破损状态属于电子废物）	HW12	900-299-12
园林绿化			
8	废农药瓶	HW04	900-003-04

表 3-12　电力、输变电等类型公司

（1）生产场所。

序号	危险废物名称	废物类别	废物代码
1	废电器（非拆解状态属于电子废物）	HW08	900-249-08
2	废电路板	HW49	900-045-49
3	废铅蓄电池	HW31	900-052-31
4	废酸液	HW34	900-349-34
5	废弃电容器、变压器	HW10	900-008-10
6	电力设备清洗液	HW10	900-009-10
7	废变压器油	HW10	900-010-10
8	电容器、变压器废弃包装物容器	HW10	900-011-10
9	含有石棉的废绝缘材料、建筑废物	HW36	900-031-36
喷漆、上漆			
10	废油漆、涂料	HW12	900-299-12 或 900-256-12
11	调配油漆的废有机溶剂	HW12	264-013-12
12	废油漆桶或废弃包装物	HW12	900-299-12
其他			
13	难以集中收集的废油桶、废油漆桶、罐、刷、含油垃圾、铁锈、油毡、棉布、手套、污染土等	HW49	900-041-49

（2）附属场所。

序号	危险废物名称	废物类别	废物代码
办公及物业			
1	废含汞荧光灯管及其他废含汞电光源	HW29	900-023-29

续表

序号	危险废物名称	废物类别	废物代码
2	废弃的镉镍电池	HW49	900-044-49
3	废硒鼓（非破损状态属于电子废物）	HW12	900-299-12
4	废墨盒（非破损状态属于电子废物）	HW12	900-299-12
园林绿化			
5	废农药瓶	HW04	900-003-04

3.3　港口企业常见危险废物豁免情形

港口企业常见危险废物豁免情形见表 3-13 至表 3-22。

表 3-13　废弃的含油抹布、劳保用品

废物代码	900-041-49
豁免环节	全部环节
豁免条件	未分类收集。
豁免内容	全过程不按危险废物管理。

表 3-14　废弃电路板

废物代码	900-045-49
豁免环节	运输
豁免条件	运输工具满足防雨、防渗漏、防遗撒要求。
豁免内容	不按危险废物进行运输。

表 3-15　未破损的废铅蓄电池

废物代码	900-052-31
豁免环节	运输
豁免条件	运输工具满足防雨、防渗漏、防遗撒要求。
豁免内容	不按危险废物进行运输。

表 3–16　废铁质油桶

废物代码	900–249–08
豁免环节	利用过程
豁免条件	封口处于打开状态、静置无滴漏且经打包压块后用于金属冶炼。
豁免内容	利用过程不按危险废物管理。

表 3–17　船舶含油污水及残油经船上或港口配套设施预处理后产生的需通过船舶转移的废矿物油与含矿物油废物

废物代码	900–210–08
豁免环节	运输
豁免条件	按照水运污染危害性货物实施管理。
豁免内容	不按危险废物进行运输。

表 3–18　含有农药残余物的包装物

废物代码	900–003–04
豁免环节	收集、运输、利用、处置
豁免条件	依据《农药包装废弃物回收处理管理办法》收集、转移到集中贮存点； 进入依据《农药包装废弃物回收处理管理办法》确定的资源化利用单位进行资源化利用； 进入生活垃圾填埋场填埋或进入生活垃圾焚烧厂焚烧。
豁免内容	收集、运输、利用、处置过程不按危险废物管理。

表 3–19　废酸（仅具有腐蚀性危险特性的废酸）

废物代码	HW34
豁免环节	利用
豁免条件	作为生产原料综合利用； 作为工业污水处理厂污水处理中和剂利用，且满足以下条件：废酸中第一类污染物含量低于该污水处理厂排放标准，其他《危险废物鉴别标准 浸出毒性》（GB 5085.3）所列特征污染物含量低于 GB 5085.3 限值的 1/10。
豁免内容	利用过程不按危险废物管理。

表 3-20　废碱（仅具有腐蚀性危险特性的废碱）

废物代码	HW34
豁免环节	利用
豁免条件	作为生产原料综合利用； 作为工业污水处理厂污水处理中和剂利用，且满足以下条件：液态碱或固态碱按《固体废物 浸出毒性浸出方法 硫酸硝酸法》（HJ/T 299—2007）方法制取的浸出液中第一类污染物含量低于该污水处理厂排放标准，其他《危险废物鉴别标准 浸出毒性》（GB 5085.3）所列特征污染物低于 GB 5085.3 限值的 1/10。
豁免内容	利用过程不按危险废物管理。

表 3-21　机动车和非道路移动机械尾气净化废催化剂

废物代码	900-049-50
豁免环节	运输
豁免条件	运输工具满足防雨、防渗漏、防遗撒要求。
豁免内容	不按危险废物进行运输。

表 3-22　突发环境事件产生的危险废物

废物代码	—
豁免环节	运输、利用、处置
豁免条件	按事发地的县级以上人民政府确定的处置方案进行运输； 按事发地的县级以上人民政府确定的处置方案进行利用或处置。
豁免内容	不按危险废物管理。

3.4　申报登记环节的管理

3.4.1　法律规定

《固废法》第七十八条

产生危险废物的单位，应当按照国家有关规定制定危险废物管理计划；建立危险废物管理台账，如实记录有关信息，并通过国家危险废物信息管理系统向所在地生态环境主管部门申报危险废物的种类、产生量、流向、贮存、处置等有关资料。

第一百一十二条

（二）未按照国家有关规定制定危险废物管理计划或者申报危险废物有关资料的；

……

由生态环境主管部门责令改正，处十万元以上一百万元以下的罚款，没收违法所得；情节严重的，报经有批准权的人民政府批准，可以责令停业或者关闭。

3.4.2 技术要点

1. 一般原则

（1）产生危险废物的单位应定期通过国家危险废物信息管理系统向所在地生态环境主管部门申报危险废物的种类、产生量、流向、贮存、利用、处置等有关资料。

（2）产生危险废物的单位应根据危险废物管理台账记录归纳总结申报期内危险废物有关情况，保证申报内容的真实性、准确性和完整性，按时在线提交至所在地生态环境主管部门，台账记录留存备查。

（3）产生危险废物的单位可以自行申报，也可以委托危险废物经营许可证持有单位或者经所在地生态环境主管部门同意的第三方单位代为申报。

2. 申报周期

（1）危险废物环境重点监管单位应当按月度和年度申报危险废物有关资料，且于每月 15 日前和每年 3 月 31 日前分别完成上一月度和上一年度的申报。

（2）危险废物简化管理单位应当按季度和年度申报危险废物有关资料，且于每季度首月 15 日前和每年 3 月 31 日前分别完成上一季度和上一年度的申报。

（3）危险废物登记管理单位应当按年度申报危险废物有关资料，且于每年 3 月 31 日前完成上一年度的申报。

3. 申报内容

（1）申报内容包括危险废物产生情况、危险废物自行利用 / 处置情况、危险废物委托外单位利用 / 处置情况、贮存情况，申报报告格式参见附表。

（2）通过国家危险废物信息管理系统建立危险废物电子管理台账的单位，国家危险废物信息管理系统自动生成危险废物申报报告，经其确认并在线提交后，完成申报。

相关附表及其说明见表 3–23 至表 3–26。

表 3–23 ______年____月危险废物月度申报报告表

序号	产生情况									自行利用 / 处置情况			委托外单位利用 / 处置情况						贮存情况			
	危险废物名称		危险废物类别	危险废物代码	有害成分名称	形态	危险特性	产生量	计量单位	利用/处置方式	利用/处置量	计量单位	省（区、市）	单位名称	危险废物经营许可证编号 / 利用处置环节豁免管理单位编号 / 出口核准通知单编号	利用/处置方式	利用/处置量	计量单位	上月底剩余贮存量	计量单位	本月底剩余贮存量	计量单位
	行业俗称 / 单位内部名称	国家危险废物名录名称																				
1																						
2																						

国家危险废物名录名称、危险废物类别、危险废物代码：从国家危废名录中查找

有害成分名称：危险废物中对环境有害的主要污染物名称，如苯系物、氰化物、砷等

形态：固态、半固态、液态、置于容器中的气态

危险特性：查找国家危险废物名录，毒性（T）、腐蚀性（C）、易燃性（I）、反应性（R）、感染性（In）中的一个或几个中的一个或几个

利用/处置方式：根据《排污许可证申请与核发技术规范 工业固体废物和危险废物治理》（HJ 1033—2019）附录F填写

计量单位：填写“吨”，如以其他单位计量则应说明计量单位，并通过估算换算成以“吨”计量

表 3-24 ______年第______季度危险废物季度申报报告表

序号	产生情况									自行利用/处置情况			委托外单位利用/处置情况						贮存情况			
	危险废物名称		危险废物类别	危险废物代码	有害成分名称	形态	危险特性	产生量	计量单位	利用/处置方式	利用/处置量	计量单位	省（区、市）	单位名称	危险废物经营许可证编号/利用处置环节豁免管理单位编号/出口核准通知单编号	利用/处置方式	利用/处置量	计量单位	上季度底剩余贮存量	计量单位	本季度底剩余贮存量	计量单位
	行业俗称/单位内部名称	国家危险废物名录名称																				
1																						
2																						
3																						

表 3-25 ______年危险废物年度申报报告表

序号	产生情况									自行利用/处置情况			委托外单位利用/处置情况						贮存情况			
	危险废物名称		危险废物类别	危险废物代码	有害成分名称	形态	危险特性	产生量	计量单位	利用/处置方式	利用/处置量	计量单位	省（区、市）	单位名称	危险废物经营许可证编号/利用处置环节豁免管理单位编号/出口核准通知单编号	利用/处置方式	利用/处置量	计量单位	上季度底剩余贮存量	计量单位	本季度底剩余贮存量	计量单位
	行业俗称/单位内部名称	国家危险废物名录名称																				
1																						
2																						
3																						

表 3-26　HJ 1033 危险废物利用、处置方式代码

代码	说明
危险废物（不含医疗废物）利用方式 [a]	
R1	作为燃料（直接燃烧除外）或以其他方式产生能量
R2	溶剂回收 / 再生（如蒸馏、萃取等）
R3	再循环 / 再利用不是用作溶剂的有机物
R4	再循环 / 再利用金属和金属化合物
R5	再循环 / 再利用其他无机物
R6	再生酸或碱
R7	回收污染减除剂的组分
R8	回收催化剂组分
R9	废油再提炼或其他废油的再利用
R15	其他
危险废物（不含医疗废物）处置方式 [b]	
D1	填埋
D9	物理化学处理（如蒸发、干燥、中和、沉淀等），不包括填埋或焚烧前的预处理
D10	焚烧 [c]
D16	其他
C1	水泥窑共处置（水泥窑协同处置）[d]
危险废物（不含医疗废物）其他方式	
C2	生产建筑材料 [e]
C3	清洗（包装容器）
医疗废物处置方式	
Y10	医疗废物焚烧
Y11	医疗废物高温蒸汽处理
Y12	医疗废物化学消毒处理
Y13	医疗废物微波消毒处理
Y16	医疗废物其他处置方式
注：与《控制危险废物越境转移及其处置巴塞尔公约》相对应，废物利用和处置方式代码未连续编。	

a 利用是指从工业危险废物中提取物质作为原材料或者燃料的活动。
b 处置是指工业危险废物焚烧和用其他改变固体废物的物理、化学、生物特性的方法，达到减少已产生的工业危险废物数量、缩小工业危险废物体积、减少或者消除其危险成分的活动，或者将工业危险废物最终置于符合环境保护规定要求的填埋场的活动。
c 焚烧指焚化燃烧危险废物使之分解并无害化的过程。
d 参照《水泥窑协同处置固体废物污染控制标准》（GB 30485—2013）。
e 生产建筑材料是指将工业危险废物用于生产砖瓦、建筑骨料、路基材料等建筑材料。

3.5 管理计划环节的管理

3.5.1 法律规定

《固废法》第七十八条

产生危险废物的单位，应当按照国家有关规定制定危险废物管理计划；建立危险废物管理台账，如实记录有关信息，并通过国家危险废物信息管理系统向所在地生态环境主管部门申报危险废物的种类、产生量、流向、贮存、处置等有关资料。

前款所称危险废物管理计划应当包括减少危险废物产生量和降低危险废物危害性的措施以及危险废物贮存、利用、处置措施。危险废物管理计划应当报产生危险废物的单位所在地生态环境主管部门备案。

产生危险废物的单位已经取得排污许可证的，执行排污许可管理制度的规定。

第一百一十二条

（二）未按照国家有关规定制定危险废物管理计划或者申报危险废物有关资料的；

……

由生态环境主管部门责令改正，处十万元以上一百万元以下的罚款，没收违法所得；情节严重的，报经有批准权的人民政府批准，可以责令停业或者关闭。

3.5.2 技术要点

1. 制定单位

同一法人单位或者其他组织所属但位于不同生产经营场所的单位，应当以每个生产经营场所为单位，分别制定危险废物管理计划，并通过国家危险废物信息管理系统向生产经营场所所在地生态环境主管部门备案。

2. 制定时限

产生危险废物的单位应当按年度制定危险废物管理计划。

3. 备案形式

产生危险废物的单位应当于每年 3 月 31 日前，通过国家危险废物信息管理系统在线填写并提交当年度的危险废物管理计划。

由国家危险废物信息管理系统自动生成备案编号和回执，完成备案。

相关附表及其说明见表 3-27 至表 3-33。

表 3-27　单位基本信息表

（危险废物环境重点监管单位、危险废物简化管理单位、危险废物登记管理单位填写）

单位名称		注册地址	
生产经营场所地址		行政区划	
行业类别		行业代码	
生产经营场所中心经度		生产经营场所中心纬度	
统一社会信用代码		管理类别	
法定代表人		联系电话	
危险废物环境管理技术负责人		联系电话	
是否有环境影响评价审批文件		环境影响评价审批文件文号或备案编号	
是否有排污许可证或是否进行排污登记		排污许可证证书编号或排污登记表编号	

行业类别 → 根据《国民经济行业分类》（GB/T 4754—2017）中对应的类别填写

行业代码 → 根据《国民经济行业分类》（GB/T 4754—2017）中对应的代码填写

管理类别 → 重点管理单位、简化管理单位、登记管理单位

表 3-28　设施信息表

（危险废物环境重点监管单位填写）

序号	主要生产单元名称	主要工艺名称	设施名称	设施编码	污染防治设施参数			生产设施生产能力		产品产量						原辅料			
					参数名称	设计值	计量单位	生产能力	计量单位	中间产品名称	中间产品数量	计量单位	最终产品名称	最终产品数量	计量单位	种类	名称	用量	计量单位
1																			
2																			
3																			
4																			

此处填写危险废物利用、处置与贮存设施参数，不需要填写其他污染防治设施参数

主要生产单元、主要工艺、生产设施及设施参数、产品名称、生产能力、原辅材料等与排污许可副本保持一致

表 3-29 危险废物产生情况信息表

（危险废物环境重点监管单位、危险废物简化管理单位、危险废物登记管理单位填写）

序号	产生危险废物设施编码	产生危险废物设施名称	对应产废环节名称	危险废物名称		危险废物类别	危险废物代码	有害成分名称	形态	危险特性	本年度预计产生量	计量单位	内部治理方式及去向					
				行业俗称/单位内部名称	国家危险废物名录名称								自行利用设施编码	自行利用设施设计能力	自行处置设施编码	自行处置设施设计能力	贮存设施编码	贮存设施设计能力
1	自动生成	自动生成											自动生成	自动生成	自动生成	自动生成	自动生成	自动生成
2																		
3																		
4																		

按照国家危险废物名录填写

危险废物中对环境有害的主要污染物名称，如苯系物、氰化物、砷等

填写“吨”，如以其他单位计量则应说明计量单位，并通过估算换算成以“吨”计量

表 3–30　危险废物贮存情况信息表

（危险废物环境重点监管单位、危险废物简化管理单位填写）

序号	贮存设施编码	贮存设施类型	危险废物名称		危险废物类别	危险废物代码	有害成分名称	形态	危险特性	包装形式	本年度预计剩余贮存量	计量单位
			行业俗称 / 单位内部名称	国家危险废物名录名称								
1	自动生成		自动生成	自动生成	自动生成	自动生成	自动生成	自动生成	自动生成			

贮存设施类型：按照《危险废物贮存污染控制标准》（GB 18597—2023）规定的填写，分为贮存库、贮存池、贮存罐区、贮存场、贮存点

危险废物名称至危险特性：与上张表填写的内容一致，可由国家危险废物信息管理系统自动生成

包装形式：填写包装容器、材质、规格

计量单位：填写“吨”，如以其他单位计量则应说明计量单位，并通过估算换算成以“吨”计量

表 3–31　危险废物自行利用 / 处置情况信息表

（危险废物环境重点监管单位填写）

序号	设施类型	设施编码	危险废物名称		危险废物类别	危险废物代码	有害成分名称	形态	危险特性	自行利用 / 处置方式代码	本年度预计自行利用 / 处置量	计量单位
			行业俗称 / 单位内部名称	国家危险废物名录名称								
		自动生成	自动生成	自动生成	自动生成	自动生成	自动生成	自动生成	自动生成			

表 3–32　危险废物减量化计划和措施

（危险废物环境重点监管单位、危险废物简化管理单位填写）

<table>
<tr><td rowspan="5">减少危险废物产生量的计划</td><td rowspan="2">序号</td><td colspan="2">危险废物名称</td><td>本年度预计产生量</td><td>预计减少量</td><td>计量单位</td></tr>
<tr><td>行业俗称 / 单位内部名称</td><td>国家危险废物名录名称</td><td></td><td></td><td></td></tr>
<tr><td>1</td><td>自动生成</td><td>自动生成</td><td></td><td></td><td></td></tr>
<tr><td>2</td><td></td><td></td><td></td><td></td><td></td></tr>
<tr><td colspan="3">合计</td><td></td><td></td><td></td></tr>
<tr><td>降低危险废物危害性的计划</td><td colspan="6"></td></tr>
<tr><td>减少危险废物产生量和降低危害性的措施</td><td colspan="6">可以包括以下几个方面：改进设计、采用先进的工艺技术和设备、使用清洁的能源和原料、改善管理、危险废物综合利用、提高污染防治水平等。</td></tr>
</table>

表 3–33　危险废物转移情况信息表

（危险废物环境重点监管单位、危险废物简化管理单位、危险废物登记管理单位填写）

序号	转移类型	危险废物名称：行业俗称/单位内部名称	危险废物名称：国家危险废物名录名称	危险废物类别	危险废物代码	有害成分名称	形态	危险特性	本年度预计转移量	计量单位	利用/处置方式代码	拟接收单位类型	危险废物经营许可证持有单位：单位名称	危险废物经营许可证持有单位：许可证编码	危险废物利用处置环节豁免管理单位：单位名称	中华人民共和国境外的危险废物利用处置单位：单位名称
		自动生成	自动生成	自动生成	自动生成	自动生成	自动生成	自动生成						自动生成		

转移类型：省内转移、跨省转移和境外转移

危险废物名称、类别、代码、有害成分名称、形态、危险特性：按照国家危险废物名录填写，可由国家危险废物信息管理系统自动生成

计量单位：填写“吨”，如以其他单位计量则应说明计量单位，并通过估算换算成以“吨”计量

利用/处置方式代码：根据《排污许可证申请与核发技术规范 工业固体废物和危险废物治理》（HJ 1033—2019）附录 F 填写

拟接收单位类型：危险废物经营许可证持有单位、危废利用处置环节豁免管理单位

危险废物利用处置环节豁免管理单位：危险废物利用处置环节豁免管理单位的相关信息，应该在国家危险废物信息管理系统中登记

3.6　台账环节的管理

3.6.1　法律规定

详见表 3–34。

表 3–34　危险废物台账环节法律规定

序号	规范行为	具体法律规定
1	建立危险废物管理台账。	**《固废法》第七十八条** 产生危险废物的单位，应当按照国家有关规定制定危险废物管理计划；建立危险废物管理台账，如实记录有关信息，并通过国家危险废物信息管理系统向所在地生态环境主管部门申报危险废物的种类、产生量、流向、贮存、处置等有关资料。 **第一百一十二条** （十三）未按照国家有关规定建立危险废物管理台账并如实记录的。 由生态环境主管部门责令改正，处十万元以上一百万元以下的罚款，没收违法所得；情节严重的，报经有批准权的人民政府批准，可以责令停业或者关闭。
2	建立环境管理台账记录制度，按照规定提交排污许可证执行报告。	**《排污许可管理条例》第二十一条** 排污单位应当建立环境管理台账记录制度，按照排污许可证规定的格式、内容和频次，如实记录主要生产设施、污染防治设施运行情况以及污染物排放浓度、排放量。环境管理台账记录保存期限不得少于 5 年。 排污单位发现污染物排放超过污染物排放标准等异常情况时，应当立即采取措施消除、减轻危害后果，如实进行环境管理台账记录，并报告生态环境主管部门，说明原因。超过污染物排放标准等异常情况下的污染物排放计入排污单位的污染物排放量。

续表

序号	规范行为	具体法律规定
2	建立环境管理台账记录制度，按照规定提交排污许可证执行报告。	**第三十七条** 违反本条例规定，排污单位有下列行为之一的，由生态环境主管部门责令改正，处每次 5 000 元以上 2 万元以下的罚款；法律另有规定的，从其规定： （一）未建立环境管理台账记录制度，或者未按照排污许可证规定记录； （二）未如实记录主要生产设施及污染防治设施运行情况或者污染物排放浓度、排放量； （三）未按照排污许可证规定提交排污许可证执行报告； （四）未如实报告污染物排放行为或者污染物排放浓度、排放量。

3.6.2 技术要点

详见表 3-35。

表 3-35 危险废物台账环节技术要点

序号	一般要求	技术要点
1	记录频次	(1) 产生后盛放至容器和包装物的，应按每个容器和包装物进行记录； (2) 产生后采用管道等方式输送至贮存场所的，按日记录； (3) 其他特殊情形的，根据危险废物产生规律确定记录频次。
2	记录内容	(1) 危险废物产生环节； (2) 危险废物入库环节； (3) 危险废物出库环节； (4) 危险废物自行利用 / 处置环节； (5) 危险废物委外利用 / 处置环节。
3	台账形式	电子台账 + 纸质台账。
4	保存期限	原则上应存档 5 年以上。

台账环节涉及的相关附表见表 3-36 至表 3-40。

表 3–36　危险废物产生环节记录表

序号	产生批次编码	产生时间	危险废物名称		危险废物类别	危险废物代码	产生量	计量单位	容器 / 包装编码	容器 / 包装类型	容器 / 包装数量	产生危险废物设施编码	产生部门经办人	去向
			行业俗称 / 单位内部名称	国家危险废物名录名称										
1														
2														
3														
注：产生批次编码可采用“产生”首字母加年月日再加编号的方式设计，例如“HWCS20211031001”。														

危险废物类别：查找危废名录第一列

危险废物代码：查找危废名录第三列

容器 / 包装编码：18 位社会信用代码 +8 位危废代码 +8 位产生日期 +3 位序列码

容器 / 包装类型：包装袋、包装械、托盘（架）等

产生危险废物设施编码：采用排污许可证的编码；如无，可采用 MF+4 位序列码

表 3-37　危险废物入库环节记录表

序号	入库批次编码	入库时间	容器 / 包装编码	容器 / 包装类型	容器 / 包装数量	危险废物名称		危险废物类别	危险废物代码	入库量	计量单位	贮存设施编码	贮存设施类型	运送部门经办人	贮存部门经办人	产生批次编码
						行业俗称 / 单位内部名称	国家危险废物名录名称									
1																
2																
3																

注：入库批次编码可采用“入库”首字母加年月日再加编号的方式设计，例如“HWRK20211031001”。

贮存设施编码：采用排污许可证编码，如无按照《排污单位编码规则》（HJ 608—2017）进行编码，可采用TS+3位序列码的形式（TS001）

贮存设施类型：贮存库、贮存场、贮存池、贮存罐

表 3–38　危险废物出库环节记录表

序号	出库批次编码	出库时间	容器/包装编码	容器/包装类型	容器/包装数量	危险废物名称		危险废物类别	危险废物代码	出库量	计量单位	贮存设施编码	贮存设施类型	出库部门经办人	运送部门经办人	入库批次编码	去向
						行业俗称/单位内部名称	国家危险废物名录名称										

注：出库批次编码可采用“出库”首字母加年月日再加编号的方式设计，例如“HWCK20211031001”。

对应表 3–37 的编码

表 3–39　危险废物自行利用 / 处置环节记录表

<table>
<tr><th rowspan="2">序号</th><th rowspan="2">自行利用 / 处置批次编码</th><th rowspan="2">自行利用 / 处置时间</th><th rowspan="2">容器 / 包装编码</th><th rowspan="2">容器 / 包装类型</th><th rowspan="2">容器 / 包装数量</th><th colspan="2">危险废物名称</th><th rowspan="2">危险废物类别</th><th rowspan="2">危险废物代码</th><th rowspan="2">自行利用 / 处置量</th><th rowspan="2">计量单位</th><th rowspan="2">自行利用 / 处置设施编码</th><th rowspan="2">自行利用 / 处置方式</th><th rowspan="2">自行利用 / 处置完毕时间</th><th rowspan="2">自行利用 / 处置部门经办人</th><th rowspan="2">产生批次编码 / 出库批次编码</th></tr>
<tr><th>行业俗称 / 单位内部名称</th><th>国家危险废物名录名称</th></tr>
<tr><td></td><td></td><td></td><td></td><td></td><td></td><td></td><td></td><td></td><td></td><td></td><td></td><td></td><td></td><td></td><td></td><td></td></tr>
<tr><td colspan="17">注：自行利用 / 处置批次编码可采用“自行利用”或“自行处置”首字母加年月日再加编号的方式设计，例如“HWZXLY20211031001”或“HWZXCZ20211031001”。</td></tr>
</table>

表 3–40　危险废物委外利用 / 处置记录表

<table>
<tr><th rowspan="2">序号</th><th rowspan="2">委外利用 / 处置批次编码</th><th rowspan="2">出厂时间</th><th rowspan="2">容器 / 包装编码</th><th rowspan="2">容器 / 包装类型</th><th rowspan="2">容器 / 包装数量</th><th colspan="2">危险废物名称</th><th rowspan="2">危险废物类别</th><th rowspan="2">危险废物代码</th><th rowspan="2">委外利用 / 处置量</th><th rowspan="2">计量单位</th><th rowspan="2">利用 / 处置方式</th><th rowspan="2">接收单位类型</th><th colspan="2">危险废物经营许可证持有单位</th><th>危险废物利用处置环节豁免管理单位</th><th colspan="2">中华人民共和国境外的危险废物利用处置单位</th><th rowspan="2">产生批次编码 / 出库批次编码</th></tr>
<tr><th>行业俗称 / 单位内部名称</th><th>国家危险废物名录名称</th><th>单位名称</th><th>许可证编码</th><th>单位名称</th><th>单位名称</th><th>出口核准通知单编号</th></tr>
<tr><td></td><td></td><td></td><td></td><td></td><td></td><td></td><td></td><td></td><td></td><td></td><td></td><td></td><td></td><td></td><td></td><td></td><td></td><td></td><td></td></tr>
<tr><td colspan="20">注：委外利用 / 处置批次编码可采用“委外利用”或“委外处置”首字母加年月日再加编号的方式设计，例如“HWWWLY20211031001”或“HWWWCZ20211031001”。
出口利用 / 处置的，可采用“出口利用”或“出口处置”首字母加年月日再加编号的方式设计，例如“HWCKLY20211031001”或“HWCKCZ20211031001”。</td></tr>
</table>

3.7　收集环节的管理

3.7.1　法律规定

详见表 3–41。

表 3–41　收集、转运环节法律规定

序号	规范行为	具体法律规定
1	不得擅自倾倒、堆放危险废物。	**《固废法》第七十九条** 产生危险废物的单位，应当按照国家有关规定和环境保护标准要求贮存、利用、处置危险废物，不得擅自倾倒、堆放。 **第一百一十二条** （三）擅自倾倒、堆放危险废物的； …… 由生态环境主管部门责令改正，处所需处置费用三倍以上五倍以下的罚款，所需处置费用不足二十万元的，按二十万元计算，没收违法所得；情节严重的，报经有批准权的人民政府批准，可以责令停业或者关闭。
2	禁止混合收集、贮存、运输危险废物。	**《固废法》第八十一条** 收集、贮存危险废物，应当按照危险废物特性分类进行。禁止混合收集、贮存、运输、处置性质不相容而未经安全性处置的危险废物。 贮存危险废物应当采取符合国家环境保护标准的防护措施。禁止将危险废物混入非危险废物中贮存。 **第一百一十二条** （六）未按照国家环境保护标准贮存、利用、处置危险废物或者将危险废物混入非危险废物中贮存的； …… 由生态环境主管部门责令改正，处十万元以上一百万元以下的罚款，没收违法所得；情节严重的，报经有批准权的人民政府批准，可以责令停业或者关闭。

3.7.2　技术要点

详见表 3–42。

表 3–42　收集环节技术要点

序号	一般要求	技术要点
1	操作规程	内容至少应包括适用范围、操作程序和方法、专用设备和工具、转移和交接、安全保障和应急防护等。
2	防护装备	收集和转运作业人员应根据工作需要配备必要的个人防护装备。
3	污染防治	在危险废物收集和转运过程中，应采取相应的安全防护和污染防治措施，包括防爆、防火、防中毒、防感染、防泄漏、防飞扬、防雨或其他防止污染环境的措施。
4	包装形式	（1）包装材质要与危险废物相容，可根据废物特性选择钢、铝、塑料等村质； （2）性质类似废物可收集到同一容器中，性质不相容危险废物不应混合包装； （3）危险废物包装应能有效隔断危险废迁移扩散途径，并达到防渍、防漏要求； （4）包装好的危险废物应设置相应的标签，标签信息应填写完整翔实； （5）装过危险废物的包装袋或包装容器破损后应按危险废物进行管理和处置。
5	贮存（收集）点	（1）应具有固定的区域边界，并应采取与其他区域进行隔离的措施； （2）应采取防风、防雨、防晒和防止危险废物流失、扬散等措施； （3）贮存的危险废物应置于容器或包装物中，不应直接散堆； （4）根据危险废物形态、物理化学性质、包装形式等，采取防渗、防漏等措施。

3.8　贮存环节的管理

3.8.1　法律规定

详见表 3–43。

表 3–43　贮存环节法律规定

序号	规范行为	具体法律规定
1	危险废物贮存容器及贮存场所要设置识别标志。	《固废法》第七十七条 对危险废物的容器和包装物以及收集、贮存、运输、利用、处置危险废物的设施、场所，应当按照规定设置危险废物识别标志。 **第一百一十二条** （一）未按照规定设置危险废物识别标志的； ……

续表

序号	规范行为	具体法律规定
1	危险废物贮存容器及贮存场所要设置识别标志。	由生态环境主管部门责令改正，处十万元以上一百万元以下的罚款，没收违法所得；情节严重的，报经有批准权的人民政府批准，可以责令停业或者关闭。
2	危险废物需按规定和标准贮存、利用、处置，不得擅自倾倒、堆放。	**《固废法》第七十九条** 产生危险废物的单位，应当按照国家有关规定和环境保护标准要求贮存、利用、处置危险废物，不得擅自倾倒、堆放。 **第一百一十二条** （三）擅自倾倒、堆放危险废物的； …… 由生态环境主管部门责令改正，处所需处置费用三倍以上五倍以下的罚款，所需处置费用不足二十万元的，按二十万元计算。没收违法所得；情节严重的，报经有批准权的人民政府批准，可以责令停业或者关闭。
3	危险废物要分类储存。违规储存、堆放、转移、倾倒危险废物要承担法律责任。	**《固废法》第八十一条** 收集、贮存危险废物，应当按照危险废物特性分类进行。禁止混合收集、贮存、运输、处置性质不相容而未经安全性处置的危险废物。 贮存危险废物应当采取符合国家环境保护标准的防护措施。禁止将危险废物混入非危险废物中贮存。 **第一百一十二条** （三）擅自倾倒、堆放危险废物的； …… （十）未采取相应防范措施，造成危险废物扬散、流失、渗漏或者其他环境污染的； …… 处所需处置费用三倍以上五倍以下的罚款，所需处置费用不足二十万元的，按二十万元计算。 （七）未经安全性处置，混合收集、贮存、运输、处置具有不相容性质的危险废物的； …… 由生态环境主管部门责令改正，处十万元以上一百万元以下的罚款，没收违法所得；情节严重的，报经有批准权的人民政府批准，可以责令停业或者关闭。 **第一百二十条** 违反本法规定，有下列行为之一，尚不构成犯罪的，由公安机关对法定代表人、主要负责人、直接负责的主管人员和其他责任人员处十日以上十五日以下的拘留；情节较轻的，处五日以上十日以下拘留： （一）擅自倾倒、堆放、丢弃、遗撒固体废物，造成严重后果的； …… （六）未采取防范措施，造成危险废物扬散、流失、渗漏或其他严重后果的。

3.8.2 技术要点

详见表 3–44。

表 3–44 贮存环节技术要点

序号	一般要求	技术要点
1	贮存设施分类及各自用途	（1）贮存库：为仓库式贮存设施，是企业最常见的一种危废贮存方式，可用于贮存各类危险废物。 （2）贮存场：为其有防雨顶棚（盖）的开放式贮存设施，主要用于堆存不易产生有毒有害气体的大宗危险废物。 （3）贮存罐：贮存罐区为由一个或多个罐体及相关附属设施构成的固定式贮存设施，用于贮存液态废物。 （4）贮存池：为具有防雨功能的池体构筑物，用于贮存单一类别的液态或半固态废物。
2	库房建设基本要求	（1）六防要求：防风、防晒、防雨、防漏、防渍、防腐。 （2）设置必要的贮存分区。 （3）地面、墙面裙脚、堵截泄漏的围堰、接触危险废物的隔板和墙体等应采用坚固的材料建造，表面无裂缝。 （4）地面与裙脚应采取表面防渗措施。 （5）防渗材料：抗渗混凝土、高密度聚乙烯膜、钠基膨润土防水毯或其他防渗性能等效的材料。 （6）基础防渗：防渗层为至少 1m 厚黏土层（渗透系数不大于 10^{-7}cm/s），或至少 2mm 厚高密度聚乙烯膜等人工防渗材料（渗透系数不大于 10^{-10}cm/s），或其他防渗性能等效的材料。
3	分类要求	（1）同一贮存设施宜采用相同的防渗、防腐工艺（包括防渗、防腐结构或材料），防渗、防腐材料应覆盖所有可能与废物及其渗滤液、渗漏液等接触的构筑物表面。 （2）不同防渍、防腐工艺应分别建设贮存分区。 （3）贮存设施应采取技术和管理措施防止无关人员进入。 （4）不同贮存分区之间应采取隔离措施，可采用过道、隔板或隔墙。
4	贮存要求	（1）贮存液态危险废物的，应具有液体泄漏堵截设施。 （2）堵截设施最小容积不应低于对应贮存区域最大液态废物容器容积或液态废物总储量 1/10（二者取较大者）。 （3）可能产生渗滤液的应设计渗滤液收集设施。 （4）贮存易产生粉尘、VOCs、酸雾、有毒有害大气污染物和刺激性气味气体的危险废物贮存库，应设置气体收集装置和气体净化设施。

续表

序号	一般要求	技术要点
5	堆放要求	（1）不易水解、不易挥发的固态危险废物可分类堆放贮存。 （2）其他固态危险废物应装入容器或包装物内。 （3）液态危险废物应装入容器内贮存。 （4）半固态危险废物应装入容器或包装袋内贮存。 （5）具有热塑性的危险废物应装入容器或包装袋内进行贮存。 （6）易产生粉尘、VOCs、酸雾、有毒有害大气污染物和刺激性气味气体的危险废物应装入闭口容器或包装物内贮存。 （7）柔性容器和包装物堆叠码放时应封口严密，无破损泄漏。 （8）容器和包装物外表面应保持清洁。
6	贮存设施运行环境管理要求	（1）危险废物存入贮存设施前应对危险废物类别和特性与危险废物标签等危险废物识别标志的一致性进行核验，不一致的或类别、特性不明的不应存入。 （2）应定期检查危险废物的贮存状况，及时清理贮存设施地面，更换破损泄漏的危险废物贮存容器和包装物，保证堆存危险废物的防雨、防风、防扬尘等设施功能完好。 （3）作业设备及车辆等结束作业离开贮存设施时，应对其残留的危险废物进行清理，清理的废物或清洗废水应收集处理。 （4）贮存设施运行期间，应按国家有关标准和规定建立危险废物管理台账并保存。 （5）贮存设施所有者或运营者应建立贮存设施环境管理制度、管理人员岗位职责制度、设施运行操作制度、人员岗位培训制度等。 （6）贮存设施所有者或运营者应依据国家土壤和地下水污染防治的有关规定，结合贮存设施特点建立土壤和地下水污染隐患排查制度，并定期开展隐患排查；发现隐患应及时采取措施消除隐患，并建立档案。 （7）贮存设施所有者或运营者应建立贮存设施全部档案，包括设计、施工、验收、运行、监测和环境应急等，应按国家有关档案管理的法律法规进行整理和归档。 （8）重点监管单位，应采用电子地磅、电子标签、电子管理台账。
7	标识标志要求	按《危险废物识别标志设置技术规范》（HJ 1276—2022）要求设置危险废物贮存设施或场所标志、危险废物贮存分区标志和危险废物标签等危险废物识别标志。（具体图形参照“3.11 危险废物标识的管理”）

3.9 转移环节的管理

3.9.1 法律规定

详见表 3–45。

表 3–45 转移环节法律规定

序号	规范行为	具体法律规定
1	未经批准的不得转移危险废物。	**《固废法》第一百二十条** 违反本法规定，有下列行为之一，尚不构成犯罪的，由公安机关对法定代表人、主要负责人、直接负责的主管人员和其他责任人员处十日以上十五日以下的拘留；情节较轻的，处五日以上十日以下的拘留： （五）未经批准擅自转移危险废物的； ……
2	转移危险废物要填写危险废物电子或纸质转移联单。	**《固废法》第八十二条** 转移危险废物的，应当按照国家有关规定填写、运行危险废物电子或者纸质转移联单。
3	转移危险废物需要向省中心或移出者所在地生态环境主管部门报批。	**《辽宁省危险废物转移管理办法（试行）》第五条** 危险废物产生单位及其他需要转移危险废物的单位（以下简称“危险废物移出者”）在转移危险废物之前，须向省中心或移出者所在地环保局提出申请，报批危险废物转移计划，并提供危险废物运输单位的资质证明和接受单位的危险废物经营许可证及所签订的意向合同。
4	省内转移危险废物需提前 3 日向移出地和接受地生态环境主管部门报备。	**《辽宁省危险废物转移管理办法（试行）》第六条** 在省内转移危险废物的单位和个人，应遵守以下规定： （一）在省内跨市转移危险废物的，移出者应当按照有关规定，到危险废物转移计划报批部门填写《辽宁省危险废物转移联单》（以下简称“联单”），并在危险废物转移 3 日前向移出地和接受地环保部门报告。 （二）在我省各市辖区内转移危险废物的，由所在地市级环保部门实行转移联单管理。
5	转移危险废物要遵守相关规定。	**《危险废物转移管理办法》第十条** 移出人应当履行以下义务： （一）对承运人或者接受人主体资格和技术能力进行核实，依法签订书面合同，并在合同中约定运输、贮存、利用、处置危险废物的污染防治要求及相关责任；

续表

<table>
<tr><th>序号</th><th>规范行为</th><th>具体法律规定</th></tr>
<tr><td rowspan="2">5</td><td rowspan="2">转移危险废物要遵守相关规定。</td><td>（二）制定危险废物管理计划，明确拟转移危险废物的种类、重量（数量）和流向等信息；
（三）建立危险废物管理台账，对转移的危险废物进行计量称重，如实记录、妥善保管转移危险废物的种类、重量（数量）和接受人等相关信息；
（四）填写、运行危险废物转移联单，在危险废物转移联单中如实填写移出人、承运人、接受人信息，转移危险废物的种类、重量（数量）、危险特性等信息，以及突发环境事件的防范措施等；
（五）及时核实接受人贮存、利用或者处置相关危险废物情况；
（六）法律法规规定的其他义务。
移出人应当按照国家有关要求开展危险废物鉴别。禁止将危险废物以副产品等名义提供或者委托给无危险废物经营许可证的单位或者其他生产经营者从事收集、贮存、利用、处置活动。</td></tr>
<tr><td>《辽宁省危险废物转移管理办法（试行）》第十四条
危险废物移出者、运输单位和接受单位必须建立危险废物管理档案，各市环保局应该对辖区内危险废物转移进行统一监督管理，并将辖区内的危险废物转移活动填写《辽宁省危险废物转移报告表》，于每年 3 月底前报省中心备案。
第十五条
联单保存期五年；贮存危险废物的，其联单保存期限与危险废物贮存期限相同。
第十七条
危险废物移出者在危险废物转移过程中，须遵守以下规定：
（一）危险废物的贮存场所、设施及容器设立明显的警告标志或标识；
（二）危险废物包装应符合安全运输、贮存的包装要求；
（三）核对运输单位及收运人员的证件、手续。</td></tr>
<tr><td>6</td><td>跨省转移危险废物的要向移出地生态环境主管部门申请。</td><td>《危险废物转移管理办法》第二十一条
跨省转移危险废物的，应当向危险废物移出地省级生态环境主管部门提出申请。移出地省级生态环境主管部门应当商经接受地省级生态环境主管部门同意后，批准转移该危险废物。未经批准的，不得转移。
第二十八条
发生下列情形之一的，移出人应当重新提出危险废物跨省转移申请：
（一）计划转移的危险废物的种类发生变化或者重量（数量）超过原批准重量（数量）的；
（二）计划转移的危险废物的贮存、利用、处置方式发生变化的；</td></tr>
</table>

续表

序号	规范行为	具体法律规定
6	跨省转移危险废物的要向移出地生态环境主管部门申请。	（三）接受人发生变更或者接受人不再具备拟接受危险废物的贮存、利用或者处置条件的。 **第二十九条** 违反本办法规定，未填写、运行危险废物转移联单，将危险废物以副产品等名义提供或者委托给无危险废物经营许可证的单位或者其他生产经营者从事收集、贮存、利用、处置活动，或者未经批准擅自跨省转移危险废物的，由生态环境主管部门和公安机关依照《中华人民共和国固体废物污染环境防治法》有关规定进行处罚。 违反危险货物运输管理相关规定运输危险废物的，由交通运输主管部门、公安机关和生态环境主管部门依法进行处罚。

3.9.2 技术要点

详见表 3–46。

表 3–46　转移环节技术要点

序号	一般要求	技术要点
1	核实资格、签订合同约定污染防治要求	与有相关资质的危险废物处置公司签订委托处置合同，对承运人或者接受人的主体资格和技术能力进行核实，合同中要约定运输、贮存、利用、处置危险废物的污染防治要求及相关责任。
2	申请转移按照联单内容转移	按照要求向环保部门提出转移申请，获得转移联单。 每转移一车次同类危险废物，应当填写、运行一份危险废物转移联单。

3.10　处置环节的管理

3.10.1　法律规定

详见表 3–47。

表 3–47　处置环节法律规定

序号	规范行为	具体法律规定
1	委托他人处置工业固体废物：要核实受托方主体资格和技术能力，合同中要约定污染防治要求，否则可能承担连带责任。	**《固废法》第三十七条** 产生工业固体废物的单位委托他人运输、利用、处置工业固体废物的，应当对受托方的主体资格和技术能力进行核实，依法签订书面合同，在合同中约定污染防治要求。 受托方运输、利用、处置工业固体废物，应当依照有关法律法规的规定和合同约定履行污染防治要求，并将运输、利用、处置情况告知产生工业固体废物单位。 产生工业固体废物的单位违反本条第一款规定的，除依照有关法律法规的规定予以处罚外，还应当与造成环境污染和生态破坏的受托方承担连带责任。 **第一百零二条** 违反本法规定，有下列行为之一，由生态环境主管部门责令改正，处以罚款，没收违法所得；情节严重的，报经有批准权的人民政府批准，可以责令停业或者关闭： （九）产生工业固体废物的单位违反本法规定委托他人运输、利用、处置工业固体废物的； …… 处十万元以上一百万元以下的罚款。
2	禁止无许可证处置危险废物，也禁止将危险废物委托给无许可证单位。	**《固废法》第八十条** 从事收集、贮存、利用、处置危险废物经营活动的单位，应当按照国家有关规定申请取得许可证。许可证的具体管理办法由国务院制定。 禁止无许可证或者未按照许可证规定从事危险废物收集、贮存、利用、处置的经营活动。 禁止将危险废物提供或者委托给无许可证的单位或者其他生产经营者从事收集、贮存、利用、处置活动。 **第一百零二条** 违反本法规定，有下列行为之一，由生态环境主管部门责令改正，处以罚款，没收违法所得；情节严重的，报经有批准权的人民政府批准，可以责令停业或者关闭： （九）产生工业固体废物的单位违反本法规定委托他人运输、利用、处置工业固体废物的； …… 处十万元以上一百万元以下的罚款。 **第一百二十条** 违反本法规定，有下列行为之一，尚不构成犯罪的，由公安机关对法定代表人、主要负责人、直接负责的主管人员和其他责任人员处十日以上十五日以下的拘留；情节较轻的，处五日以上十日以下的拘留：

续表

序号	规范行为	具体法律规定
2	禁止无许可证处置危险废物，也禁止将危险废物委托给无许可证单位。	（三）将危险废物提供或者委托给无许可证的单位或者其他生产经营者堆放、利用、处置的； （四）无许可证或者未按照许可证规定从事收集、贮存、利用、处置危险废物经营活动的； …… **第一百一十二条** 违反本法规定，有下列行为之一，由生态环境主管部门责令改正，处以罚款，没收违法所得；情节严重的，报经有批准权的人民政府批准，可以责令停业或者关闭： （六）未按照国家环境保护标准贮存、利用、处置危险废物或者将危险废物混入非危险废物中贮存的； …… 处十万元以上一百万元以下的罚款。 **第一百一十三条** 违反本法规定，危险废物产生者未按照规定处置其产生的危险废物被责令改正后拒不改正的，由生态环境主管部门组织代为处置，处置费用由危险废物产生者承担；拒不承担代为处置费用的，处代为处置费用一倍以上三倍以下的罚款。
3	避免刑事责任风险。	**《中华人民共和国刑法》第三百三十八条【污染环境罪】** 违反国家规定，排放、倾倒或者处置有放射性的废物、含传染病病原体的废物、有毒物质或者其他有害物质，严重污染环境的，处三年以下有期徒刑或者拘役，并处或者单处罚金；情节严重的，处三年以上七年以下有期徒刑，并处罚金；有下列情形之一的，处七年以上有期徒刑，并处罚金： （一）在饮用水水源保护区、自然保护地核心保护区等依法确定的重点保护区域排放、倾倒、处置有放射性的废物、含传染病病原体的废物、有毒物质，情节特别严重的； （二）向国家确定的重要江河、湖泊水域排放、倾倒、处置有放射性的废物、含传染病病原体的废物、有毒物质，情节特别严重的； （三）致使大量永久基本农田基本功能丧失或者遭受永久性破坏的； （四）致使多人重伤、严重疾病，或者致人严重残疾、死亡的。 有前款行为，同时构成其他犯罪的，依照处罚较重的规定定罪处罚。
		《最高人民法院 最高人民检察院关于办理环境污染刑事案件适用法律若干问题的解释》（法释〔2023〕7号）第一条 实施刑法第三百三十八条规定的行为，具有下列情形之一的，应当认定为“严重污染环境”：

续表

序号	规范行为	具体法律规定
3	避免刑事责任风险。	（一）在饮用水水源保护区、自然保护地核心保护区等依法确定的重点保护区域排放、倾倒、处置有放射性的废物、含传染病病原体的废物、有毒物质的； （二）非法排放、倾倒、处置危险废物三吨以上的； …… （五）通过暗管、渗井、渗坑、裂隙、溶洞、灌注、非紧急情况下开启大气应急排放通道等逃避监管的方式排放、倾倒、处置有放射性的废物、含传染病病原体的废物、有毒物质的； （六）二年内曾因在重污染天气预警期间，违反国家规定，超标排放二氧化硫、氮氧化物等实行排放总量控制的大气污染物受过二次以上行政处罚，又实施此类行为的； （七）重点排污单位、实行排污许可重点管理的单位篡改、伪造自动监测数据或者干扰自动监测设施，排放化学需氧量、氨氮、二氧化硫、氮氧化物等污染物的； …… （九）违法所得或者致使公私财产损失三十万元以上的； （十）致使乡镇集中式饮用水水源取水中断十二小时以上的； （十一）其他严重污染环境的情形。 **第八条** 明知他人无危险废物经营许可证，向其提供或者委托其收集、贮存、利用、处置危险废物，严重污染环境的，以共同犯罪论处。
4	避免民事责任风险。	“将危险废物提供或者委托给无许可证的单位处置”的民事责任： 此连带责任的适用来源于《中华人民共和国民法典》侵权编第一千一百六十八条共同侵权行为，即二人以上共同实施侵权行为，造成他人损害的，应当承担连带责任。即如产废单位未核实处置单位的主体资格和技术能力，虽然没有与处置单位污染环境有主观上的有联络的故意，但明知处置单位没有处置能力而放任其处置的，同样构成共同侵权。因此在环境共同侵权中，产废单位举证证明已履行核实义务是能够免责的重要依据。

3.10.2　技术要点

详见表 3-48。

表 3–48　处置环节技术要点

序号	一般要求	技术要点
1	核实受托方主体资格和技术能力	（1）核实经营范围； （2）核实危险废物经营资质及期限； （3）核实处置固体废物种类； （4）核实处置规模； （5）核实处置价格； （6）核实危险废物运输资质； （7）核实委托单位的环评文件及其批复，查看其技术能力。
2	书面合同约定污染防治要求	明确产废单位与处置单位的权利义务，规范双方的行为（可以作为产废单位依法处置工业固体废物的重要凭证，在将来面对监管部门或环境被侵权人追责时作为证据保障自身权益）。

3.11　危险废物标识的管理

3.11.1　法律规定

《固废法》第七十七条

对危险废物的容器和包装物以及收集、贮存、运输、利用、处置危险废物的设施、场所，应当按照规定设置危险废物识别标志。

第一百一十二条

（一）未按照规定设置危险废物识别标志的；

……

处十万元以上一百万元以下的罚款。

3.11.2　危险废物标识图例

详见表 3–49。

表 3–49　危险废物标识图例

<table>
<tr><th>类目</th><th>具体标准</th></tr>
<tr><td>危险废物贮存、利用、处置设施标志</td><td>
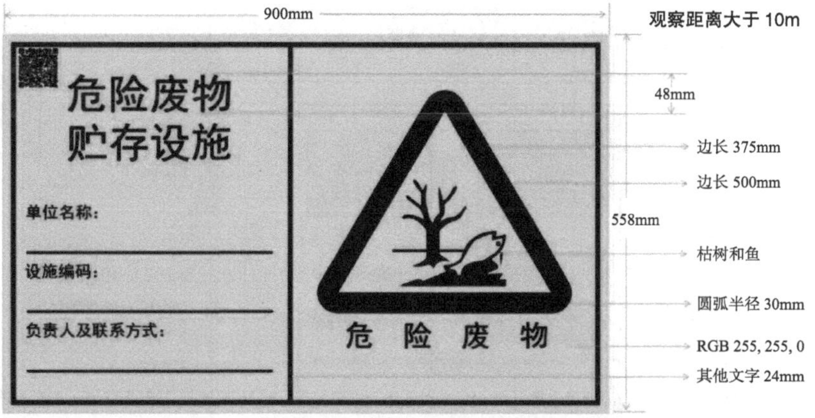

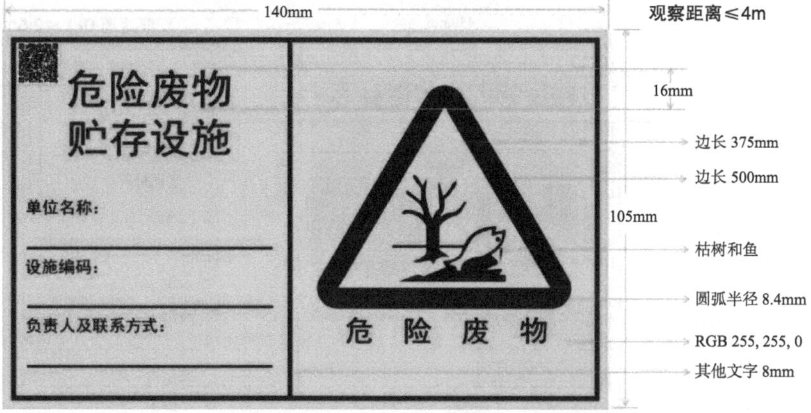

</td></tr>
</table>

续表

<table>
<tr><th>类目</th><th>具体标准</th></tr>
<tr><td>危险废物贮存分区标签</td><td>

观察距离大于 4m 的标识设置要求

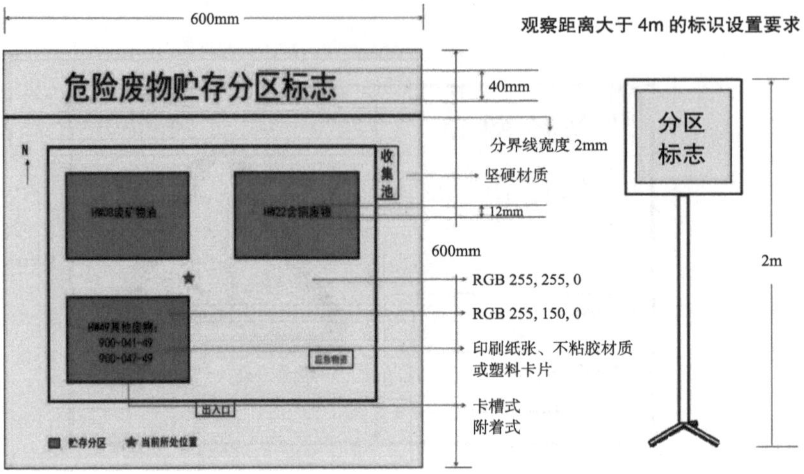

观察距离 2.5m<L≤4m 的标识设置要求

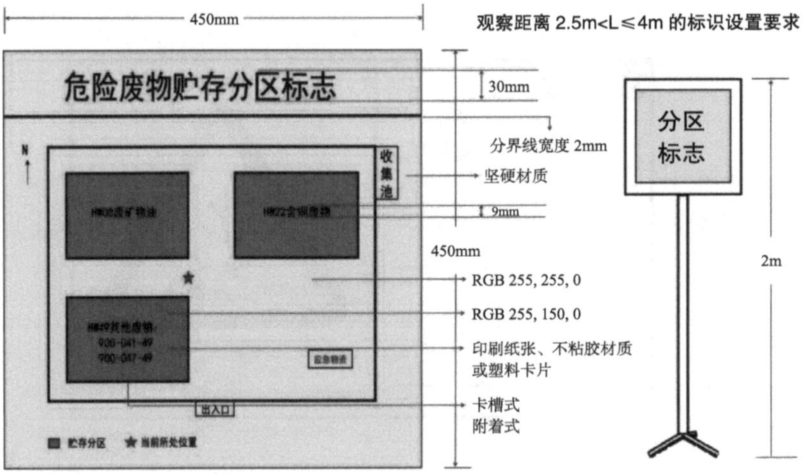

观察距离 0<L≤2.5m 的标识设置要求

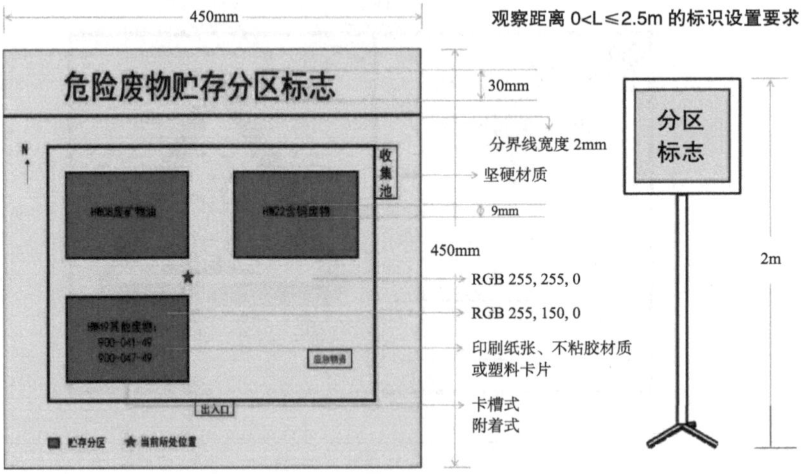

</td></tr>
</table>

续表

类目	具体标准
危险废物标签	**容器或者包装物大于 450L 的标签样式** 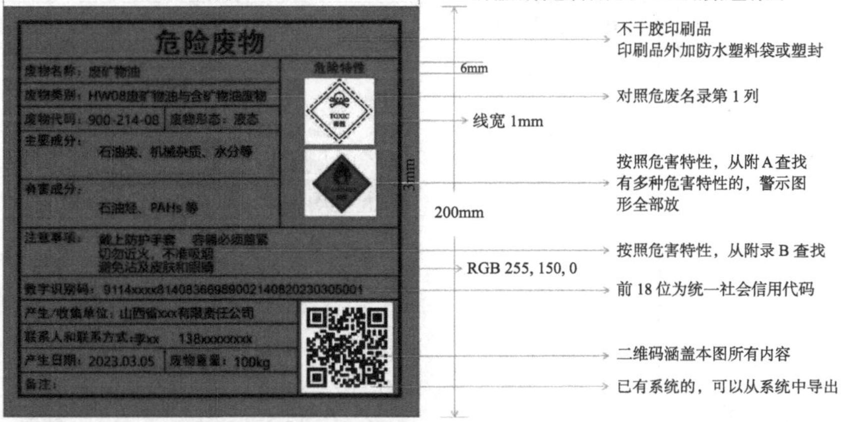 **50L< 容器或者包装物≤450L 的标签样式** 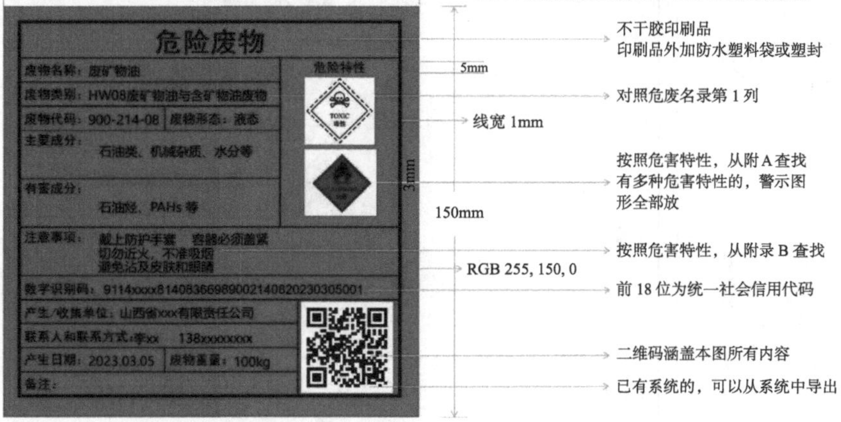 **容器或者包装物≤50L 的标签样式** 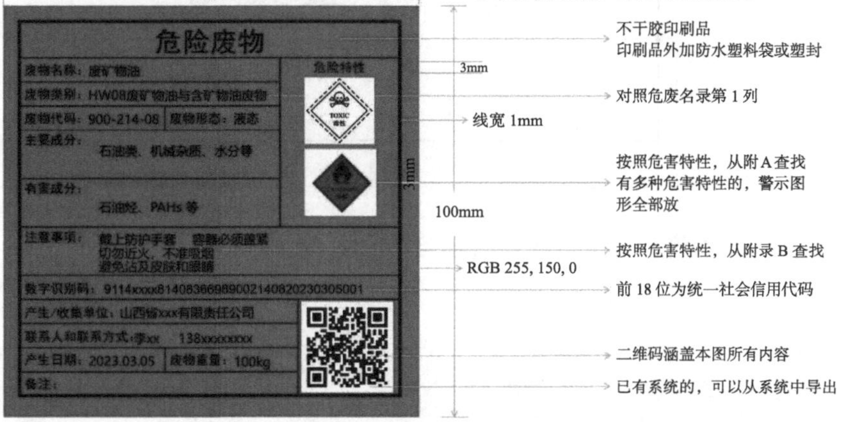

续表

<table>
<tr><th>类目</th><th>具体标准</th></tr>
<tr><td>危险特性警示图形</td><td>
<table>
<tr><th>序号</th><th>危险特性</th><th>警示图形</th><th>图形颜色</th></tr>
<tr><td>1</td><td>腐蚀性</td><td>
</td><td>符号：黑色
底色：上白下黑</td></tr>
<tr><td>2</td><td>毒性</td><td>
</td><td>符号：黑色
底色：白色</td></tr>
<tr><td>3</td><td>易燃性</td><td>
</td><td>符号：黑色
底色：红色（RGB255，0，0）</td></tr>
<tr><td>4</td><td>反应性</td><td>
</td><td>符号：黑色
底色：黄色（RGB255，255，0）</td></tr>
</table>
</td></tr>
</table>

危险废物管理情况自我检查项目表，见表 3–50。

表 3-50　危险废物管理情况自我检查项目表

序号	自查项目	自查内容	自查方法	达标情况	不合规问题描述
1	环评验收	（1）环评项目是否包含贮存库（间）篇章，如果没有需要按规定单独办理； （2）固体废物项目验收是否包含贮存库（间）内容。	查阅相关资料	□合规 □不合规 □部分合规	
2	排污许可	（1）排污许可证里关于危险废物章节填报是否准确； （2）及时提交台账记录和执行报告。	查阅相关资料	□合规 □不合规 □部分合规	
3	应急预案	（1）是否按照要求编制《突发环境事件应急预案》并备案； （2）应急预案的《风险评估报告》是包含危废风险物质阐述； （3）每三年修订期是否到期重新编制； （4）每年组织应急演练是否包含危废部分。	查看环境应急预案、风险评估报告以及演练记录	□合规 □不合规 □部分合规	
4	危废识别	对照原辅材料报表，产生的危废是否全包括。	查看原辅材料清单和危废申报登记表	□合规 □不合规 □部分合规	
5	危废管理	（1）《危险废物环境防治责任制度》； （2）《危险废物分类收集计划》； （3）污染防治责任信息公示牌（上墙）； （4）《危险废物贮存设施环境管理制度》（上墙）； （5）《危险废物贮存管理人员岗位职责制度》（上墙）； （6）《危险废物贮存设施运行操作制度》（上墙）； （7）《危险废物贮存人员岗位培训制度》（上墙）。	查阅相关资料及现场查看	□合规 □不合规 □部分合规	

续表

序号	自查项目	自查内容	自查方法	达标情况	不合规问题描述
6	申报登记	（1）根据自身危废年产量，确定是重点、简化还是登记管理单位，按照要求开展年度、季度、月申报； （2）如实申报危险废物的种类、产生量、流向、贮存、处置等有关资料。	查阅相关网站及资料	□合规 □不合规 □部分合规	
7	管理计划	（1）是否按年度制定危险废物管理计划； （2）是否每年 3 月 31 日前提交备案； （3）对近 3 年管理计划做比对，有较大变动的，查明原因。	查阅相关网站及资料	□合规 □不合规 □部分合规	
8	危废台账	（1）是否按每个批次进行记录； （2）是否保留电子台账和纸质台账； （3）5 年内的档案是否保留。	查阅相关资料	□合规 □不合规 □部分合规	
9	危废收集	（1）是否按照分类收集计划开展危废收集； （2）危废临时收集贮存点是否有固定的区域边界； （3）临时收集贮存点是否做到防风、防雨、防晒和防止流失、扬散等措施； （4）是否置于容器或包装物中。	现场核查	□合规 □不合规 □部分合规	
10	危废贮存	（1）贮存设施四项制度是否上墙； （2）标志标识张贴是否合规； （3）污染防治责任信息公示牌是否张贴； （4）地秤、纸质台账是否设置； （5）贮存库是否做到六防：防风、防晒、防雨、防漏、防渍、防腐； （6）贮存分区是否做到物理隔断，可采用过道、隔板或隔墙；	现场核查	□合规 □不合规 □部分合规	

续表

序号	自查项目	自查内容	自查方法	达标情况	不合规问题描述
10	危废贮存	（7）贮存液态危险废物的是否设置堵截泄漏的导流槽、收集池以及围堰； （8）地面与裙脚是否采取表面防渗措施； （9）产生粉尘、VOCs等是否装入闭口容器或包装物内贮存，并设置气体收集装置和气体净化设施； （10）容器和包装物外表面是否保持清洁； （11）是否对贮存设施开展定期巡查（巡查记录）； （12）是否对工作人员开展定期操作培训。			
11	危废转移	（1）是否严格执行危险废物转移计划审批和转移联单制度； （2）是否建立危险废物转移管理档案； （3）转移危险废物是否办理合规手续； （4）签订委托处置合同是否审查资质、约定运输及污染防治要求和责任。	查阅相关资料	□合规 □不合规 □部分合规	
12	人员培训	（1）工作人员是否熟悉危废管理规章制度； （2）是否熟练掌握危险废物分类收集、运输、暂存的正确方法和操作程序。	资料检查（查看培训相关材料）、现场询问	□合规 □不合规 □部分合规	

第 4 章

部分省份工业固体废物管理相关政策

Management Guidelines of

Industrial Solid Waste

in Port

P

O

R

T

大连市“十四五”时期“无废城市”建设实施方案

（2022 年 12 月 21 日）

为深入贯彻落实《“十四五”时期“无废城市”建设工作方案》（环固体〔2021〕114 号）要求，统筹推进全市“无废城市”建设，推动形成固体废物全链条管理模式，高质量建设美丽大连，特制定本实施方案。

一、总体要求

（一）指导思想

以习近平新时代中国特色社会主义思想为指导，全面贯彻党的二十大精神，深入贯彻习近平生态文明思想，立足新发展阶段，完整、准确、全面贯彻新发展理念，服务和融入构建新发展格局，聚焦新时代“两先区”建设，紧紧围绕深入打好污染防治攻坚战、碳达峰碳中和等重大战略部署，从城市整体发展层面推动固体废物全过程管理，以“减量化、资源化、无害化”为核心，坚持绿色低碳循环发展，形成系统化、专业化、精细化固体废物治理体系，全面提升环境治理体系和治理能力现代化水平，为高质量建设美丽大连，加快提升“五个中心”能级，建设“亚太对流枢纽、创新策源中心、蔚蓝时尚滨城”提供坚实基础。

（二）基本原则

系统谋划，统筹推进。加强“无废城市”建设全局性谋划、战略性布局、整体性推进，坚持全市一盘棋，全面协调推进工业、农业、生活、建筑领域固体废物污染治理和综合利用，促进固体废物治理体系和治理能力现代化。

目标导向，突出特色。以推动减污降碳协同增效、促进经济社会发展全面绿色转型为总目标，围绕大连市建设“两先区”的发展定位，结合实际，因地制宜，突出特色，将大连市打造成为“无废城市”建设样板城市。

协同联动，齐抓共管。强化区域固体废物政策协同、管理协同和执法联动，实现各类固体废物跨区域、跨部门数据共享、信息互通、设施共用。完善各类固体废物产生、收集、贮存、运输、利用、处置全过程监管体系，提升固体废物规范化、精细化和专业化管理水平。

多元共治，全民参与。构建政府主导、企业主体、社会组织、公众参与的工作格局，建立分工明确、权责清晰、沟通顺畅、运转高效的管理机制。加强宣传引导和公众参与，营造全社会支持共建“无废城市”的良好氛围。

（三）工作目标

到 2025 年，大连市固体废物源头减量效果显著，综合利用比率稳步提升，填埋量逐步下降，无害化处置能力持续增强，固体废物环境风险全面管控，制度、技术、市场、监管体系日趋完善，绿色生产和生活方式基本形成，“无废城市”建设目标基本实现，“无废理念”深入人心，城市环境治理体系和治理能力现代化水平明显提升，“无废城市”建设达到国内领先水平。

二、主要任务

（一）统筹规划衔接融合，强化顶层设计引领作用

1. 加强规划有效衔接。将“无废城市”建设任务、目标纳入大连市城市发展、生态环境保护等相关规划统筹考虑，并与深入打好污染防治攻坚战、“双碳”战略、城市建设管理有机融合。明确规划期内城市基础设施保障能力需求，将固体废物分类收集及无害化处置设施纳入城市基础设施和公共设施范围，保障设施用地。统筹市域范围内固体废物利用处置设施布局，加强设施共建共享。（“无废城市”建设相关部门按职责分工负责。以下均需地方各区市县政府、先导区管委会负责落实，不再列出）

2. 健全统计技术制度。开展固体废物基础数据调查工作，完善工业固体废物、农业固体废物、生活垃圾、再生资源、建筑垃圾的统计技术方法，摸清底数，建立完善的数据统计、核算、报告制度。持续推进一般工业固体废物和危险废物台账规范化管理。统筹城乡生活垃圾管理，建立生活垃圾全过程调查统计技术方法。完善再生资源统计体系，健全再生资源回收重点联系企业制度。全方位建立建筑垃圾源头产生量、清运量、末端处理处置量、资源利用量等统计制度。（责任单位：市生态环境局、市农

业农村局、市城市管理局、市住房城乡建设局、市商务局）

3. 构建智慧管理体系。搭建完善的固体废物信息化管理平台，建成覆盖一般工业固体废物、危险废物、农业固体废物、生活垃圾、建筑垃圾管理数据的信息化监管服务系统，打通生态环境、农业农村、城管、住建等各部门固体废物相关数据壁垒，建立部门协同机制，形成“纵向到底，横向到边”的监管格局和服务模式，实现固体废物全过程信息化追溯。（责任单位：市生态环境局、市农业农村局、市城市管理局、市住房城乡建设局）

（二）减污降碳协同增效，提升工业固废利用质量

4. 推动工业绿色转型。严控高耗能、高排放、低水平项目盲目发展，大力发展绿色低碳产业。严格落实“双超双有高耗能”企业强制清洁生产审核，从源头减少废物产生量。推动中石油大连石化分公司、大连船舶重工集团有限公司等重点企业搬迁改造项目，将固体废物产生量显著高于行业平均水平的落后工艺技术纳入大连市产业结构调整负面清单，提高工业企业绿色生产水平。推进园区循环化改造，到 2025 年全市 12 个省级及以上园区全部实施循环化改造。（责任单位：市生态环境局、市发展改革委、市工业和信息化局）

5. 深化能源结构调整。加快构建清洁低碳、安全高效的能源体系，合理控制煤炭消费增长。充分利用长兴岛、大孤山、松木岛等化工园区的工业副产氢资源。大力推动红沿河核电、三峡新能源庄河海上风电场等清洁能源重点项目建设，扩大清洁能源供应比例。推动高耗能企业能源结构绿色转型，推进“煤改电”“煤改气”等工作，积极引导燃煤锅炉拆炉并网或使用清洁能源，优化电力能源消费结构，减少煤系固体废物产生。（责任单位：市发展改革委、市工业和信息化局、市住房城乡建设局、市生态环境局）

6. 促进工业固废利用。重点推进粉煤灰、炉渣、冶炼废渣、脱硫石膏等大宗工业固体废物在建筑材料制备、道路工程、建设工程等领域的规模化利用，提高固体废物规模化消纳能力。推动东北特钢等头部企业开展“无废工厂”创建示范，以钢铁主导产品链为核心，促进工业固体废物的综合利用。培育资源综合利用示范企业，建立产废与资源利用企业之间协作机制，实现固体废物资源利用的合理配置。推动水泥窑协同处置一般工业固体废物，减少一般工业固体废物填埋量。（责任单位：市工业和信息

化局、市发展改革委、市生态环境局）

7. 加强治理能力建设。规范工业固体废物处置设施管理，严禁危险废物、生活垃圾和建筑垃圾入场。推动将一般工业固体废物填埋场纳入重点监管对象，提高处置设施的规范化管理水平。持续开展固体废物非法堆存、倾倒、填埋等历史遗留问题排查整治。明确一般工业固体废物各环节的监管职责，建立多方联动的长效监管机制。（责任单位：市生态环境局）

（三）发展农业循环模式，提升农业固废利用水平

8. 发展生态循环农业。坚持绿色生态导向，积极推广节能环保、精准高效农业机械化技术。推动蔬菜绿色标准化生产，推广绿色防控技术和减肥减药技术应用，推进“互联网＋现代农业”模式，到2025年，建成长期稳定的现代农业科技示范基地20个，培养农业科技带动户3000户。（责任单位：市农业农村局）

9. 推进农药化肥减量增效。推广生物防治、物理防治等绿色防控技术，加强生物农药、高效低毒低残留等环境友好型农药推广使用，提高农药利用率。加强重大农作物病虫害统防统治，应用赤眼蜂生物防治玉米螟。鼓励引导根据耕地肥力、作物生产实际科学施用化肥，示范推广缓释肥、水溶肥等新型肥料，积极推广测土配方施肥，鼓励增施有机肥，科学推进有机肥部分替代化肥。到2025年，主要农作物化肥利用率达到43%以上。（责任单位：市农业农村局）

10. 构建种养循环机制。加快推进生态畜牧发展和农牧统筹，持续推进畜牧业结构调整。加强畜禽养殖禁养区的划定管理，优化调整畜禽养殖布局，向优势特色种植业生产区域和环境容量大的区域转移产能，鼓励在苹果、樱桃、草莓等优势果业规模种植基地周边建设农牧循环型畜禽养殖场（户），促进粪肥还田，加强农副产品饲料化利用。充分发挥龙头企业带动作用，加快培育畜牧企业集团和经济联合体，实现畜牧业生产由数量增长型向质量效益型的转变。（责任单位：市农业农村局）

11. 促进畜禽粪污利用。指导规模化畜禽养殖场雨污分流全覆盖，粪污干湿分开收集，鼓励采取固体粪生产有机肥，推广堆沤肥还田、液体粪污贮存还田等经济实用技术模式，推动粪肥低成本还田利用。对于畜禽散养集中区域，推广畜禽粪便污水分户收集、集中处理利用模式，实现区域畜禽粪便的统一收集、集中处理。到2025年，实现畜禽粪污综合利用率保持90%以上。完善病死畜禽收集体系，加快建成覆盖涉

农地区病死畜禽无害化处理体系。（责任单位：市农业农村局）

12. 实现秸秆全量利用。建立以企业为龙头、农户参与、乡镇政府监管、市场化推进的秸秆收储运体系，建设秸秆储存规范化场所，逐步形成商品化秸秆收储和供应能力，实现秸秆收储运的专业化和市场化。推广应用秸秆还田、饲料化和肥料化利用新技术，有序发展以秸秆为原料的生物质能。促进秸秆基料化和原料化，发展食用菌生产等秸秆基料，引导开发人造板材、包装材料等秸秆原料产品，提升秸秆附加值。到 2025 年，实现主要粮食作物秸秆综合利用率高于全国平均水平。（责任单位：市农业农村局）

13. 加强废旧农资利用。健全农膜回收利用机制，开展区域农膜回收补贴制度试点，探索建立地膜生产者责任延伸制度。以农资经销店为依托合理布局回收站点，完善农药包装废弃物回收体系。推广庄河市农药包装和农膜废弃物回收与处置试点县经验，形成地膜回收“源头监管、过程控制、末端治理”三步走模式，推进农药包装废弃物资源化利用和无害化处置。到 2025 年，废旧农膜回收率高于全国平均水平，农药包装废弃物回收率达到 80%。（责任单位：市农业农村局）

（四）深化生活垃圾分类，创新生活垃圾治理模式

14. 持续推进垃圾分类。建立垃圾分类标识制度，推动生态设计，提高垃圾分类正确率，促进生活垃圾源头减量。进一步配齐分类设施，鼓励开展生活垃圾分类技术创新，实现生活垃圾分类管理专业化、信息化。健全督导体系，加大生活垃圾分类宣传力度，提高公众垃圾分类知晓率、参与度和投放准确率。实行生活垃圾收费制度，研究探索制定体现分类计价、计量收费的生活垃圾处理收费标准，引导居民和非居民单位积极参与垃圾分类。到 2025 年，城市居民小区生活垃圾分类覆盖率达到 100%，农村生活垃圾分类行政村覆盖率达到 100%。（责任单位：市城市管理局、市住房城乡建设局）

15. 完善分类收运体系。统筹建立与生活垃圾分类投放、无害化处理和资源化利用相衔接的生活垃圾收转运体系，科学合理布局垃圾分类收集点，提高分类收集效率。加快中心城区生活垃圾转运设施和垃圾前端收集装备升级，提升垃圾收运效率。加快薄弱地区生活垃圾转运站布点建设和机械化收运设备配置工作，提升设施建设标准。构建环卫信息化智能监管机制，完善数字化环卫系统建设，创新道路扬尘监管体系建设。到 2025 年，中心城区生活垃圾清运率达到 100%，厨余垃圾清运率达到 60%，实现垃圾无害化处理设施运行状况数据在线实时监控。（责任单位：市城市管理局、市住房城乡建设局、市市政公用事业服务中心）

16. 加快处置设施建设。推进生活垃圾焚烧发电二期工程、普兰店区生活垃圾收运及焚烧发电一体化、庄河市污废循环处理综合体——固体废弃物综合处理、大连市城市中心区餐厨垃圾处理厂工程等垃圾焚烧及资源化处理设施投入使用，促进原生生活垃圾趋零填埋。完善生活源垃圾处理体系，提高生活垃圾、厨余垃圾的高效利用和无害化处置水平。（责任单位：市城市管理局、市住房城乡建设局、市市政公用事业服务中心）

17. 实现城乡统筹发展。持续推进农村地区生活垃圾分类，推广庄河市“1945”农村生活垃圾长效治理模式，指导农村地区探索适合本地垃圾分类的减量模式，提高农村生活垃圾分类水平。鼓励引导社会资本进入农村生活垃圾分类领域，探索以特许经营、承包经营、租赁经营等方式，引入专业化企业参与农村生活垃圾的收集收运及处理处置。以乡镇或行政村为单位建设农村有机废弃物综合处置利用设施，统筹城乡生活垃圾资源化利用。统筹衔接城乡生活垃圾处置终端建设，补齐农村生活垃圾处置设施短板，避免垃圾和污染向农村转移。到 2025 年，基本实现农村生活垃圾无害化处理。（责任单位：市住房城乡建设局、市城市管理局、市农业农村局、市市政公用事业服务中心）

18. 培育绿色生活方式。宣传“光盘行动”，倡导“文明餐桌”，促进餐厨垃圾源头减量。引导公众主动减少使用一次性塑料制品，抵制过度包装，积极推广快递绿色包装。加快构建绿色行动体系，广泛推广绿色低碳、文明健康的生活理念，形成崇尚绿色的社会氛围。（责任单位：负责“无废城市”建设相关部门）大力推广循环中转袋（箱）、笼车等设备，推进包装物循环使用，促进快递行业绿色发展。到 2025 年，绿色包装材料使用率、电子面单使用率等邮政业生态环保主要指标均高于全国平均水平，快递绿色包装使用率达到 80%。（责任单位：市邮政管理局）

19. 推动“无废细胞”建设。以长海县蓝色经济为特点，健全岛内绿色低碳循环发展的经济体系，优化近海绿色养殖布局，推进清洁能源的生产和消费，推广被动式超低能耗建筑，打造长海县“无废绿岛”模式。（责任单位：长海县政府）鼓励开展无废机关、无废企业、无废景区、无废酒店等“无废细胞”创建，制定“无废细胞”创建指南及评估细则。拓宽“无废城市”细胞建设广度和深度，制定“无废港口”等新类型细胞建设指南。到2025年底，开展“无废细胞”建设的数量达到300个，大力推进源头减量。（责任单位：“无废城市”建设相关部门按职责分工负责）

（五）强化城市保障建设，补齐城市固废治理短板

20. 推进建筑垃圾利用。推动建筑垃圾分类回收，推广装修垃圾堆放箱。积极推进建筑垃圾就地就近循环利用和资源化利用，鼓励拆迁企业利用拆迁空间，就地对拆迁废物分类、破碎和分选。推动大连市建筑垃圾无害化处置和资源化利用项目。借助废弃矿山整治等建设项目，消纳市内五区建筑渣土。依托“大连市数字环卫v3.4”管理系统，加大对作业单位的监管力度。到2025年，建筑垃圾综合利用率稳步提升。（责任单位：市城市管理局、市自然资源局、市市政公用事业服务中心）

21. 大力发展绿色建筑。新建民用建筑严格执行绿色建筑标准，推进超低能耗、近零能耗、低碳建筑规模化发展。以保障性住房、政策投资或以政府投资为主的公建项目为重点，加快推进装配式建筑。推行绿色建材认证，鼓励政府投资、重点工程等项目率先采用绿色建材。到2025年底，装配式建筑占新建建筑面积的比例达到70%。（责任单位：市住房城乡建设局、市市场监管局、市工业和信息化局）

22. 拓展污泥利用途径。新、改、扩建污水处理厂在设计、建设阶段应考虑污泥减量设施。规范运行污水处理厂深度脱水工艺设施，降低污泥含水率。推进水泥窑协同处置市政污泥，探索污泥和生活垃圾以及餐厨垃圾协同处置，减少污泥填埋量，到2025年底，城镇污水污泥无害化处置率达到100%。构建污泥处理处置市场化运作机制，以建材利用、土地利用为重点，探索污泥多元化利用渠道。（责任单位：市城市管理局、市住房城乡建设局、市发展改革委、市生态环境局）

23. 推进“两网融合”建设。推动再生资源回收网络向社区延伸，推动各区再生资源分拣中心建设。建立废旧物资与生活垃圾分类、回收、运输相衔接的转运体系，确保再生资源回收“日收日清”。到2025年，基本建成交投便利、转运畅通的再生资源回收网络，实现回收网络城区全部覆盖、农村地区基本覆盖。（责任单位：市商务局、市住房城乡建设局、市城市管理局、市供销合作社、市农业农村局）利用长兴岛经济区、普湾经济区等化工产业园区，培育废旧轮胎循环利用产业，实现废旧轮胎–生胶–

化工产品的资源循环高值化利用。（责任单位：市工业和信息化局、市发展改革委）

24. 加强塑料污染治理。有序禁止、限制部分塑料制品的生产、销售和使用，减少使用一次性塑料制品，深入开展塑料污染全链条治理专项行动，有效控制塑料污染。加强可循环、易回收、可降解替代材料和产品研发，有效增强绿色产品供给，持续扩大可循环快递箱（盒）应用规模，不断提高电商快件不再二次包装比率。加大塑料废弃物分类收集力度，推动塑料废弃物资源化、能源化利用。持续开展海洋塑料垃圾清理整治专项行动，加快完善“海上环卫”长效机制。（责任单位：市发展改革委、市生态环境局、市市场监管局、市工业和信息化局、市商务局、市城市管理局、市住房城乡建设局、市邮政管理局）

（六）推动石化绿色发展，完善危险废物治理体系

25. 构建石化企业绿色搬迁模式。根据中石油大连石化分公司搬迁改造进度，规范化处置搬迁过程中固体废物，有效管控环境风险。（责任单位：市生态环境局）新建厂房等建筑设计与建设推行装配化、轻型化的节能低碳建筑，减少建筑垃圾的产生。（责任单位：市住房城乡建设局）根据新厂区建设中产生的固体废物性质，秉持固体废物“减量化、资源化、无害化”原则，对产生的固体废物进行分级分类处置。（责任单位：市生态环境局）

26. 打造石化“无废园区”。以恒力（大连长兴岛）产业园为依托，探索提升大型企业集团固体废物治理体系和治理能力路径，打造石化行业“无废园区”样板。推进恒力石化（大连）有限公司污泥干化技改和含铂、钯、银等贵重金属的废催化剂全面回收利用，推动园区企业内、企业间物料闭路循环、资源化利用。探索在恒力（大连长兴岛）产业园范围内开展危险废物利用处置设施共享，在确保环境污染风险可控情况下，实现园区内处置设施充分利用。（责任单位：市生态环境局、长兴岛经济区管委会）

27. 推进分级分类管理。建立危险废物产生单位清单、自建利用处置设施清单、危险废物经营单位清单，完善危险废物环境重点监管源清单。研究建立源头管控的分类目录和规范化管理技术指引，规范危险废物产生单位分级分类管理要求。推进重点排污单位清洁生产，推动危险废物年产生量 1000 吨以上的企业纳入强制清洁生产审核名单。（责任单位：市生态环境局）

28. 聚焦小微源集中收运。支持在金普新区、长海县等小微企业聚集区和海岛开展危险废物小微企业收集试点工作。以科研院校、检测监测机构等为重点，探索开展实验室废物收集处理试点工作，鼓励在有条件的高校集中区域开展实验室危险废物分类收集贮存示范项目建设。以废铅蓄电池、废矿物油、废汽车尾气处理催化剂为重点，探索开展社会源危险废物收集贮存试点，逐步完善社会源危险废物的收集体系。（责任单位：市生态环境局）

29. 提升利用处置水平。鼓励行业龙头企业，整合现有资源，高标准新建一批危险废物处置设施，改造一批现有处置设施，淘汰一批落后处置设施。探索开展典型危险废物梯次利用、“点对点”定向利用豁免管理，提高综合利用能力。加强危险废物环境应急能力建设，将大型危险废物利用处置单位纳入大连市协同应急处置设施清单，保障危险废物应急处置。完善重大疫情期间医疗废物环境管理应急预案，落实疫情期间医疗废物备用处置设施与配套能力建设。（责任单位：市生态环境局）

30. 加强事中事后监管。持续推进危险废物规范化管理，落实固体废物信息化管理平台申报。以石油化工等为重点编制形成重点行业环境管理与执法指南，提高危险废物源头管控和规范化管理水平。加大废铅蓄电池、废矿物油、废汽车尾气处理催化剂等社会源危险废物产生单位的指导与检查，严厉查处非法收集、转卖、处理废铅蓄电池、废矿物油等违法行为。（责任单位：市生态环境局）

（七）加强支撑体系建设，全面提升建设保障能力

31. 健全管理制度体系。制定《石化行业固体废物规范化管理评估指南》，指导企业制定固体废物规范化管理制度。优化完善大连市垃圾分类等管理制度，稳步推进生活垃圾强制分类、塑料污染防治等制度建设。研究制定《大连市废旧物资循环利用体系建设实施方案》，进一步完善废旧物资回收和利用体系，全面提升资源利用效率。积极探索生活垃圾计量收费、押金制回收农药包装废弃物、固体废物跨区域处置生态补偿，形成更为优化的固体废物环境管理制度体系。（责任单位：市生态环境局、市城市管理局、市发展改革委、市农业农村局、市商务局、市供销合作社）

32. 加强技术创新能力。依托高校和科研机构，推进支持一批固体废物治理利用方面技术攻关，重点突破废钢渣等资源化利用技术，探索适合本地的粉煤灰、炉渣综合利用模式。（责任单位：市科技局、市工业和信息化局）推进秸秆覆盖还田免耕和秸秆覆盖少耕播种技术，增加秸秆还田覆盖地表比例。（责任单位：市农业农村局）探索厨余垃圾、生活垃圾等有机废弃物协同利用技术，从固体废物产生、收集、贮存、运输、利用或处置、再生产品等多环节完善相关污染控制技术标准与资源化产品标准。（责任单位：市城市管理局、市住房城乡建设局、市农业农村局）

33. 完善绿色市场机制。鼓励金融机构加大对“无废城市”建设有关企业和项目的金融支持力度。探索采用特许经营、政府与社会资本合作（PPP）、生态环境导向的开发模式（EOD）等模式，引导社会资本加大投入。探索应用绿色信贷、绿色债券、绿色基金、绿色保险等绿色金融工具，拓宽“无废城市”建设资金来源渠道。（市生态环境局、人民银行大连市中心支行、市金融发展局等按职责分工负责）落实固体废物资源综合利用相关增值税、环境保护税优惠政策和从事污染防治的第三方企业所得税优惠政策。（责任单位：大连市税务局）

34. 提升固体废物监管水平。发挥环境信用评价政策制度作用，将固体废物产生、利用、处置企业纳入环境信用评价，强化跨部门联合惩戒。落实危险废物规范化管理考核要求，执行转移联单和电子运单上报制度，强化固体废物转运环节监管。加大对生产和销售超薄塑料购物袋（厚度小于 0.025 毫米的超薄塑料购物袋）、农膜（厚度小于 0.01 毫米的聚乙烯农用地膜）的查处力度。开展建筑垃圾排放管理专项整治，落实建筑废弃物排放安全管理和环境治理主体责任。持续打击非法收集和拆解废铅蓄电池、报废汽车、废弃电器电子产品行为。（责任单位：市生态环境局、市发展改革委、市城市管理局、市公安局、市市场监管局）

三、保障措施

（一）加强组织领导

成立大连市“无废城市”建设工作专班，加强组织领导和统筹协调，全面部署“无废城市”建设工作任务，统一指导、协调、督促各项工作任务落实。建立分工明确、权责清晰、协同增效、信息共享的部门协调机制，制定部门责任清单和重点工作任务清单，研究细化分阶段、分年度、分区域的工作目标和重点任务。

（二）加大资金支持

加大财政资金统筹整合力度，提高“无废城市”建设的资金支持，全面保障建设需要。充分发挥各级人民政府在固体废物管理中的主导作用，综合运用土地、规划、金融等多种政策，拓宽资金筹集渠道，完善投融资机制。加大信贷支持力度，优先支持固体废物减量化、资源化项目。各项目管理部门将《实施方案》中重点工程纳入优先申报范围，积极争取国家、辽宁省相关资金支持。

（三）强化监督考核

制定“无废城市”建设成效考核办法，建立监督考核机制，严格考核评估，将“无废城市”建设成效纳入年度绩效考评。市政府定期督查调度，保障“无废城市”建设工作有序有力开展。落实领导干部生态文明建设责任制，严格实行党政同责、一岗双责，对工作推进有力、成效显著的部门或个人及时予以表彰奖励；对工作不力拖沓、弄虚作假的责任单位和责任人予以惩戒。

（四）大力宣传推广

全方位开展“无废城市”建设主题宣传教育活动。用好新媒体平台及各方面社会资源开展线上线下宣传，解读“无废城市”建设的重要意义和建设理念。面向党政机关、企业、学校、社区、农村等开展宣传教育活动，引导公众践行简约适度、绿色低碳、文明健康的生活理念和生活方式，推动构建生态环境治理全民行动体系。积极搭建公众交流参与平台，营造全社会关心、支持、参与“无废城市”建设的良好氛围。

附件：

1. 大连市“十四五”时期“无废城市”建设目标清单

2. 大连市“十四五”时期“无废城市”建设任务清单

3. 大连市“十四五”时期“无废城市”建设项目清单

4. 大连市“十四五”时期“无废城市”建设责任清单

附件 1

大连市“十四五”时期“无废城市”建设目标清单

序号	一级指标	二级指标	三级指标	现状值 2020 年	目标值 2025 年	计量单位	部门分工
1	固体废物源头减量	工业源头减量	一般工业固体废物产生强度★	0.26	0.20	万吨 / 亿元	市生态环境局、市统计局
2			工业危险废物产生强度★	0.0128	0.011	万吨 / 亿元	市生态环境局、市统计局
3			通过清洁生产审核评估工业企业占比★	100	100	%	市生态环境局
4			开展绿色工厂建设的企业数量	38	80	家	市工业和信息化局
5			开展循环化改造的产业园区数量	0	12	个	市发展改革委、市工业和信息化局
6			绿色矿山建成率★	2.6	20	%	市自然资源局
7			单位 GDP 二氧化碳排放降低幅度	—	达到辽宁省相关要求	%	市生态环境局
8		农业源头减量	畜禽规模养殖比重	75	80	%	市农业农村局
9		建筑业源头减量	绿色建筑占新建建筑的比例★	100	100	%	市住房城乡建设局
10			装配式建筑占新建建筑的比例	25	70	%	市住房城乡建设局
11		生活领域源头减量	生活垃圾清运量（城市）★	217.72	210.88	万吨	市城市管理局
12			城市居民小区生活垃圾分类覆盖率	100	100	%	市城市管理局
13			农村生活垃圾分类行政村覆盖率	100	100	%	市住房城乡建设局
14			快递绿色包装使用率	30	80	%	市邮政管理局

续表

序号	一级指标	二级指标	三级指标	现状值 2020 年	目标值 2025 年	计量单位	部门分工
15	固体废物资源化利用	工业固体废物资源化利用	一般工业固体废物综合利用率★	96	96 以上	%	市生态环境局、市工业和信息化局
16			工业危险废物综合利用率★	67	70	%	市生态环境局
17		农业废弃物资源化利用	秸秆综合利用率★	95.55	高于全国平均水平	%	市农业农村局
18			畜禽粪污综合利用率★	87.92	90 以上	%	市农业农村局
19			农膜回收率★	90	高于全国平均水平	%	市农业农村局
20			农药包装废弃物回收率	—	80	%	市农业农村局
21			主要农作物化肥利用率	40.3	43	%	市农业农村局
22		建筑垃圾资源化利用	建筑垃圾综合利用率★	—	稳步提升	%	市城市管理局
23		生活领域固体废物资源化利用	生活垃圾回收利用率★	35	38	%	市城市管理局
24			再生资源回收量增长率	—	6	%	市商务局
25			医疗卫生机构可回收物回收率★	—	90	%	市卫生健康委、市商务局
26	固体废物最终处置	危险废物安全处置	医疗废物收集处置体系覆盖率★	100	100	%	市生态环境局、市卫生健康委
27			社会源危险废物收集处置体系覆盖率	—	60	%	市生态环境局
28		生活领域固体废物处置	生活垃圾焚烧处理能力占比★	49	80	%	市城市管理局
29			城镇污水污泥无害化处置率★	100	100	%	市城市管理局

续表

序号	一级指标	二级指标	三级指标	现状值 2020年	目标值 2025年	计量单位	部门分工
30	保障能力	制度体系建设	“无废城市”建设协调机制★	—	初步建立	—	市生态环境局
31			“无废城市”建设成效纳入政绩考核情况	—	纳入	—	市委组织部、市政府办公室
32			开展“无废城市细胞”建设的单位数量（机关、企事业单位、景区、酒店、集贸市场、社区等）	—	300	个	各相关部门
33		市场体系建设	“无废城市”建设项目投资总额★	—	满足建设项目需求	亿元	市生态环境局、人民银行大连市中心支行、大连银保监局、市金融发展局
34			危险废物经营单位环境污染责任保险覆盖率	9	50	%	市生态环境局、大连银保监局、市金融发展局
35			绿色贷款余额	983.77	1580	亿元	人民银行大连市中心支行、市金融发展局
36		市场体系建设	绿色债券存量	17.368	稳步提升	亿元	市金融发展局、人民银行大连市中心支行
37		监管体系建设	固体废物管理信息化监管情况★	初步建立	基本建立	—	各相关部门
38			危险废物规范化管理抽查合格率	98.33	经营单位 100 产废单位 98	%	市生态环境局
39			固体废物环境污染刑事案件立案率★	50–55	60	%	市公安局、市生态环境局
40			涉固体废物信访、投诉、举报案件办结率	100	100	%	市生态环境局

续表

序号	一级指标	二级指标	三级指标	现状值 2020 年	目标值 2025 年	计量单位	部门分工
41	群众获得感	群众获得感	“无废城市”建设宣传教育培训普及率	—	85	%	第三方调查
42			政府、企事业单位、非政府环境组织、公众对“无废城市”建设的参与程度	—	85	%	第三方调查
43			公众对“无废城市”建设成效的满意程度★	—	85	%	第三方调查

附件 2

大连市“十四五”时期“无废城市”建设任务清单

序号	体系类别	任务清单	主要内容	完成时限	责任主体
1	制度体系	建立厨余垃圾管理制度	建立厨余垃圾分类收运、处置相关管理体系。	2025 年	市城市管理局
2		建立建筑垃圾管理制度	加快建立健全建筑垃圾相关管理制度，制定出台大连市城市建筑垃圾管理规章。	2025 年	市城市管理局
3		编制大连市建筑垃圾污染防治规划	编制大连市建筑垃圾污染防治规划，包括建筑垃圾源头减量、资源化利用、分类管理及消纳设施的建设等。	2025 年	市城市管理局
4		落实一般工业固体废物管理台账制度	落实一般工业固体废物管理台账制度，实现工业固体废物可追溯、可查询。	2023 年	市生态环境局
5		落实危险废物产生单位生产者责任延伸制度	落实企业危险废物管理的主体责任及生产者责任延伸制度。	2023 年	市生态环境局

续表

序号	体系类别	任务清单	主要内容	完成时限	责任主体
6	制度体系	完善废旧农膜、农药包装废弃物回收处理制度	完善废旧农膜、农药包装废弃物等回收处理制度，持续开展农膜回收利用示范县建设。	2025 年	市农业农村局
7		完善再生资源统计体系	建立并完善再生资源回收重点联系企业制度，及时掌握行业发展情况和发展趋势。	2025 年	市商务局
8		建立再生资源回收和各类分拣标准	制定发布社区再生资源回收和各类分拣标准，发布再生资源回收指导目录，引导回收企业按照下游再生原料、再生产品相关标准要求，提升废旧物资回收环节预处理能力。	2025 年	市商务局
9		建立生活垃圾分类收转运体系	推进城镇居民生活垃圾分类投放、分类收集和分类运输。	2025 年	市城市管理局
10		将再生资源绿色分拣中心纳入规划	把再生资源绿色分拣中心建设纳入相关规划，统筹考虑选址、布局和规模，优先保障用地需求。支持工业企业依法依规利用存量厂房和土地建设废旧物资分拣中心、二手交易市场等项目。按照“拆一还一”原则，优先保障拆除的回收站点和分拣中心用地需求。	2025 年	市自然资源局
11		《大连市固体废物污染防治规划（2021—2025年）》	出台《大连市固体废物污染防治规划（2021—2025 年）》，明确“十四五”时期和 2025 年大连市固体废物污染防治规划目标、指标体系和工作任务。	2022 年	市生态环境局
12		《大连市固废产业基础调查与分析研究报告》	编制《大连市固废产业基础调查与分析研究报告》，全面梳理大连市固体废物分类、产生和处置现状，分析行业发展历程和产业链相关性，通过识别问题和对标国际、国内先进城市固体废物发展模式，提出发展对策和建议。	2022 年	市生态环境局
13		《大连市工业危险废物企业分级分类管理目录》	研究建立源头管控的分类目录和规范化管理技术指引，制定《大连市工业危险废物企业分级分类管理目录》，规范危险废物产生单位分级分类管理要求。	2025 年	市生态环境局

续表

序号	体系类别	任务清单	主要内容	完成时限	责任主体
14	制度体系	《石化行业固体废物规范化管理评估指南》	制定《石化行业固体废物规范化管理评估指南》，指导企业落实固体废物规范化管理制度。	2025 年	市生态环境局
15		《大连市再生资源回收体系建设规划》	出台《大连市再生资源回收体系建设规划》，推进再生资源回收与生活垃圾分类投放、收运、分拣、回收处理等环节协同布局，有机融合。	2025 年	市商务局
16		《大连市废旧物资循环利用体系建设实施方案》	研究制定《大连市废旧物资循环利用体系建设实施方案》，进一步完善废旧物资回收和利用体系。	2022 年	市发展改革委
17	技术体系	推进秸秆覆盖还田免耕和秸秆覆盖少耕播种技术	加快推广秸秆覆盖还田免耕和秸秆覆盖少耕播种技术，增加秸秆还田覆盖地表比例。	持续推进	市农业农村局
18		“十四五”园区循环化改造	制定《大连市“十四五”园区循环化发展实施方案》，组织 12 个具备条件的省级及以上产业园区开展循环化改造。	2025 年	市发展改革委、市工业和信息化局
19		提升再生资源加工利用水平	推广再生资源先进加工利用技术装备，开展技术升级和设备更新。鼓励科研院所依托自身优势，加强技术装备研发，在精细拆解、复合材料高效解离、有价金属清洁提取、再制造等领域突破一批共性关键技术和大型成套装备。	持续推进	市发展改革委、市工业和信息化局
20		推广再制造关键技术	推动再制造产业发展，提升汽车零部件、工程机械、机床、办公设备等领域再制造水平，推广应用无损检测、增材制造、柔性加工等再制造共性关键技术。	持续推进	市发展改革委、市工业和信息化局
21		固体废物资源化利用技术攻关	依托高校和科研机构，推进支持一批固体废物治理利用方面技术攻关，重点突破废钢渣等资源化利用技术，探索适合本地的粉煤灰、炉渣综合利用模式。	持续推进	市科技局、市工业和信息化局
22		探索有机废弃物协同利用技术	探索厨余垃圾、生活垃圾等有机废弃物协同利用技术，从固体废物产生、收集、贮存、运输、利用或处置、再生产品等多环节完善相关污染控制技术标准与资源化产品标准。	持续推进	市城市管理局、市住房城乡建设局、市农业农村局

续表

序号	体系类别	任务清单	主要内容	完成时限	责任主体
23	市场体系	培育高值化利用产业	充分利用大连市汽车零部件制造、造船等装备制造产业基础优势，引导现有铸造企业提升废钢、废铝、废铜等废金属本地利用水平，加快发展汽车零部件、船舶零部件、智能电网设施设备、冶金新材料等产业。 谋划发展动力电池循环利用产业链，布局招引动力电池拆解利用项目。探索废旧电器电子产品回收处理和高值化利用，培育电子废弃物循环利用与高值化利用产业链。 利用长兴岛经济区、普湾经济区等化工产业园区，培育废旧轮胎循环利用产业，实现废旧轮胎－生胶－化工产品的资源循环高值化利用。在符合国家安全、环保要求的前提下，探索废旧轮胎翻新产业，加快废塑料集聚化、规模化、规范化利用。	持续推进	市工业和信息化局
24		加大再生资源循环利用项目的财政金融政策支持力度	统筹现有资金渠道，加强对再生资源循环利用体系建设重点项目的支持。积极争取中央预算内资金、中央财政专项资金等，支持重点项目建设。鼓励金融机构对再生资源循环利用企业和重点项目在信用评级、贷款准入、贷款授信和利率优惠等方面予以重点支持。拓宽企业融资渠道，鼓励具备条件的项目开展基础设施领域不动产投资信托基金（REITs）试点。	持续推进	市发展改革委、市生态环境局、人民银行大连市中心支行、市金融发展局
25		扩大对支持快递绿色发展的补贴范围	在原有行业绿色扶持政策的基础上，推动市政府出台《大连市发展快递服务业专项资金管理办法》，扩大对支持快递业绿色发展的补贴范围，将可循环快递箱（盒）、包装废弃物回收箱等纳入补贴，并提高补贴比例和补贴上限。	持续推进	市邮政管理局
26	监管体系	建立生活垃圾收运处置的运行监督考核管理标准	强化生活垃圾收运处置运行监督考核。	2025 年	市城市管理局

续表

序号	体系类别	任务清单	主要内容	完成时限	责任主体
27	监管体系	推动危化企业搬迁改造	按照国务院及省政府关于城镇人口密集区危化品生产企业搬迁改造工作的要求，制定《大连市城镇人口密集区危险化学品生产企业搬迁改造实施方案》，推动危化企业搬迁改造。	2025 年	市工业和信息化局、市发展改革委
28		邮政快递业重金属和特定物质超标包装袋整治	持续开展邮政快递业重金属和特定物质超标包装袋整治，全面禁止使用重金属含量、苯溶剂残留等超标的劣质包装。	持续推进	市邮政管理局
29		建设“无废城市”数字化管理服务平台	整合各部门现有固体废物管理信息系统，增加“无废城市”管理与服务相关功能，打通国家、省两级“无废城市”数字化平台，初步构建全市“无废城市”监管与服务平台。	2025 年	市生态环境局、市农业农村局、市城市管理局、市市政公用事业服务中心

附件 3

大连市“十四五”时期“无废城市”建设项目清单

序号	废物类别	项目名称	工程建设内容	牵头单位
1	一般工业固体废物	东北特殊钢集团股份有限公司矿渣微粉项目	水渣微粉生产线，生产能力 60 万吨 / 年，项目位于登沙河街道东北特钢公司厂区内。	金普新区
2	危险废物	医疗废物集中处置建设项目	在现有两套热解焚烧处置设施基础上（每套处理能力为 24 吨 / 天），扩建两套微波消毒处置设施（每套处理能力为 10 吨 / 天），处置规模达到 68 吨 / 天。	市生态环境局
3		“无废城市”危废收集示范项目	通过“智能危废收集系统 + 监管平台”的方式，实现区域内企业危废网络化收集、数据化运输、集中化处置，有效解决小微产废企业危废收集处置难题。	市生态环境局

续表

序号	废物类别	项目名称	工程建设内容	牵头单位
4	危险废物	金普新区危险废物填埋设施建设项目	新建危险废物填埋场，年填埋处置能力大于 3 万吨 / 年，项目位于金普新区三十里堡红果村。	金普新区
5		大孤山危险废物焚烧设施建设项目	扩建危险废物焚烧设施，危险废物焚烧处置能力 4.2 万吨 / 年，项目位于金普新区大孤山半岛。	金普新区
6		松木岛危险废物焚烧设施建设项目	新建危险废物焚烧设施，危险废物焚烧处置能力 3 万吨 / 年，项目位于大连松木岛再生资源产业子园区。	金普新区
7		大孤山危险废物填埋设施建设项目	扩建危险废物填埋场，总填埋规模不少于 10 万吨，项目位于金普新区大孤山半岛。	金普新区
8		宜洁环保水处理剂生产和技术研发项目	设计 3 万吨 / 年净水剂、2 万吨 / 年除磷剂、1 万吨 / 年碳源添加剂、1 万吨 / 年次氯酸钠、1 万吨 / 年聚合氯化铝、1 万吨 / 年废盐水处置剂、5000 吨 / 年硫酸铵、4000 吨 / 年重金属捕捉剂、1000 吨 / 年有机高分子絮凝剂。	金普新区
9		瑞环环境有机溶剂再生及废酸碱处置项目	设计 10 万吨 / 年 HW06 废有机溶剂与有机溶剂废物、HW34 废酸、HW35 废碱、HW40 含醚废物、HW49 其他废物有机溶剂的回收及精制。	金普新区
10		平安环保危险废物处置项目	设计 5.5 万吨 / 年危险废物处理，主要涉及十个大类 64 小类（按国家危险废物名录），包括废碱、废酸、含盐废水、有机废物、含贵重金属废物、失活催化剂、废包装桶等。	金普新区
11		申联环保工业废弃物资源综合利用项目	设计 30 万吨 / 年 HW17 表面处理废物、HW22 含铜废物、HW48 有色金属冶炼废物、HW50 废催化剂、HW11 精蒸馏残渣、HW12 燃料 / 涂料废物、HW07 含氰废物、HW09 油 / 水、烃 / 水混合物或乳化液、HW33 无机氰化物、HW31 含铅废物（主要指废铅酸电池）、HW49 其他废物等处理。	金普新区
12		盛盈有机溶剂危险废物综合利用项目	设计废有机溶剂、废乳化液、含油废液、无机废液、含铜污泥、废线路板及包装物的回收处置。	金普新区

续表

序号	废物类别	项目名称	工程建设内容	牵头单位
13	危险废物	瑞新环保危险废物处置项目	设计年处置含锌电镀废渣、含锌废催化剂、含锌废油漆、含锌废油渣等原料 6400 吨，设计年产 5000 吨氧化锌产品。	金普新区
14		建华污泥危险废物处置项目	设计年处置固体危险废物、液体危险废物、重金属废液、废乳化液、废包装桶等危险废物约 20.95 万吨。	金普新区
15		危险废物再生资源产业园区建设项目	推进大连西中岛再生资源产业园区（危险废物处置类）、松木岛化工园区再生资源产业子园区（危险废物处置类）基础设施建设，满足承接企业入驻条件。承接技术先进的重点危险废物处置项目，为全市石化、化工、机械制造等企业进行配套。	金普新区、长兴岛经济区
16		西中岛危险废物填埋设施建设项目	新建危险废物填埋场，年填埋处置能力大于 3 万吨 / 年，项目位于大连西中岛再生资源产业园区。	长兴岛经济区
17		西中岛危险废物焚烧设施建设项目	新建危险废物焚烧设施，危险废物焚烧处置能力 3 万吨 / 年，项目位于大连西中岛再生资源产业园区。	长兴岛经济区
18		长海县医疗废物集中处置设施建设项目	扩建大连市医疗废物集中处置设施，加快推进长海县医疗废物集中处置设施建设并完善收运体系。	长海县
19	生活源固体废物	大连市中心城区生活垃圾焚烧发电厂二期项目	大连市中心城区生活垃圾焚烧发电项目改扩建，总用地面积 6.86 万平方米，设计生活垃圾处理能力 2250 吨 / 日，渗滤液处理规模 1000 吨 / 日。配合中心城区现有生活垃圾处理场，主要负责处理市内四区、高新园区、旅顺口区的生活垃圾，项目位于甘井子区大连湾街道拉树房村。	市市政公用事业服务中心
20		毛茔子生活垃圾卫生填埋场一期扩容项目	项目位于毛茔子填埋场一期鹤大高速以南的区域，占地约 15 万平方米，新建库容约 70 万立方米。	市市政公用事业服务中心
21		毛茔子垃圾填埋场填埋垃圾综合利用处理项目	主城区新建项目，填埋场处理能力 1000 吨 / 日。	市市政公用事业服务中心

续表

序号	废物类别	项目名称	工程建设内容	牵头单位
22	生活源固体废物	大连市城市中心区餐厨垃圾处理厂工程 PPP 项目	设计处理规模 600 吨 / 日，其中餐厨垃圾处理规模 300 吨 / 日，厨余垃圾处理规模 300 吨 / 日，项目位于甘井子区革镇堡镇夏家河村夏家河污泥处理厂西侧。	市市政公用事业服务中心
23		大连市城市中心区餐厨垃圾处理厂外围配套工程	为餐厨垃圾处理厂主体项目建设供水、供电、道路和通信等配套工程。	市市政公用事业服务中心
24		旅顺口区污泥处置设施项目	新建处理规模为 100 吨 / 日污泥处理厂。	旅顺口区
25		普兰店区生活垃圾收运及焚烧发电一体化 PPP 项目	建设内容包括新建日处理能力 600 吨的生活垃圾焚烧发电厂和日收集能力 385 吨的垃圾收运系统两部分，新建焚烧发电厂位于普兰店区丰荣生活废物处理厂址内。	普兰店区
26		普兰店区生活垃圾综合处理工程填埋场扩建项目	90 万立方米库容生活垃圾埋场及配套设施，占地面积约 10 万平方米。	普兰店区
27		普兰店餐厨垃圾处理项目	100 吨 / 日，项目位于普兰店区丰荣街道马家沟村。	普兰店区
28		庄河市污废循环处理综合体固体废弃物综合处理（一期）项目	新建庄河市生活垃圾焚烧厂，设计能力 650 吨 / 日。	庄河市
29		庄河市垃圾填埋场改扩建工程	填埋处理能力 280 吨 / 日，渗滤液处理能力 50 吨 / 日。	庄河市
30		瓦房店生活垃圾焚烧发电厂项目	新建瓦房店生活垃圾焚烧厂，设计能力 400 吨 / 日。	瓦房店市

续表

序号	废物类别	项目名称	工程建设内容	牵头单位
31	生活源固体废物	金普新区生活垃圾焚烧发电处理（一期）扩建项目	金普新区生活垃圾焚烧发电处理（一期）扩建项目，设计处理能力 650 吨 / 日。	金普新区
32		金普新区新建卫生填埋场项目	在金普新区新建卫生填埋场，作为垃圾焚烧灰渣的填埋以及生活垃圾的应急填埋处理场所。	金普新区
33		金普新区餐厨垃圾处理项目	选址位于站前街道杨家村附近，近期处理规模 65 吨 / 日。	金普新区
34		长海县 12 座生活垃圾处理站	新建项目，垃圾处理能力 46 吨 / 日。	长海县
35		长海县生活垃圾填埋场升级改造工程	升级改造项目，渗滤液处理能力 50 吨 / 日。	长海县
36	建筑垃圾	大连市建筑垃圾无害化处置和资源化利用项目	拟采用政府购买服务方式实施建筑垃圾无害化处理和资源化利用项目，项目规模暂未确定，项目地址根据中标单位厂址确定。	市市政公用事业服务中心
37		普兰店区建筑垃圾处理厂项目	1000 吨 / 日，项目位于普兰店区丰荣街道马家沟村。	普兰店区
38		普兰店区建筑垃圾处理厂配套消纳场一期项目	50 万立方米，项目位于普兰店区丰荣街道马家沟村。	普兰店区
39	农业固体废物	病死畜禽无害化处理中心项目	积极开展病死畜禽收集、转运、无害化处理等工作，鼓励建设跨县级以上行政区域的病死畜禽无害化处理中心。采取集中处理和分散处理相结合的方式，形成点面结合的病死畜禽无害化处理网络。	市农业农村局

附件 4

大连市“十四五”时期“无废城市”建设责任清单

序号	单　位	职责分工
1	市政府办公室	负责将“无废城市”建设成效纳入各区（县、市）绩效考评。
2	市发展改革委	1. 会同市工业和信息化局推进园区循环化改造工作； 2. 负责协调废旧物资循环利用体系建设工作； 3. 会同市生态环境局统筹推进全市塑料污染全链条治理工作； 4. 负责全市清洁能源发展工作。
3	市工业和信息化局	1. 负责推进绿色制造，推动制造业绿色低碳发展； 2. 与生态环境部门开展一般工业固体废物综合利用； 3. 与发改部门共同推进园区循环化改造工作； 4. 与发改、商务部门共同开展废旧物资循环利用体系示范城市建设。
4	市教育局	1. 负责开展“无废城市”建设知识教育的普及； 2. 负责开展学校实验室固体废物污染防治工作； 3. 负责推进市教育局直属学校“无废学校”建设。
5	市科技局	1. 负责在固体废物治理利用方面通过科技计划予以支持； 2. 负责组织开展固废利用技术应用示范。
6	市公安局	1. 负责车辆的检验、报废工作； 2. 负责固体废物环境污染刑事案件查处。
7	市财政局	负责保障由市级财政承担的“无废城市”建设资金。

续表

序号	单　位	职责分工
8	市自然资源局	1. 负责监督、指导矿产资源合理利用和保护； 2. 负责推进绿色矿山标准化建设； 3. 负责“无废城市”建设方案配套项目落地的土地等资源要素保障。
9	市生态环境局	1. 牵头做好大连市“十四五”时期“无废城市”建设实施方案编制，统筹推进“无废城市”建设工作； 2. 负责推进工业固废处置利用设施建设和全过程监管； 3. 负责完善工业固体废物环境统计； 4. 负责提升危险废物规范化管理水平，推进危险废物利用处置设施提档升级； 5. 负责强化行政执法与刑事司法、检察公益诉讼的协调联动； 6. 牵头推进“无废细胞”建设工作； 7. 牵头推进“无废城市”建设集成场景应用平台建设工作； 8. 负责开展塑料污染治理督促检查联合专项行动。
10	市住房城乡建设局	1. 负责农村生活垃圾分类回收； 2. 负责推动建筑垃圾减量化和建材利用工作； 3. 负责建立健全再生建材推广应用目录制度，建筑垃圾再生建材产品的认证。
11	市交通局	1. 负责本地危险废物运输监督管理； 2. 会同生态环境部门加强对机动车维修行业危险废物的监督管理。
12	市农业农村局	1. 负责完善农业废弃物收储运体系； 2. 负责推进减少化肥、农药等农业投入品使用量及其废弃物产生量； 3. 负责推进农业农村废弃物综合利用体系建设。
13	市商务局	1. 负责完善再生资源分拣和回收体系； 2. 负责本部门分管领域内塑料污染治理工作； 3. 与发改、工信部门共同开展废旧物资循环利用体系示范城市建设。

续表

序号	单　位	职责分工
14	市文化和旅游局	1. 负责推进“无废景区”建设； 2. 负责本部门分管领域内塑料污染治理工作。
15	市卫生健康委	1. 负责医疗卫生机构内的医疗废物收集与分类管理； 2. 负责医疗卫生机构可回收物资源收集、暂存工作。
16	市市场监管局	1. 负责本部门分管领域内塑料污染治理工作； 2. 配合生态环境部门督导检测机构实验废物收集处置工作。
17	市金融发展局	负责深化政银合作，鼓励金融机构加大金融支持力度。
18	市统计局	负责提供对于统计数据趋势分析和研判的研究成果等有关资料。
19	市城市管理局	1. 指导垃圾分类、餐厨垃圾管理和建筑垃圾消纳处置等管理工作； 2. 负责城市市政基础设施行业管理工作，对全市环境卫生行业进行业务指导和协调； 3. 指导本系统区市县、开放先导区相关部门的行政审批工作。
20	市市政公用事业服务中心	推动中心城区生活垃圾、厨余垃圾、建筑垃圾等处理处置设施建设。
21	市供销合作社	1. 配合农业农村部门完善农业固体废物收储运体系建设； 2. 配合商务部门推动再生资源回收体系建设。
22	大连市税务局	负责落实固体废物资源化利用和无害化处置税收政策。
23	人民银行大连市中心支行	推动绿色金融发展，支持“无废城市”建设。
24	大连银保监局	配合生态环境部门开展环境污染责任保险工作。
25	市邮政管理局	负责推进快递包装绿色治理，提高符合标准的绿色包装材料应用比例。

天津市“十四五”时期“无废城市”建设工作方案

（2022 年 11 月 9 日）

为深入贯彻落实《中共中央 国务院关于深入打好污染防治攻坚战的意见》（中发〔2021〕40 号）、《关于印发〈“十四五”时期“无废城市”建设工作方案〉的通知》（环固体〔2021〕114 号）和天津市委、市政府决策部署，结合天津市实际情况，制定本工作方案。

一、总体要求

（一）指导思想

以习近平新时代中国特色社会主义思想为指导，深入贯彻习近平生态文明思想和习近平总书记对天津工作“三个着力”重要要求以及一系列重要指示批示精神，把握新发展阶段、贯彻新发展理念、构建新发展格局，以高质量发展、高水平改革开放、高效能治理、高品质生活为目标导向，以推动固体废物减量化、资源化、无害化为主线，以危险废物、工业固体废物、农业废弃物、生活垃圾、建筑垃圾为重点，统筹城市发展与固体废物管理，强化制度、技术、市场、监管等保障体系建设，发挥减污降碳协同效应，完善现代化大都市治理体系，推动天津市绿色发展迈上新台阶，为深入打好污染防治攻坚战、推动实现碳达峰碳中和、推进人与自然和谐共生的现代化天津建设作出贡献。

（二）基本原则

坚持统筹谋划、一体推进。将“无废城市”建设目标与天津市“十四五”时期相关规划有机结合，推动减污降碳协同增效，在京津冀一体化、碳达峰碳中和以及深入打好污染防治攻坚战等重大战略部署下，全域推进“无废城市”建设，形成“津城”“滨城”双城协同发展格局，探索打造京津冀协同发展绿色高地。

坚持目标指引、系统施治。按照减量化、资源化、无害化原则，推动形成绿色生产和生活方式，结合天津市实际情况，精准识别固体废物管理存在的问题，补短板、强弱项，系统施治，持续提升固体废物综合治理能力。

坚持依法治理、改革创新。落实各项法律法规要求，推动建立固体废物污染环境防治长效机制，优化完善固体废物制度、技术、市场、监管四大体系，为“无废城市”建设提供支撑保障。鼓励各区主动创新、先行先试，积累好经验和好做法，探索形成良性可持续发展模式。

坚持党政主导、多元共治。建立市级统筹、区级落实的“无废城市”建设领导机制，将党政同责、一岗双责要求压紧压实，为协同推进“无废城市”建设提供保证。大力宣传“无废城市”理念，积极引导社会各界广泛参与，充分发挥环保“领跑者”、绿色工厂等骨干企业的引领和支撑作用，以及社会组织的桥梁纽带作用和公众的监督作用，构建党委领导、政府主导、企业主体、社会组织和公众共同参与的“四位一体”多元共治工作格局，形成全社会共同参与的良好氛围。

（三）建设目标

全市固体废物产生强度稳步下降，固体废物循环利用体系逐步形成，无害化处置能力有效保障，固体废物环境管理制度、技术、市场、监管四大体系建设不断完善，生产生活方式绿色转型成效显著，“无废”理念得到广泛认同，城市固体废物治理能力现代化水平明显提升。到2025年，主城区（和平区、河西区、南开区、河东区、河北区、红桥区）、东丽区、滨海高新技术产业开发区、东疆保税港区、中新天津生态城基本建成“无废城市”，其他各区推进创建不少于100个“无废细胞”，全域“无废城市”创建工作取得明显成效。

二、主要任务

（一）强化监督管理和利用处置能力，切实防范危险废物环境风险

1.严格项目准入，提高利用效率。强化危险废物利用、处置项目环评审批与危险废物经营许可衔接，环评审批部门进行危险废物利用、处置项目环评审批时应征询市生态环境局意见，对于不符合环境保护法律法规、相关法定规划的不予批准。完善危险废物经营许可集体审议会制度。严把危险废物利用、处置项目环评审批关口，依据

法律法规及相关技术规范，对环评文件中危险废物的种类、数量、去向及污染防治措施进行严格审查。严格依照相关技术规范核发危险废物利用、处置企业排污许可证。加强对危险废物利用、处置项目环评文件质量监管，积极开展技术复核，对发现的违法违规行为，依法依规进行处理。持续推进重点行业企业危险废物源头减量，优先实行企业内部资源化利用危险废物，鼓励企业自行建设配套利用处置设施。在环境风险可控的前提下，根据天津市危险废物“点对点”利用规定，继续开展危险废物“点对点”定向利用的危险废物经营许可豁免管理试点。（市生态环境局牵头负责，各区人民政府负责落实。以下均需各区人民政府落实，不再列出）

2. 规范处置利用，提升工艺水平。严格落实市人大固体法执法检查整改要求，为天津市重点项目建设腾出环境容量，保障经济高质量发展，改善危险废物处置利用能力过剩局面，严防形成危险废物利用处置洼地。继续开展危险废物产生量与处置利用能力匹配情况及设施运行情况评估工作，推动危险废物利用处置企业“无废”试点创建工作，鼓励开展危险废物低碳、零碳、负碳处置技术研发，控制危险废物处置过程碳排放量，降低危险废物直接填埋比例。加强华北地区危险废物联防联控联治，共享危险废物集中处置能力，实现危险废物处置能力的优势互补。开展天津市中小微产废单位危险废物收集试点评估工作，提升收集单位运营水平，健全危险废物收运网络体系。落实疫情防控常态化要求，筑牢医疗废物处置屏障，提升医疗废物收运效率，鼓励研制医疗废物就地减容安全化技术及装备，推广医学检测医疗废物收集经验，优化各区医疗废物集中贮存库布局，保障“十四五”时期医疗废物“应收尽收”“应处尽处”。（市生态环境局、市卫生健康委、市交通运输委等部门按职责分工负责）

3. 强化执法监管，完善应急体系。完善天津市危险废物综合监管信息系统，探索运用物联网、大数据、5G+ 等先进技术，逐步推广视频监控、电子标签等集成智能监控手段，推动危险废物利用处置企业自建信息化管理系统，逐步实现对危险废物利用处置全过程跟踪管理。严格按照《危险废物转移管理办法》规定，坚持就近转移原则，严把跨省转移审核关，切实防范转移过程中的环境风险。推动危险废物分级分类管理，加强危险废物鉴别管理，探索建立危险废物利用处置企业绩效评估及退出机制，持续开展危险废物规范化环境管理评估工作，严打危险废物环境违法犯罪行为。依托天津市危险废物运输、利用、处置企业和检测机构等，建立完备的危险废物应急处置队伍，健全分级分类的危险废物应急处置体系，进一步提升天津市危险废物环境应急保障能力。进一步完善我市医疗废物收集转运处置体系，保障重大疫情医疗废物应急处理能力，完善应急处置联动机制。（市生态环境局、市卫生健康委、市公安局、市发展改革委、市交通运输委等部门按职责分工负责）

专栏1

危险废物“无废”行动

开展危险废物大数据应用基础研究。基于现有的数据资源和信息化基础平台，开展天津市重点行业危险废物产排污全过程分析，结合危险废物重点行业转移、利用、处置数据分析，研究建立天津市危险废物环境风险防范大数据监管平台。（市生态环境局牵头负责）

严格医疗废物源头管理。按照国家及本市有关规定，医疗卫生机构根据《医疗废物分类目录（2021年版）》等要求完善具体的医疗废物分类收集清单，做好医疗废物分类登记工作。强化医疗废物源头称重，确保“不称重、不交接、不入库”，确保“称重多少、交接多少、出库多少”，进一步提高我市医疗卫生机构医疗废物的规范化管理水平。（市卫生健康委牵头负责）

（二）加快工业绿色低碳发展，降低一般工业固体废物处置压力

1.优化产业结构，推动绿色低碳转型。以“三线一单”为抓手，坚决遏制“两高”项目盲目发展，化解过剩产能，严格执行钢铁、水泥、平板玻璃等重点行业产能置换实施办法。以智能科技产业为引领，以生物医药、新能源、新材料等新兴产业为重点，以装备制造、汽车、石油化工、航空航天等优势产业为支撑，推动冶金、轻纺等传统产业转型升级。明确工业领域低碳转型路径和重点任务，推动石化、化工、钢铁等重点行业领域减污降碳。探索绿色低碳发展模式，支持有条件的区、工业园区、企业建设减污降碳协同增效试点，打造一批国家级绿色低碳高水平示范园区、污染物和碳“双近零”排放标杆企业。（市生态环境局、市发展改革委、市工业和信息化局等部门按

职责分工负责）

2. 强化源头减量，夯实绿色制造能力。分期分批推进“双超”“双有”“超能耗限额”企业依法实施强制性清洁生产审核，引导企业开展自愿性清洁生产审核，鼓励重点行业、工业园区和企业集群开展整体审核模式试点。按照国家部署安排，加快建设绿色制造体系，开发一批绿色产品，建设一批绿色工厂，培育一批绿色园区，打造一批绿色供应链管理企业，到 2025 年，绿色制造示范单位达到 300 家以上。推动产业园区实施循环化、节能低碳化改造，推动园区企业内、企业间和产业间物料循环，实现固体废物循环利用。支持研发、推广减少一般工业固体废物产生量和降低一般工业固体废物危害性的生产工艺和装备。（市发展改革委、市生态环境局、市工业和信息化局等部门按职责分工负责）

3. 聚焦重点行业，提升利用处置能力。加强一般工业固体废物管理，建立一般工业固体废物管理台账，实现可追溯、可查询。统筹市域范围内一般工业固体废物利用处置设施布局，加强与周边省市的跨区域合作，共享利用处置能力，进一步推进工业固体废物处理处置体系建设。充分利用铁路、海运能力，推动固体废物跨区域输送，培育综合利用产品区域联动市场。鼓励冶金、建材等企业利用现有冶金窑炉、水泥窑协同处置化工等行业的固体废物，提高固体废物对工业生产原（燃）料的补充和替代作用。加大粉煤灰等大宗工业固废综合利用力度，推动京津冀及周边地区工业资源综合利用产业协同转型，全市主要工业固体废物综合利用率保持在 98% 以上。（市生态环境局、市发展改革委、市工业和信息化局、市商务局等部门按职责分工负责）

4. 加强统筹融合，推进再生资源回收利用。完善废旧物资回收网络，合理布局废旧物资回收站点，推进废旧物资循环利用体系试点建设，加强废旧物资分拣中心规范建设，支持龙头企业与再生资源回收加工企业合作，推进再生资源综合利用。实施废钢、废塑料、废纸、废旧纺织品等再生资源行业规范条件管理，培育一批示范企业。鼓励探索光伏组件、风电机组叶片等新型固废高效回收利用模式，积极推进汽车零部件、工程机械、机电产品等再制造。（市商务局、市工业和信息化局、市发展改革委、市生态环境局等部门按职责分工负责）

专栏 2

工业固废“无废”行动

工业固废资源化利用提质增效行动。以电力、冶金、化工等行业为重点，加快先进适用工艺、技术、设备的推广应用，降低固体废物生产强度。鼓励固体废物规模化综合利用项目建设，积极打造“工业企业自循环－工业园区循环－区域循环利用”的大宗固体废物资源化利用模式。鼓励资源循环利用装备技术突破，加快研发以废弃聚氨酯材料为代表的塑料废弃物的资源化回收技术与装备，以及废旧纺织品、废脱硝催化剂、废旧动力电池、废太阳能板的无害化、资源化、成套化处理利用技术装备。（市工业和信息化局、市生态环境局、市发展改革委等部门按职责分工负责）

（三）持续推进农业清洁生产，提升农业固体废物综合利用水平

1. 发展生态循环农业，实现农业固体废物源头减量。优先发展生态循环农业，引导、支持和鼓励农业生产者采用节水、节肥、节药、节能等先进种植养殖技术，探索建立种养加销一体、农林牧渔结合、一二三产业联动发展的现代复合型循环经济产业体系。优化种植业生产布局，适度扩大“两品一标”（绿色食品、有机农产品和地理标志农产品）的种植面积和生产规模，推动标准化农田建设。严格依法依规落实限养区、禁养区管理要求，坚持规模化推进、标准化提升的原则，高质量完成国家下达的畜禽养殖标准化示范场创建任务。发展绿色渔业，推进标准化池塘建设，改善养殖水域生态环境，推广绿色生态养殖新模式。加强西青区、武清区等农业绿色发展先行区建设，发挥示范引领作用。（市农业农村委、市生态环境局等部门按职责分工负责）

2. 推进农业清洁生产，提高农业固体废物利用能力。推进秸秆综合利用，各涉农区因地制宜开展秸秆“五化”利用，确保天津市主要农作物秸秆综合利用率达 98% 以上。推进农膜回收利用工作，完善各涉农区农膜回收网点设置，到 2025 年，全市农膜回收率不低于 85%。完善农药包装废弃物回收体系，推进农药包装废弃物资源化利用和无害化处置。依据《农用薄膜管理办法》的职责分工，探索建立地膜生产者责

任延伸制度。持续推进畜禽粪污资源化利用。加强病死畜禽无害化处理监管，鼓励社会资本参与建设区域性无害化集中处理场，严厉打击销售病死畜禽。（市农业农村委、市生态环境局、市工业和信息化局、市市场监管委、市供销合作总社等部门按职责分工负责）

专栏 3

农业废物“无废”行动

农作物秸秆综合利用行动。坚持就地处理、循环利用的原则，推进秸秆粉碎还田、饲料化利用水平，因地制宜开展农作物秸秆综合利用工作，提升作业质量，保护耕地生产能力。（市农业农村委、各涉农区人民政府按职责分工负责）

畜禽粪污资源化无害化行动。推广应用种养结合还田利用、有机肥加工、固体粪便堆肥、牛粪垫料回用、污水肥料化利用等畜禽粪污资源化利用模式和措施。推动蓟州、静海、武清、滨海新区无害化处理场建设，环城四区通过购买服务等方式建立健全病死畜禽无害化收集转运体系。（市农业农村委、市生态环境局、各涉农区人民政府按职责分工负责）

（四）推动生活垃圾分类习惯养成，促进生活垃圾减量化、资源化

1. 源头减量，健全生活垃圾分类收运体系。加强生活垃圾分类宣传，普及分类知识，提高生活垃圾分类准确率。强化日常收运管理，合理设置生活垃圾分类投放装置，科学选址建设生活垃圾转运站，积极推动生活垃圾分类示范街镇创建，到 2023 年底，全市示范街镇比例达到 60%；到 2024 年底，全市各街镇均达到示范街镇标准；到 2025 年底，生活垃圾分类成效进一步巩固。因地制宜选择适合农村特点和农民生活习惯、简便易行的分类处理模式，有序推进农村生活垃圾分类工作。建立完善快递企业绿色采购制度，通过快递包装绿色产品认证的包装产品使用比例每年提升 10%。开展海洋塑料垃圾和微塑料污染现状监测调查。（市城市管理委、市商务局、市邮政管理局、市生态环境局等部门按职责分工负责）

2. 合理布局，加快垃圾分类与再生资源回收“两网融合”。完善可回收物收运体

系建设，加快推进垃圾分类与再生资源回收“两网融合”，合理布局可回收物回收网点，鼓励通过固定回收、流动回收、智能回收等多元化方式，提高可回收物回收水平。推动再生资源绿色分拣中心建设，优化现有布局，保障低值可回收物的回收处理。强化再生资源回收台账管理，利用人工智能、互联网、大数据等现代信息技术手段，建立再生资源信息平台，实现再生资源企业、城市环卫、社区居民等各主体间的数据连接。鼓励开展二手商品交易平台建设，完善二手商品在线交易体系。鼓励社区、学校、商业中心等定期组织二手商品交易活动，促进闲置物品的交易和流通。（市商务局、市城市管理委、市规划资源局等部门按职责分工负责）

3. 补齐短板，推动生活垃圾终端处理设施建设。完善既有厨余垃圾处理设施，推动宝坻区、蓟州区、宁河区、滨海新区厨余垃圾处理设施建设，到2025年处理能力可满足全市厨余垃圾处理需求。做好园林垃圾收集，及时规范清运处置，禁止焚烧枯枝落叶。推动规划建设区域大件垃圾处理和资源化利用设施示范项目，形成与经济社会发展相适应的处理体系。持续保持全市原生生活垃圾“零填埋”，实施关停生活垃圾填埋场环保改造工程，推动现有生活垃圾填埋场逐步进行封场和生态修复，持续加强生活垃圾填埋场封场管理，妥善解决渗滤液问题，杜绝污水外排污染。鼓励采用生物质利用、厌氧消化、好氧发酵等处置模式，推动污泥资源化利用，探索将部分燃煤电厂、水泥窑协同处置方式作为污泥处置的补充。（市城市管理委、市生态环境局、市发展改革委、市水务局等部门按职责分工负责）

专栏4

生活垃圾“无废”行动

完善生活垃圾分类投放收集系统。对老旧、破损、脏污、标志标识不规范的容器、桶站等设施设备进行更新，满足分类投放需求。坚持“简易、实用、便民”的原则，推进垃圾分类投放收集点（站）升级改造，优先对基础差、年限久、投诉多的点位进行规范设置，鼓励设置垃圾分类智能化设备。（市城市管理委牵头负责）

健全生活垃圾分类运输系统。加强生活垃圾产生单位与清运单位之间的无缝衔接，防止生活垃圾“先分后混、混装混运”。按照运距合理、布局均衡的原则，统筹规划布局垃圾转运站，提高分类转运效率。对既有各类垃圾转运站逐步进行提升改造，更新设备，提标站房，加强监管。（市城市管理委牵头负责）

推动快递包装源头减量。全面梳理天津市快递包装设计、生产、销售、使用等全链条发展现状，分析研究突出问题，搭建上下游企业沟通渠道，组织召开快递包装绿色产品研发推介会、供需对接会，加快建立天津市快递包装绿色产业联盟，推动快递绿色包装产品规模化应用，完善快递企业绿色采购制度。（市邮政管理局牵头负责）

推动生活垃圾分类与再生资源回收“两网融合”。到 2023 年底，全市各区每个街道乡镇至少设立 1 个与生活垃圾可回收物收集、运输相衔接的再生资源回收网点（“两网衔接网点”），采取固定加流动、智能回收箱等方式，建立符合区域实际的两网衔接工作机制，提高生活源再生资源回收水平。（市商务局、市城市管理委等部门按职责分工负责）

（五）大力发展绿色建筑，推动建筑垃圾综合利用

1. 推动绿色建筑优质发展。推动新建民用建筑全面实施绿色设计，2022 年城镇新建建筑中绿色建筑面积占比达到 80%，到 2025 年，达到 100%。深入推动绿色建筑优质发展，持续扩大星级绿色建筑规模，鼓励星级绿色建筑建设；在中新天津生态城、南站商务区等基础条件较好的地区开展绿色建造试点工作；持续推进原有绿色生态城区项目建设，新建 1~2 个绿色生态城区，引导绿色生态城区标准规范化发展。完善推广应用机制，逐步提高城镇新建建筑中绿色建材应用比例，扩大绿色建材应用规模。（市住房城乡建设委牵头负责）

2. 推进装配式建筑工业化发展。优先推广钢结构装配式建筑，推动装配式建筑规模化发展，全市范围内国有建设用地新建民用建筑项目具备条件的全部实施装配式建筑。推行标准化设计，减少异型和非标准部品构件，逐步提高标准化程度。稳步提高装配化装修比例，鼓励保障性住房、政府投资项目率先采用装配化装修，引导商品住房项目采用菜单化装配化装修。加强建设装配式建筑构件、部品部件生产基地，培育

一批设计、生产、施工、研发、运维、培训等全产业链的装配式建筑龙头骨干企业，提升行业发展水平，保障装配式建筑实施能力。健全装配式建筑质量安全监管机制，保障装配式建筑发展质量。（市住房城乡建设委牵头负责）

3. 提高建筑垃圾综合利用水平。研究完善建筑垃圾源头减量的技术工艺和管理措施，在建筑建造行业推动建筑垃圾“原地再生 + 异地处理”，推进建筑垃圾源头减量。推动多渠道综合利用建筑垃圾，鼓励建筑垃圾再生骨料及制品在建筑工程和道路工程中应用，推动在土方平衡、林业用土、环境治理、烧结制品及回填等领域大量利用经处理后的建筑垃圾。积极推动落实天津市城市管理精细化“十四五”规划，推动环城四区、新五区、滨海新区等区建设建筑垃圾处理设施，进一步完善天津市建筑垃圾处理设施布局，逐步消除临时堆放点位，实现临时堆放点全市域清零。（市城市管理委、市住房城乡建设委、市生态环境局、市交通运输委等部门按职责分工负责）

专栏 5

建筑垃圾“无废”行动

持续推进绿色生态城区建设。持续推进中新天津生态城、东丽湖、于家堡金融商务区、塘沽南部生态新城等已获批的绿色生态城区项目建设，进一步完善细化规划和具体措施，实现既定目标。重点推进中德生态城、天津南站等区域按照绿色生态城区标准进行建设，并积极申请绿色生态城区标识。着力培育在绿色交通、能源与资源、生态环境等方面极具特色的绿色生态城区。到 2025 年，建设 1~2 个绿色生态城区。（市住房城乡建设委牵头负责）

加强建筑垃圾处理能力建设。推进天津宝坻建筑废弃物资源化及相关配套设施特许经营项目建设、年处置建筑废弃物约 100 万吨，推进静海区建筑垃圾制再生骨料配套装配式建筑部件项目建设，年处理 100 万吨，通过破碎、磁选、筛分后分出不同粒级、不同品质的再生骨料供给后续再生建材制品生产线。（市城市管理委、市生态环境局等部门按职责分工负责）

（六）深入推进京津冀协同发展，全力打造天津特色“无废城市”

1. 推动京津冀“无废城市”协同建设。深入推进京津冀协同发展，主动服务北京非首都功能疏解，主动服务雄安新区建设，加快构建信息技术、高端装备、生物医药、汽车制造等重点产业链，促进相关产业绿色低碳循环发展。推进京津冀工业资源综合利用产业协同转型升级，优化产业结构和运输结构，逐步降低固体废物产生强度。推动建立固体废物信息互通、资源共享、区域联动、联合防治、应急协作、执法协同等机制，定期交流工作进展、经验做法。在区域固废资源化领域，推动开展关键技术攻关，推动制定京津冀区域协同的绿色标准，促进区域绿色低碳协同发展。（市发展改革委、市工业和信息化局、市科技局、市住房城乡建设委、市城市管理委、市生态环境局、市市场监管委、市交通运输委等部门按职责分工负责）

2. 全面提升中新天津生态城“无废城市”建设品质。全力实施“生态城市升级版”和“智慧城市创新版”双轮驱动发展战略，持续推进中新生态城“无废城市”建设，发挥示范带动效应。建立“以人为本、兼顾节能环保”的绿色建筑运营管理模式，扩大零能耗建筑技术的应用规模。发挥数智效能，持续推动固体废物智慧化监管平台建设，逐步实现城市固体废物管理全场景、全品类覆盖，实现与智慧信用评价体系的有效融合，为“城市大脑”综合高效决策提供有力数据支撑。加速推进“无废城市”展示基地建设，打造国际“无废城市”交流展示窗口，提升天津的国际影响力。（中新天津生态城管委会负责）

3. 推动子牙经开区再生资源全产业链条建设。围绕园区内废旧机电、废弃电器电子产品、报废机动车、废塑料、废旧动力电池5条再生资源产业链，补齐上下游链条，形成基本闭环。引导再生资源企业与生产企业、经销商、维修企业等共建回收利用体系，拓宽回收渠道。加大再生资源先进加工利用技术装备推广应用力度，提高行业机械化、信息化和智能化水平。推动拆解产物资源化利用，补齐精深加工环节链条短板。推进天津子牙经济技术开发区再生资源公共交易平台建设，破除交易壁垒。到2025年，基本形成循环经济全产业链和交易服务体系，打造落实“双碳”战略部署的循环经济发展新模式。（天津子牙经济技术开发区管委会、市商务局、市发展改革委、市工业和信息化局、市生态环境局等部门按职责分工负责）

专栏6

子牙经开区“无废”行动

健全再生资源回收网络。强化天津子牙经济技术开发区在天津市废旧物资循环体系试点中的定位，运用新技术、新方式，推动电器电子产品、汽车、动力电池生产者责任延伸试点建设。支持供销合作社系统内企业依托销售服务网络，开展再生资源回收。（天津子牙经济技术开发区管委会、市商务局、市发展改革委、市生态环境局、市工业和信息化局、市供销合作总社等部门按职责分工负责）

促进再生资源产业聚焦发展。开展再生资源建设，实施重点项目带动战略，围绕打通园区5条再生资源产业链，建设绿色降碳示范项目。支持推动建设新增废弃电器电子产品扩能及拆解产物深加工生产线、新增废旧新能源汽车拆解生产线，促进再生资源综合利用产业聚焦发展。（天津子牙经济技术开发区管委会、市商务局、市发展改革委、市工业和信息化局、市生态环境局等部门按职责分工负责）

推动再生资源交易平台建设。推进天津子牙经济技术开发区再生资源公共交易平台建设，增强规范管理、数据分析、优化服务的能力，服务京津冀区域再生资源回收利用企业的废钢、废纸、废塑料、废弃电器电子产品、报废机动车、废旧动力电池等回收交易活动。（天津子牙经济技术开发区管委会、市商务局、市发展改革委、市生态环境局等部门按职责分工负责）

4. 多点打造“无废细胞”，形成绿色低碳生活方式。大力倡导“无废”理念，面向学校、社区、家庭、企业开展全方位“无废城市”宣传教育，营造全市共建共治共享的良好氛围，推动形成简约适度、绿色低碳、文明健康的生活理念和生活方式。结合“光盘行动”、生活垃圾分类、塑料污染治理等，研究制定长效机制，有序推进无废机关、无废社区、无废学校、无废商场、无废快递、无废餐馆、无废酒店、无废景区、无废医院、无废企业、无废集团等建设，到2025年“无废细胞”建设覆盖全市，发挥“无废细胞”示范引领作用，以点带面推动全市域“无废城市”建设。（市生态环境局、市发展改革委、市工业和信息化局、市城市管理委、市商务局、市卫生健康委、市市场监管委、市机关事务管理局、市教委、市文化和旅游局等部门按职责分工负责）

（七）加强制度、技术、市场和监管体系建设，全面提升保障能力

1. 完善固体废物环境管理制度体系。结合《中华人民共和国固体废物污染环境防治法》实施，推动天津市固体废物污染环境防治立法进程，持续完善固废减量化、资源化、无害化等相关管理政策措施，深化固体废物分级分类管理、生产者责任延伸，提升综合管理效能。建立健全工作协调机制，建立分工明确、权责清晰、协同增效的管理体制机制，相关部门联动推进各项工作，有效推动“无废城市”建设。建立部门责任清单，进一步明确各类固体废物产生、收集、贮存、运输、利用、处置等环节的部门职责边界。完善建筑垃圾、农业固体废物、再生资源等统计范围、口径、分类和方法。实行环境信息依法披露制度，提高固体废物管理信息透明度。（市生态环境局、市发展改革委、市工业和信息化局、市城市管理委、市农业农村委、市商务局、市卫生健康委、市住房城乡建设委、市水务局、市统计局、市交通运输委等部门按职责分工负责）

2. 优化固体废物环境管理技术体系。持续推动天津市工业固体废物、危险废物等各类固体废物源头减量、利用处置技术成果共享与转化。重点支持生活垃圾综合利用、装配式建筑工业化创新、危险废物安全处置、电子废物资源化、有机废弃物资源化等关键技术研发，突破废旧金属、废塑料、退役动力电池等产品智能分选与高值利用、固体废物精细拆解与清洁再生等产业化关键技术，推动废物资源化技术工程示范及产业化，推动建设一批可复制可推广的固体废物先进示范工程项目，探索一体化协同治理解决方案。鼓励企事业单位、科研院所等积极参与国家固体废物相关标准制定。（市生态环境局、市科技局、市工业和信息化局、市城市管理委、市农业农村委、市商务局、市卫生健康委、市住房城乡建设委、市水务局、市市场监管委等部门按职责分工负责）

3. 培育固体废物环境管理市场体系。大力发展绿色金融，鼓励银行业金融机构加大对“无废城市”建设的绿色贷款和绿色债券支持力度。优化市场营商环境，鼓励各类市场主体参与“无废城市”建设工作。根据天津市生活垃圾分类工作推进情况，逐

步建立生活垃圾差别化收费制度。积极谋划绿色环保产业发展、能源高效利用、资源循环利用等项目。加大财政扶持力度，争取国家财政资金和预算内投资支持。加强“无废城市”建设的市场化投融资机制和商业模式探索。（市金融局、市财政局、市发展改革委、市城市管理委、市生态环境局、市工业和信息化局、市农业农村委、市商务局、市水务局、中国人民银行天津分行等部门按职责分工负责）

4. 健全固体废物环境管理监管体系。不断完善固体废物信息管理，融合多部门固体废物管理数据，构建固体废物管理信息“一张网”，打造固体废物高效监管模式，制定企业环境信用评价标准，健全环境信用评价体系，推动将工业固体废物重点产生单位和利用处置单位纳入重点排污单位或实施排污许可重点管理和简化管理的排污单位，实行环境信用评价。在危险废物经营单位依法依规推行环境污染责任保险。实施“双随机、一公开”环境监管模式。全面禁止进口“洋垃圾”。依法依规开展排污许可证核发工作，督促指导企业全面落实固体废物排污许可事项和管理要求。加强对各区、各相关部门、企事业单位工作人员固体废物相关管理培训，提升固体废物环境监管能力和水平。（市生态环境局、市发展改革委、市农业农村委、市商务局、市城市管理委、市工业和信息化局、市水务局、天津海关、中国银行保险监督管理委员会天津监管局等部门按职责分工负责）

三、实施步骤

（一）明确工作举措

主城区（和平区、河西区、南开区、河东区、河北区、红桥区）、东丽区、滨海高新技术产业开发区、东疆保税港区、中新天津生态城，科学编制区级“无废城市”建设实施方案，并印发实施，同时报送市生态环境局和生态环境部。其余各区制定“无废细胞”建设实施方案，于 2022 年 12 月底前报送市生态环境局。

（二）组织开展建设

各区政府是“无废城市”建设的责任主体，要有力有序推进相关工作，确保各项任务落地见效。市生态环境局会同有关部门调配技术力量，建立“无废城市”建设专家库和技术帮扶组，为各区提供技术指导。

（三）开展评估总结

建设期间，每年年底前，各区政府对本地区“无废城市”建设总体情况、主要做法和成效、存在的问题及建议等进行评估总结，形成工作总结报告，并于次年 1 月底前报送市生态环境局。市生态环境局会同有关部门组织开展“无废城市”建设工作成效评估，形成全域“无废城市”建设工作总结报告，并于次年 3 月底前报送生态环境部。

四、保障措施

（一）加强组织领导

市级层面建立“无废城市”建设联席会议制度，指导协调推进“无废城市”建设工作。各区成立相应的领导机构及协调机制，认真落实属地责任，制定年度重点任务责任清单，切实强化监管。

（二）抓好工作落实

制定“无废城市”建设成效评估机制，将“无废城市”建设情况纳入生态环境保护目标责任制考核，促进各区相关部门持续高效开展“无废城市”建设工作。根据评估情况，对“无废城市”建设成效明显的区域，在安排相关项目时优先予以支持。

（三）加大政策引导

各部门结合自身职责，统筹运用相关政策，积极引进和引导各类社会投资主体，以多种形式参与“无废城市”建设，优先保障区域固体废物集中处置等基础设施和公共设施建设。加大各类资金整合力度，鼓励金融机构加大对“无废城市”建设的金融支持力度。

（四）强化科技支撑

完善技术创新市场导向机制，加大科技创新服务力度，强化企业科技创新主体地位，完善科技人才培养机制，激发科研单位和科研人员科技创新活力，建立多元化科技创新投入机制。采取揭榜挂帅、定向择优、定向委托等方式，鼓励科研院所发挥专业优势，加强与产废、利废和资源循环利用装备制造企业衔接，加大固体废物源头减量化、资源化利用关键技术与装备自主创新研发，推动提升成果转化产业化服务能力。

（五）抓好宣传引导

面向学校、社区、家庭、企业开展“无废城市”建设宣传，用好政务新媒体、新闻媒体、环境教育基地等各类阵地平台，发挥社会组织、志愿者等积极作用，结合“六五环境日”“节能宣传周”等重要节点，宣传“无废城市”建设的重大意义，做好政策解读，普及基本知识，倡导简约适度、绿色低碳的生活方式，提高公民节能环保意识，促进行为节能，形成社会共识。

天津市新污染物治理工作方案

为加强新污染物治理，提高有毒有害化学物质环境风险防控能力，切实保障生态环境安全和人民健康，根据《国务院办公厅关于印发新污染物治理行动方案的通知》（国办发〔2022〕15 号）和《天津市深入打好污染防治攻坚战行动方案》要求，结合本市实际，制定本方案。

一、总体要求

以习近平新时代中国特色社会主义思想为指导，全面贯彻落实党的二十大精神，深入贯彻习近平生态文明思想，贯彻落实习近平总书记对天津工作“三个着力”重要要求和一系列重要指示批示精神，坚定捍卫“两个确立”，坚决做到“两个维护”，完整、准确、全面贯彻新发展理念，加快构建新发展格局，坚持精准治污、科学治污、依法治污，遵循全生命周期环境风险管理理念，统筹推进新污染物环境风险管理，加强制度、科技和财政支撑保障，加快补齐新污染物治理短板，建立健全新污染物治理体系，有效防控新污染物环境与健康风险，持续改善生态环境质量，促进以更高标准打好污染防治攻坚战，为全面建设高质量发展、高水平改革开放、高效能治理、高品质生活的社会主义现代化大都市提供坚强支撑。

到 2025 年，完成国家重点管控物质和本市重点行业化学物质基本信息调查，完成首轮化学物质环境风险评估；围绕饮用水水源地、典型工业园区、近岸海域等重点区域，开展重点管控新污染物调查监测和环境风险评估试点，适时发布本市新污染物补充清单，实施重点管控新污染物清单管理；对重点管控新污染物实施禁止、限制、限排等环境风险管控措施。全市有毒有害化学物质环境风险管理制度体系和管理机制逐步健全，新污染物调查、监测、筛查、评估体系初步建立，新污染物环境风险得到有效控制，新污染物治理长效机制逐渐形成，新污染物治理能力明显增强。

二、重点任务

（一）完善制度建设，建立健全新污染物治理管理机制

1. 建立市生态环境部门牵头，发展改革、科技、工业和信息化、财政、住房城乡建设、农业农村、商务、卫生健康、海关、市场监管、药监等部门参加的新污染物治理跨部门协调机制，加强跨部门沟通协商，协调解决新污染物治理过程中的重大问题，统筹推进新污染物治理工作。加强部门联合调查、联合执法、信息共享。完善新污染物治理管理机制，全面落实新污染物治理属地责任。建立天津市新污染物治理专家库，从调查、监测、筛查、风险评估与管控等方面强化新污染物治理技术支撑。（市生态环境局牵头，市发展改革委、市科技局、市工业和信息化局、市财政局、市住房城乡建设委、市农业农村委、市商务局、市卫生健康委、天津海关、市市场监管委、市药监局按职责分工负责，各区人民政府负责落实。以下均需各区人民政府落实，不再列出）

（二）开展调查监测，评估新污染物环境风险状况

2. 建立化学物质环境信息调查制度。按照国家化学物质环境信息调查工作部署安排，动态开展天津市化学物质环境信息调查，制定工作方案，加强联合调查，及时共享调查信息，摸清化学物质底数。结合中国现有化学物质名录、国家重点行业重点化学物质清单，确定天津市化学物质基本信息调查清单，开展天津市化学物质生产使用的品种、数量、用途等基本信息调查。结合列入国家化学物质环境风险优先评估计划的化学物质清单，确定天津市化学物质详细信息调查清单，开展天津市化学物质生产、加工使用、环境排放数量及途径、危害特性等详细信息调查。2023 年底前，按照生态环境部统一部署，完成首轮化学物质基本信息调查和首批环境风险优先评估化学物质详细信息调查。2025 年底前，逐步完善天津市化学品环境管理平台，将新污染物及其他需重点关注的化学品管理相关业务整合并进行集中管理，形成“一企一档”管理模式。（市生态环境局负责）

3. 建立新污染物环境调查监测制度。严格落实国家新污染物专项环境调查监测工作方案要求，按照国家新污染物环境调查监测任务安排，开展天津市新污染物环境调查监测，2025 年底前，初步建立新污染物环境调查监测体系。以集中式饮用水水源地、

重点入海河口、重点海域、典型区域大气环境、市政污水处理厂为重点，开展新污染物环境调查监测试点。提升新污染物监测能力，将已经具备日常监测能力的持久性有机污染物、内分泌干扰物、抗生素等新污染物纳入现有生态环境监测工作中。建立健全基于现代感知技术和大数据技术的生态环境监测网络，优化监测站网布局，推进与生态环境部监测信息联网，加强新污染物监测信息共享。依据国家地下水新污染物环境调查、监测及健康风险评估技术方法，2025 年底前组织完成一轮地下水新污染物摸底调查监测试点。（市生态环境局负责）

4. 建立化学物质环境风险评估制度。按照国家化学物质环境风险评估工作部署和要求，研究制定天津市化学物质环境风险筛查和评估方案，对重点区域的高风险化学物质开展环境风险评估，逐步建立与国家化学物质环境风险评估制度相衔接的本市化学物质环境风险评估制度。以高关注、高产（用）量、高环境检出率、分散式用途的化学物质为重点，开展环境与健康危害测试和风险筛查。落实国家化学物质环境风险优先评估计划，分阶段、分批次开展天津市化学物质环境风险评估。2025 年底前，完成第一批天津市高风险化学物质环境风险评估。（市生态环境局、市卫生健康委等按职责分工负责）

专栏 1

重点区域新污染物环境调查监测及风险评估行动

在天津市饮用水水源地、典型工业园区、入海河口等重点地区设置新污染物环境监测点位，启动包括新污染物在内的持久性有机污染物、内分泌干扰物、全氟化合物等重点管控化学物质环境调查监测试点。

基于监测结果，开展新污染物等分布特点、随季节变化规律分析，初步摸清重点区域新污染物环境赋存底数，探索构建地表水和沉积物中新污染物等调查技术体系。

结合天津市新污染物环境分布特征，选择典型水期、典型区域、典型人群，探索建立新污染物环境健康暴露模型、评估模型，评估其环境风险以及经环境对人体健康产生的风险，为准确识别污染源、开展新污染物精准防控提供技术支撑。

5. 动态发布、实施重点管控新污染物清单。落实国家重点管控新污染物清单管控要求和相关行业标准。参照国家标准和指南，因地制宜研究制定天津市重点管控新污染物补充清单和“一品一策”管控措施，开展管控措施的技术可行性和经济社会影响初步评估，识别主要环境排放源，适时制修订相关地方标准。（市生态环境局牵头，市工业和信息化局、市农业农村委、市商务局、市卫生健康委、天津海关、市市场监管委、市药监局等按职责分工负责）

专栏 2

天津市新污染物筛选及“一品一策”管控行动

基于本市化学物质环境信息调查数据，重点筛选具有持久性、生物累积性和毒性（PBT），致癌、致畸和致突变（CMR），以及内分泌干扰性等固有危害大、潜在环境暴露高、在环境中可能持久存在，且可能通过食物链进入人体并富集的有毒有害化学品，在国家管控清单基础上，因地制宜研究制定天津市重点管控新污染物补充清单。

依据精准治污、科学治污原则，锚定其中毒性强、暴露高等风险较大的物质，选取 2 至 3 种重点关注新污染物，开展环境风险表征分析，评估环境风险以及经环境对人体健康产生的风险。

根据重点关注新污染物的环境与健康风险评估结果，按照“一品一策”原则，综合提出源头管控、过程控制、末端治理的全生命周期管控措施，从管控措施的可操作性、可复制性、经济性等方面出发，分析管控措施的技术可行性和经济社会影响。

（三）严格风险管控，全过程降低新污染物环境风险

6. 严格落实新化学物质环境管理监督执法。严格执行《新化学物质环境管理登记办法》，加强宣贯和督导力度，深入开展排查，督促新化学物质环境管理登记企业落实环境风险防控主体责任。配合国家联动监督执法，按照“双随机、一公开”原则，将新化学物质环境管理事项纳入环境执法年度工作计划，严厉打击涉新化学物质环境

违法行为。（市生态环境局负责）

7. 严格实施淘汰和限用措施。严格管控国家淘汰和限用化学物质，按照重点管控新污染物清单要求，禁止、限制重点管控新污染物的生产、加工使用和进出口。严格落实国家产业结构调整要求，对纳入《产业结构调整指导目录》淘汰类的工业化学品、农药、兽药、药品、化妆品等，未按期淘汰的，依法停止其产品登记或生产许可证核发。对纳入禁止进（出）口货物目录的化学品，严格落实进出口管控要求。对纳入《中国严格限制的有毒化学品名录》的化学品，严格落实进出口环境管理要求。严格落实国家关于履行化学品国际环境公约和国际化学品环境管理的任务部署。依法严厉打击已淘汰持久性有机污染物的非法生产和加工使用。强化建设项目环境影响评价源头防控作用，严格涉新污染物建设项目准入管理，依据相关法律法规、技术导则、标准等强化涉新污染物建设项目环境影响评价管理。全面加强环评文件质量监管，严厉打击涉新污染物企业环评弄虚作假行为，进一步落实环评监管长效机制。（市发展改革委、市工业和信息化局、市生态环境局、市农业农村委、市商务局、天津海关、市市场监管委、市药监局等按职责分工负责）

8. 加强产品中重点管控新污染物含量控制。对采取含量控制且控制要求纳入玩具、学生用品等相关产品的强制性国家标准的重点管控新污染物，建立和动态更新监管产品目录清单，严格监管企业落实相关标准。全面落实国家环境标志产品和绿色产品标准、认证、标识体系中重点管控新污染物限值和禁用要求。（市工业和信息化局、市农业农村委、市市场监管委等按职责分工负责）

9. 加强清洁生产和绿色制造。严格落实《中华人民共和国清洁生产促进法》和《清洁生产审核办法》，对使用有毒有害化学物质进行生产或者在生产过程中排放有毒有害化学物质的企业，依法实施强制性清洁生产审核。鼓励其他化学物质生产或使用量大的企业，自愿开展清洁生产审核。推进原辅料无害化替代，促进生产过程中使用低毒低害或无毒无害原料。企业应采取便于公众知晓的方式公布使用有毒有害原料的情况以及排放有毒有害化学物质的名称、浓度和数量等相关信息。对已纳入排放标准的新污染物严格管控，加强事中事后监管。推动绿色制造体系建设，严格落实国家绿色制造体系建设要求，支持企业开发绿色产品，建设绿色工厂，打造绿色供应链，引导企业推进新污染物环境风险管控。（市生态环境局、市发展改革委、市工业和信息化局、

市住房城乡建设委、市市场监管委等按职责分工负责）

10. 规范抗生素类药品使用管理。推进落实天津市抗菌药物临床应用分级管理目录，规范抗生素类药物使用，加强抗菌药物合理应用培训考核和处方权管理，药品零售企业必须凭执业医师处方销售处方药类抗菌药物。加强药品零售企业监督检查，对零售药店不凭处方销售处方药类抗菌药物的行为依法严肃查处。加强安全合理用药宣传，提升群众合理用药意识。加强兽用抗菌药监督管理，实施兽用抗菌药使用减量化行动，推行凭兽医处方销售使用兽用抗菌药。（市卫生健康委、市农业农村委、市药监局等按职责分工负责）

11. 强化农药使用管理。加强农药使用管理，严格管控具有环境持久性、生物累积性等特性的高毒高风险农药及助剂。按照农业农村部部署，淘汰禁用农药，加强限用农药定点经营管理，对禁限用农药成分开展农药监督性监测，严格监管禁限用农药的使用，推广应用高效低风险农药。持续推进主要农作物统防统治，示范应用绿色防控。指导生产经营主体合理使用农药。2025 年底前，主要农作物化学农药利用率提高到 43% 以上。加强农药包装废弃物回收处置，落实国家农药包装材质、规格、清洗、无害化处理和资源化利用等系列标准。开展农药包装物回收行动，基本建立以“谁使用谁交回、谁销售谁收集、专业机构处置、市场主体承担、公共财政补充”为主要模式的农药包装废弃物回收处理体系。探索利用农村垃圾回收处置体系处置农药包装废弃物。加强农药包装废弃物回收处理环境监管，组织危废处置单位及时做好农药包装废弃物收运处置工作。（市农业农村委、市生态环境局按职责分工负责）

12. 加强新污染物多环境介质协同治理。协同治理新污染物，加强有毒有害大气污染物、水污染物环境治理，落实相关污染控制技术规范。加强有毒有害大气污染物与挥发性有机物协同控制。加强工业园区污水处理基础设施建设，探索开展新污染物与常规污染物协同治理。监督和指导排放重点管控新污染物的企事业单位采取污染控制措施，达到相关污染物排放标准及环境质量目标要求。加强排污许可管理，监督和指导企业依法申领排污许可证或填写排污登记表，依法依规将新污染物污染控制标准要求及采取的污染控制措施等落实到排污许可中。将生产、加工使用或排放重点管控新污染物清单中所列化学物质的企事业单位纳入重点排污单位。监督和指导重点排污单位依法对排放（污）口及其周边环境定期开展环境监测，评估环境风险，排查整治环境安全隐患，依法公开新污染物信息，采取措施防范环境风险。强化固定污染源“一证式”监管执法，试点开展以排污许可证为依据的“审计式”执法监督、监测监管。强化土壤与地下水协同治理，完善土壤污染重点监管单位名录，监督和指导重点监管单位定期开展土壤及地下水环境自行监测、污染隐患排查，2025 年底前，至少完成一轮排查整改，定期开展土壤污染重点监管单位周边土壤、地下水环境监测，防止有毒有害物质渗漏、流失、扬散。组织开展地下水复合污染协同去除技术研究，促进本市地下水高效低成本处理工艺开发应用。（市生态环境局、市科技局按职责分工负责）

13. 强化含特定新污染物废物的收集利用处置。严格落实废药品、废农药以及抗生素生产过程中产生的废母液、废反应基和废培养基等废物的收集利用处置要求。严格落实国家含特定新污染物废物的检测方法、鉴定技术标准和利用处置污染控制技术规范，鼓励科研单位参与国家相关方法、标准、规范研究制定工作。（市生态环境局、市农业农村委等按职责分工负责）

14. 开展新污染物治理试点工程。聚焦石化、涂料、医药等行业，选取重点企业和工业园区开展新污染物治理试点工程，形成若干有毒有害化学物质绿色替代、新污染物减排以及治理示范技术。聚焦饮用水水源，组织开展痕量污染物精准降解技术研发与示范。鼓励企业先行先试，减少新污染物的产生和排放。加强养殖投入品管理，开展海水养殖用药的监督抽查，依法规范、限制使用抗生素等化学药品。（市工业和信息化局、市科技局、市生态环境局、市农业农村委等按职责分工负责）

专栏 3

天津经济技术开发区新污染物治理行动

开展化学物质环境信息专项调查，对园区内石化、化工、涂料、新能源材料、医药等重点行业企业开展一次包括新污染物在内的重点关注化学物质环境基础信息和详细信息调查，摸清底数。

依托现有生态环境监测网络，对园区大气、地表水（含沉积物）、地下水、土壤和近岸海域开展新污染物环境调查监测，初步摸清本区域新污染物环境赋存底数。

对筛查出的高风险新污染物，开展园区及其周边环境的生态环境和人体健康风险评估，对评估确实存在高风险的化学物质开展禁止、限制、限排、治理等环境风险管控措施研究。推动重点企业开展新污染物多环境介质协同治理试点。

建立有毒有害化学品全生命周期管理平台。对园区内有毒有害化学品开展全过程监督管理；掌握有毒有害化学品利用率、处置率；指导企业对有毒有害化学品实施安全使用、规范管理、无害化处置。

推动清洁生产改造与绿色替代。重点促进石化、化工行业生产过程中使用低毒低害或无毒无害原料，降低产品中有毒有害物质含量。推动有毒有害产品的物质循环体系建设，实现“从摇篮到摇篮”。

（四）加强能力建设，夯实新污染物治理基础

15. 加大科技支撑力度。聚焦新污染物治理相关领域，加强关键技术攻关，鼓励开展新污染物调查、监测、筛查、暴露评估、危害评估、计算毒理、环境危害机理、迁移转化规律及重点优先控制新污染物污染防治技术等相关研究与应用示范。鼓励科研院所、高新技术企业申报国家和市级相关重点科研项目，推动技术创新中心、产业创新联盟、企业重点实验室等平台开展新污染物相关新理论基础研究和有毒有害化学物质管控关键核心技术攻关，加强涉新污染物科学研究，提升创新能力。加强抗生素、微塑料等生态环境危害机理研究。组织相关机构积极申报国家和市级重点实验室。（市科技局、市生态环境局、市卫生健康委等按职责分工负责）

专栏4

天津近岸海域微塑料监测行动

开展以渤海近岸海域典型区域为试点的微塑料监测。建立健全集监测网点位布设、样品采集、室内检测技术于一体的海洋微塑料丰度综合监测体系，解析不同采样技术下微塑料的梯度变化特征，研究微塑料监测高效分选分离技术和质量控制技术。

对天津近岸海域海水、海滩、鱼类体开展微塑料调查监测，加强不同环境介质中微塑料监测技术标准化研究。通过对数量、粒径、形态、颜色、成分的系统定性和定量分析，研究其分布规律特征，持续跟踪掌握重点区域微塑料污染变化趋势。

16. 加强基础能力建设。加强本市新污染物治理的监督、执法和监测能力建设。探索建立本市新污染物环境调查监测和风险评估技术体系。积极组织申报符合良好实验室规范的化学物质危害测试实验室。广泛深入开展新污染物治理政策宣贯和业务培训，重点开展新污染物调查、监测、筛查、评估、监管、执法等专业技能理论与实践培训，加快补齐业务短板。提升执法装备标准化水平和执法人员业务水平。实行人才定期交流机制，鼓励项目合作，联合培养人才。培育一支业务精湛、视野开阔、结构合理的新污染物治理人才队伍。（市生态环境局、市卫生健康委等部门按职责分工负责）

三、保障措施

（一）加强组织推动

各区人民政府要加强对新污染物治理的组织统筹，建立跨部门协商机制。对照方案要求，结合本地区实际，制定落实举措，细化分解目标任务，明确部门分工，抓好工作落实。新污染物治理跨部门协调机制各成员单位要加强分工协作，共同做好新污染物治理工作。2025 年对本方案实施情况进行评估。将新污染物治理中存在的突出生态环境问题纳入市级生态环境保护督察。（市生态环境局牵头，有关部门按职责分工负责）

（二）强化监管执法

督促企业落实主体责任，严格落实国家和本市新污染物治理要求。加强重点管控新污染物排放执法监测和重点区域环境监测。对涉重点管控新污染物企事业单位依法开展现场检查，加大对未按规定落实环境风险管控措施企业的监督执法力度。加强对禁止或限制类有毒有害化学物质及其相关产品生产、加工使用、进出口的监督执法。

对涉及多部门的监督执法工作，建立多部门联合执法机制，保障联合执法顺利开展。（市生态环境局、市农业农村委、天津海关、市市场监管委等按职责分工负责）

（三）拓宽资金保障渠道

鼓励社会资本进入新污染物治理领域，引导金融机构加大对新污染物治理的信贷支持力度。新污染物治理按规定享受税收优惠政策。在环境高风险领域依法推行环境污染责任保险。（市财政局、市生态环境局、市税务局、天津银保监局等按职责分工负责）

（四）加强宣传引导

通过报纸、广播、电视、网络等媒体加强新污染物治理法律法规政策宣传解读。开展形式多样的新污染物治理科普和宣传教育，引导公众科学认识新污染物环境风险，树立绿色消费理念，积极为新污染物治理建言献策。鼓励公众通过多种渠道举报涉新污染物环境违法犯罪行为，充分发挥社会舆论监督作用。（市生态环境局牵头，有关部门按职责分工负责）

天津市生态环境局关于转移固体废物（不含危险废物）出本市利用备案的通告

《中华人民共和国固体废物污染环境防治法》（2020 年修订，以下简称《固废法》）已于 2020 年 9 月 1 日起施行。为落实《固废法》第二十二条第二款关于“转移固体废物出省、自治区、直辖市行政区域利用，应当报固体废物移出地省、自治区、直辖市人民政府生态环境主管部门备案”的规定，现将有关事项通告如下：

一、产生固体废物的单位（以下简称“产废单位”）应在转移固体废物出本市利用前，通过信息系统（网址“http：//60.30.64.239：9090/#/”）如实准确填写跨省转移利用信息，提交相应的备案材料，根据合同期限确定备案期限，备案期限原则上不跨年，其中产生工业固体废物的单位还应核实接受方的主体资格和技术能力。产废单位按照产废设施所在地，选择属地生态环境部门提交备案材料。产废单位应确保提交的备案材料真实、完整、有效。

二、属地生态环境部门根据产废单位提交的材料进行汇总，市生态环境局对备案材料齐全、废物来源和属性清晰、利用去向合理的，由信息系统生成电子备案表及相应备案号，完成备案。备案完成后，产废单位按照备案明确的方式转移相应的固体废物进行利用。市生态环境部门定期汇总跨省转移利用备案情况，通报接受地省、自治区、直辖市人民政府生态环境主管部门。

三、本通告所指备案的固体废物不包括危险废物。转移危险废物出本市，按照《固废法》第八十二条的规定执行；转移除危险废物以外的固体废物出本市贮存、处置的，按照《固废法》第二十二条第一款的规定执行。

四、生态环境部等国家有关部门出台转移固体废物出省、自治区、直辖市利用备案的具体规定后，按国家有关规定执行。

五、本通告自发布之日起实施，有效期 5 年。《市生态环境局关于做好转移固体废物出市利用备案工作的通知》同时废止。

特此通告。

天津市生态环境局关于加强我市 2024 年固体废物与化学品环境监管工作的通知

各区生态环境局：

为进一步做好我市固体废物与化学品环境监管工作，提升固体废物与化学品污染防治监管能力，现将我市 2024 年固体废物与化学品环境监管工作通知如下：

一、持续推动危险废物监管能力改革，严守环境风险底线

（一）加强危险废物规范化环境管理

按照生态环境部《关于进一步加强危险废物规范化环境管理有关工作的通知》（环办固体〔2023〕17 号）和《关于印发〈危险废物自行利用处置专项整治行动方案〉的通知》（环办固体函〔2024〕63 号）要求，统筹开展 2024 年危险废物规范化环境管理评估（见附件 1）及危险废物自行利用处置专项整治行动（见附件 2），重点评估危险废物环境重点监管单位、重点行业相关单位，兼顾其他危险废物产生单位，确保评估范围全覆盖。加强危险废物鉴别管理，建立危险废物鉴别单位“白名单”制度，开展鉴别报告及鉴别单位抽查复核工作，将抽查结果在信息平台公开。

（二）做好危险废物环境安全监管工作

各区应严格落实对危险废物经营单位的属地监管职责，牵头负责区级审批发放的危险废物经营许可证持证单位的环境安全监管工作。可通过聘请专业第三方机构等方式，对辖区内所有危险废物经营单位开展安全生产帮扶指导工作，并指导其于 2024 年 10 月底前完成三级安全生产标准化建设工作。同时，按照市安委会《天津市安全生产治本攻坚三年行动方案（2024—2026 年）》（环安生〔2024〕2 号），开展危险废物环境风险排查工作，如在工作中发现存在安全、消防等方面问题，应及时将有关线索移交属地应急管理等部门。

（三）提升危险废物环境管理信息化能力

各区要严格落实国家关于危险废物信息化监管有关要求，配合市局开展信息系统

相关数据治理工作，指导督促辖区内所有危险废物经营单位于 2024 年 6 月底前完成信息化升级工作，所有重点产废单位于 9 月底前完成信息化升级工作。在信息化升级工作过程中，不得要求企业购买指定的危险废物环境监管产品、设备等。鼓励其他危险废物产生单位参照实行信息化管理。鼓励危险废物经营单位为产生单位提供延伸服务，协助其生成并领取电子标签、建立电子管理台账等。（工作要点见附件 3）

（四）持续做好危险废物跨省转移审核

各区要将控制环境风险和妥善利用处置作为危险废物转移的总体要求，依法严格落实危险废物跨省转移审核各项要求。继续指导产废单位对拟委托的外省危险废物经营单位进行现场实地考察。市局委托下放危险废物跨省市转移审批权限的区域（滨海新区、经开区、保税区），要确保审批要求与市局保持一致，并定期对辖区内危险废物跨省转出企业开展培训，每月底前报送危险废物移出本市信息及宣贯培训情况。

（五）持续开展危险废物收集及“点对点”定向利用试点工作

各区应结合区内实际情况，制定切实可行的收集计划，指导收集试点企业开展收集工作，并对辖区内废油收集单位开展年度评估工作。对于管理混乱、收集效率低、收集能力明显过剩的单位，应及时介入指导，消除环境风险隐患。继续组织开展铅蓄电池生产企业集中收集和跨区域转运制度试点工作（见附件 4）及危险废物“点对点”资源化利用试点工作（见附件 5）。鼓励企业按照《京津冀危险废物“点对点”定向利用豁免管理试点工作方案》（冀环固体〔2023〕225 号）要求，与京冀企业合作开展危险废物“点对点”定向利用业务。

二、以“无废城市”建设为引领，不断完善固体废物环境管理水平

（一）加快推进“无废城市”建设

严格落实《天津市“十四五”时期“无废城市”建设工作方案》（津污防攻坚指〔2022〕7 号）以及工作任务分工表，十个国家试点区加大“无废城市”建设步伐，其他各区以“无废细胞”创建为重点，推动全域开展“无废城市”建设，加大“无废理念”宣传，打造全域“无废”建设新格局，到 2024 年底，全市创建不少于 500 个“无废细胞”。

（二）提升工业固体废物环境管理水平

持续推动工业企业（含加工贸易企业）建立健全工业固体废物产生、收集、贮存、运输、利用、处置全过程的环境污染防治责任制度，按照《一般工业固体废物管理台账制定指南（试行）》要求，如实记录相关信息。推进排污许可证发证企业利用“全国排污许可证管理信息平台”建立一般工业固体废物电子台账。指导督促辖区内企业按照《天津市生态环境局关于转移固体废物（不含危险废物）出本市利用备案的通告》要求，办理固体废物跨省利用备案手续。指导督促拟跨省贮存、处置固体废物的单位，依法办理跨省转移审批手续。（见附件 6）

（三）持续加强污泥处理处置环境监管

督促污泥产生和处置单位建立污泥管理台账，如实记录污泥的流向、用途、用量等情况并按时报备。同时加强与水务、政务服务等部门的联系沟通，建立信息共享机制，及时掌握辖区内所有污泥产生和利用处置单位情况。

三、以新污染物治理为抓手，强化重金属与化学品环境风险管理

（一）加强新污染物治理

进一步完善本行政区新污染物治理跨部门协调机制，推动落实《天津市新污染物治理工作方案》（津政办发〔2022〕54 号）各项任务要求，2024 年 3 月 31 日前完成本行政区化学物质环境信息调查任务，依据统计调查结果建立本区涉重点管控新污染物企业清单和涉优先控制化学品企业清单，将涉重点管控新污染物企业纳入环境监管重点单位，组织区内相关部门严格落实优先控制化学品风险管控政策措施和重点管控新污染物主要环境风险管控措施；严格落实新化学物质环境管理监督执法，做好涉新化学物质企业底数摸排，组织开展新化学物质环境管理登记执法检查活动。加强清洁生产，推动本行政区内使用或排放《优先控制化学品名录》《重点管控新污染物清单》所列化学物质的企业开展强制性清洁生产审核，全面推进企业清洁生产改造、采用便于公众知晓的方式公布相关信息。

（二）加强重点重金属污染物排放总量控制

严格落实《天津市进一步加强重金属污染防控工作方案》（津环固〔2022〕63 号）各项要求，严格重点行业企业准入管理，遵循重点重金属污染物排放“等量替代”原

则。加强重金属污染监管执法，持续开展涉重金属污染企业排查，动态更新全口径涉重金属重点行业企业清单（以下简称“全口径清单”）；按照《涉铊污染源污染隐患排查治理技术指南（试行）》（见附件 7）要求，组织开展涉铊污染源隐患排查，填报本行政区涉铊污染源污染隐患排查表和涉铊污染源污染治理情况汇总表，属于重点行业的应纳入“全口径清单”，于 2024 年 7 月 15 日前报送排查结果和全口径清单更新情况。

四、监管范围

天津市所有持危险废物经营许可证单位、危险废物产生单位、工业固体废物产生单位、污泥产生利用处置单位、重点行业重点重金属污染物排放单位、涉重点管控新污染物、涉优先控制化学品、新化学物质生产加工使用单位。

五、工作要求

（一）加强组织领导

严格落实党的二十大和二十届二中全会精神，学习贯彻习近平总书记视察天津重要讲话精神和全国生态环境保护大会精神，扎实推进固体废物与化学品环境监管工作，坚决杜绝走形式、走过场，确保各项任务落实到位。

（二）健全工作机制

不断完善固体废物与化学品环境管理工作机制和管理模式，建立工作台账，明确各项任务质量要求、时间节点、责任分工，切实做到上下协同、左右衔接、一贯到底。

（三）压实各方责任

严格落实属地监管职责，指导相关单位严格落实固体废物与化学品环境管理的各项法律法规要求，严守固体废物与化学品环境安全底线。

（四）强化执法监管

严厉打击涉固体废物及化学品环境违法行为，密切行刑衔接，依法严惩涉固体废物及化学品环境违法行为主体，构成犯罪的依法移送司法机关，追究刑事责任。

（五）加强社会监督

及时受理、处理涉固体废物及化学品举报投诉，充分发挥各类媒体作用，持续加大宣贯工作力度，推动形成全社会参与支持、齐抓共管、群防群控的良好局面。

（附件略）

天津市 2024 年危险废物规范化环境管理评估工作方案

为贯彻落实《中华人民共和国固体废物污染环境防治法》等法律法规，按照《关于进一步加强危险废物规范化环境管理有关工作的通知》（环办固体〔2023〕17 号）等有关要求，进一步落实各区危险废物环境监管职责，指导危险废物产生单位（以下简称“产废单位”）和危险废物经营单位（以下简称“经营单位”）落实各项法律制度和相关标准规范，强化危险废物全过程信息化环境管理，全面提升危险废物规范化环境管理水平，严防危险废物环境风险，结合我市实际情况，特制定本方案。

一、总体要求

（一）压实企业主体责任

强化危险废物规范化环境管理，综合运用法律、行政、经济等多种手段，持续推动企业落实危险废物污染环境防治的主体责任，防范环境风险，保障环境安全。

（二）落实部门监管职责

市生态环境局负责制定全市评估工作方案，评估各区工作开展情况，向社会公示评估结果，定期将全市评估结果上报生态环境部，组织对各区生态环境部门及重点企业单位进行相关培训工作；各区生态环境局负责建立健全本区域评估机制，制定本区域评估工作方案。

（三）坚持评估全面覆盖

按照“突出重点、覆盖全面”原则，根据危险废物的危害特性、产生数量和环境风险等因素，重点评估危险废物环境重点监管单位、重点行业相关单位，兼顾其他产废单位，确保评估范围覆盖全面。

（四）细化完善评估制度

建立常态化评估机制，强化评估危险废物相关单位落实产生情况在线申报、管理计划在线备案、转移联单在线运行、利用处置情况在线报告要求，贮存和利用处置设施（特别是自行利用处置设施）污染防治要求，以及新发布实施相关法规标准等情况。

（五）加强运用信息化手段

通过全国固体废物管理信息系统（以下简称“国家固废系统”）危险废物规范化环境管理评估子系统（以下简称“规范化评估子系统”）开展评估工作。通过规范化评估子系统建立规范化评估的“一企一档”，记录评估情况、问题清单和整改台账。

二、评估方式及职责分工

有条件的区域，可以采取购买第三方服务等方式，为危险废物规范化环境管理评估工作提供技术支撑。

三、评估要求

（一）市级评估

优先选取纳入危险废物环境重点监管单位清单的单位开展评估，每年度评估数量要求具体如下：

1. 经营单位：评估不少于 20 家，“十四五”期间实现对本市所有经营单位评估全覆盖。

2. 产废单位：危险废物年产生量 100 吨及以上的或拥有危险废物自行利用处置设施的重点产废单位不少于 60 家；其他产废单位不少于 20 家，若总数不足 20 家则全部进行评估。

3. 市生态环境局评估区生态环境局时所抽取评估的单位，计入市级评估数量，对上年度区级评估完成的企业开展抽查。

（二）区级评估（除市内六区外适用）

优先选取纳入危险废物环境重点监管单位清单的单位开展评估，每年度评估数量要求具体如下：

1. 经营单位：对辖区内全部危险废物经营单位、利用及处置环节豁免的危险废物接收单位、开展“点对点”试点工作的危险废物接收单位，全部进行评估。

2. 重点产废单位：包括精炼石油产品制造（国民经济行业分类代码 C251，下同），煤炭加工（C252）、化学原料和化学制品制造业（C26）、医药制造业（C27）、化学纤维制造业（C28）、常用有色金属冶炼（C321）、金属表面处理及热处理加工（C336）、电子器件制造（C397）、电子元件及电子专用材料制造（C398）、陆地石油开采（B0711）、陆地天然气开采（B0721）等重点行业企业，拥有自行利用处置设施的企业，抽查总数不少于 60 家。若重点产废单位总数不足 60 家，则全部进行评估。

3. 其他产废单位：包括有害垃圾暂存点、医疗废物中转站、二级及以上医院、高校及科研院所实验室、机动车维修等单位，抽查总数不少于 20 家。若其他产废单位总数不足 20 家，则全部进行评估。

（三）区级评估（市内六区适用）

对本区危险废物产生单位及非工业源危险废物产生单位、有害垃圾暂存点、医疗废物中转站、二级及以上医院、高校及科研院所实验室、机动车维修等单位进行评估，评估总数不少于 80 家，若产废单位总数不足 80 家，则全部进行评估。

（四）开展评估实战比武

本年度采用区域互评方式，组织开展规范化评估实战比武，进一步提升各区评估人员业务能力，检验评估人员实战能力。各区应安排 1~2 名工作人员参加区域互评，加强交流学习，全面提升危险废物规范化管理水平。

（五）其他要求

评估结果为不达标或基本达标的产废单位，在下一年度要继续评估，如评估结果仍为不达标或基本达标，区生态环境局应对相关产废单位依法严格处理。在市局开展评估工作过程中，发现市局本年度抽查企业评估等级低于区局上一年度评估等级时，视为抽查不合格，每出现一次抽查不合格，将在全年总评分中直接扣除 1 分。评估企业数量不足最低要求 80% 的区，评估结果直接判定为 C。

四、评估安排

各区生态环境局应按照《评估指标》表 1 进行自评打分，总结本年度危险废物规范化管理环境评估工作情况（要求见附 3），制定下年度评估工作方案，2024 年 11 月 20 日前，将上述三项材料报送市生态环境局。

五、评估结果应用

（一）生态环境部门

市生态环境局已将危险废物规范化环境管理评估工作纳入对各区政府目标管理绩效评估之中，并向社会公开评估结果。对危险废物规范化环境管理评估等级为 A 的区域通报表扬，并在安排危险废物相关项目时优先考虑、予以倾斜，提供政策和资金支持；对危险废物规范化环境管理评估等级为 C 的区域通报批评。各区态环境局应在年度评估工作方案中强化评估结果应用，督促各街镇和相关部门落实监管责任。

（二）产废单位和经营单位

鼓励市、区两级生态环境部门将危险废物规范化环境管理评估达标、环境管理水平高的企业纳入相关改革举措先行先试范围及生态环境监督执法正面清单，适当减少抽查频次。动态跟踪规范化评估发现问题整改情况，将评估中发现的涉嫌环境违法问题与环境执法工作相衔接，涉嫌安全隐患线索及时移交应急管理部门。对在评估中发现的企业违法行为，各级生态环境部门要严格依据《中华人民共和国环境保护法》《中华人民共和国固体废物污染环境防治法》等法律法规和《最高人民法院 最高人民检察院关于办理环境污染刑事案件适用法律若干问题的解释》等进行查处，涉嫌环境犯罪的移送公安机关。

（附表略）

京津冀危险废物“点对点”定向利用豁免管理试点工作方案

为推进京津冀生态环境联建联防联治走深走实，推动京津冀危险废物环境监管和利用处置能力建设提升，拓宽危险废物综合利用途径，提升区域危险废物资源化利用水平，根据《中华人民共和国固体废物污染环境防治法》、《国家危险废物名录（2021年版）》、国务院办公厅《关于强化危险废物监管和利用处置能力改革实施方案的通知》（国办函〔2021〕47 号）以及京津冀相关规定，结合工作实际，制定本试点工作方案。

一、总体要求

以习近平新时代中国特色社会主义思想为指导，深入贯彻习近平生态文明思想和习近平总书记重要指示精神，把固体废物污染防治作为深入打好污染防治攻坚战的重要内容，在环境风险可控的前提下，推进京津冀区域危险废物“点对点”定向利用豁免管理，进一步推动危险废物资源化利用，持续提升危险废物规范化环境管理水平。

二、管理要求

（一）适用范围

按照《国家危险废物名录（2021 年版）》附录《危险废物豁免管理清单》要求，尚未列入《危险废物豁免管理清单》中的危险废物，或者在利用过程不满足《危险废物豁免管理清单》所列豁免条件的危险废物，在环境风险可控的前提下，实行危险废物“点对点”定向利用。即：在京津冀区域内，一家危险废物产生单位（以下简称产废单位）产生的一种危险废物，作为另一家单位（以下简称利用单位）环境治理或工业原料生产的替代原料进行使用，利用过程不按危险废物管理（利用单位豁免持有危险废物综合经营许可证）。

（二）豁免条件

产废单位和利用单位开展危险废物“点对点”定向利用应具备以下条件：

1. 产废单位和利用单位位于京津冀区域内，符合建设项目环境影响评价、排污许可等生态环境保护法律法规有关规定，近3年未发生较大及以上突发环境事件或重特大安全生产事故、未因危险废物环境违法行为受到行政处罚或刑事处罚、未被列为环境信用较差（C级）及以下等级企业，近3年内危险废物规范化环境管理评估结果均为达标，投产不足3年的，实际投产年度评估结果均为达标，符合所在地危险废物环境管理信息化要求建设相关设施并实施联网。

2. 产废单位拟定向利用的危险废物来源稳定，有用组分和有害成分清晰、危险特性明确，能够被利用单位作为替代原料使用，与利用单位的利用技术、工艺和设施设备等相适应，且有完整的污染防治技术。

3. 利用单位不得使用国家及相关省（市）明确的限制类和淘汰类生产工艺，不得为专业危险废物经营单位。所利用的危险废物应作为替代原料直接利用，应具备与所利用危险废物相适应的工艺，使用危险废物被替代原料使用量，原则上应具备一定利用规模。

4. 利用单位应按照建设项目有关要求开展环境影响评价，豁免利用量与未被替代原料使用量之和不得超过原环评载明的原料使用量；所替代原料生产的产品，应符合国家、地方制定或行业通行的被替代原料生产的产品质量标准，所含有的有害成分含量符合国家污染控制标准或技术规范，或不高于利用原料生产产品中的有害成分含量；利用过程不影响污染物稳定达标排放。

5. 利用单位在进行资源化利用前，按有关规定重新申请或变更排污许可证，并严格落实生态环境、安全生产相关标准规范，开展安全评估，确保风险可控。

三、管理程序

（一）首次申请

1. 利用单位会同产废单位提交《京津冀危险废物“点对点”定向利用环境风险评估报告》（编制大纲见附件1）、《京津冀危险废物“点对点”定向利用豁免管理申请表（首次或重新）》（见附件2）、安全评估报告及专家论证意见。企业自行组织至少3名相关领域高级职称及以上的专家进行论证，形成专家论证意见。

2. 实施跨省“点对点”定向利用的，河北省利用单位向所在地设区市的市级生态环境部门提交申请（京津地区利用单位向所在地区级生态环境部门提交申请），市（区）级生态环境部门应在 5 个工作日内作出初审意见，报利用单位所在地省级生态环境部门审查；省级生态环境部门应在 20 个工作日内组织专家审查评估，并商产废单位所在地省级生态环境部门意见，作出是否同意其豁免管理的决定。首次申请豁免管理有效期为 1 年。

（二）变更申请

产废单位或利用单位名称、法定代表人、统一社会信用代码等基础信息内容发生变更的，向作出其豁免管理决定的生态环境部门提交《京津冀危险废物“点对点”定向利用豁免管理申请表（变更或延续）》（附件 3）和变更事项相关说明材料。

（三）延续申请

到期后继续开展豁免利用的，应在有效期届满 30 日内，向作出其豁免管理决定的生态环境部门提交《京津冀危险废物“点对点”定向利用豁免管理申请表（变更或延续）》（附件 3）和利用豁免期间的危险废物利用豁免情况报告。报告内容包括但不限于危险废物接收、贮存、利用情况，次生危险废物产生及转移情况，危险废物利用设施及环保设施运行、污染物排放情况，产品符合质量标准情况。延续利用豁免管理有效期为 3 年。

（四）重新申请

利用单位利用工艺、设施、危险废物类别、有害或有用组分发生变化、利用数量超出豁免核定规模、不能按原利用方式定向利用等重大变化影响豁免利用的，应按首次申请程序重新申请豁免。

（五）豁免终止（取消）

1. 豁免终止。利用单位自愿放弃豁免利用活动的，依法做好相关经营场所、设施污染防治，以及剩余危险废物处置工作，终止前 30 日内，向作出豁免决定的生态环境部门提交终止利用豁免有关情况说明，该部门进行现场核查，核查结果及时函告相关部门。

2. 豁免取消。产废单位或利用单位在豁免利用期间发生较大及以上突发环境事件或重特大安全生产事故的、因危险废物环境违法行为受到行政处罚或刑事处罚、被列为环境信用较差（C级）及以下等级企业的、年度危险废物规范化环境管理评估结果为不达标的，由作出豁免决定的生态环境部门责令企业终止其危险废物豁免利用活动，且3年内不得再次申请。

四、有关要求

（一）强化主体责任

产废单位和利用单位应严格执行危险废物管理计划、台账和申报、转移联单、应急预案、排污许可、标志标识等制度。利用单位应参照危险废物经营单位管理，做好危险废物入厂检测，确保接收的危险废物符合定向利用要求，并定期通过所在地固体废物环境管理信息系统上报豁免利用情况。

（二）加强帮扶指导

各级生态环境部门应对“点对点”定向利用单位积极开展技术帮扶指导，推广先进经验，及时解决工作中存在的疑点、难点、痛点、堵点等问题。强化事中事后监管和规范化环境管理，对发生环境违法行为的，依法依规严肃处理。

（三）建立沟通机制

京津冀生态环境部门定期通报“点对点”定向利用豁免管理工作实施情况，加强信息沟通和信息共享，联合开展跨省打击危险废物环境违法犯罪活动。

（四）加大信息公开

相关单位依法及时公开固体废物污染环境防治信息，主动接受社会监督，提高公众环境保护意识和参与程度；鼓励公众通过“12345”、“12369”、政府网站、信函、电子邮件等途径，对非法收集利用危险废物等环境违法行为进行监督和举报。

本试点工作方案自印发之日起施行，具体由京津冀省级生态环境部门负责解释。

（附件略）

浙江省固体废物污染环境防治条例

（2023 年 1 月 1 日起施行）

（2006 年 3 月 29 日浙江省第十届人民代表大会常务委员会第二十四次会议通过　根据 2013 年 12 月 19 日浙江省第十二届人民代表大会常务委员会第七次会议《关于修改〈浙江省人才市场管理条例〉八件地方性法规决定》第一次修正　根据 2017 年 9 月 30 日浙江省第十二届人民代表大会常务委员会第四十四次会议《关于修改〈浙江省水土保持条例〉七件地方性法规决定》第二次修正　2022 年 9 月 29 日浙江省第十三届人民代表大会常务委员会第三十八次会议修订）

第一章　总　则

第一条　为了防治固体废物污染环境，推进生态文明建设，高水平建设美丽浙江，根据《中华人民共和国固体废物污染环境防治法》和其他有关法律、行政法规，结合本省实际，制定本条例。

第二条　本条例适用于本省行政区域内固体废物污染环境的防治。

固体废物污染海洋环境的防治、放射性固体废物污染环境的防治，不适用本条例。

《浙江省生活垃圾管理条例》对本省行政区域内生活垃圾污染环境防治已有规定的，从其规定。

第三条　固体废物污染环境防治坚持减量化、资源化、无害化和污染担责原则，实行统筹规划、分类管理、全程控制、数字赋能、社会共治。

第四条　任何单位和个人都应当增强生态环境保护意识，履行生态环境保护义务，采取有效措施，减少固体废物产生量，促进固体废物综合利用，降低固体废物危害性，防止或者减少固体废物对环境的污染，对所造成的环境污染依法承担责任。

第五条 县级以上人民政府应当将固体废物污染环境防治工作纳入国民经济和社会发展规划纲要、生态环境保护规划，建立统筹协调工作机制，组织、协调、督促有关部门依法履行固体废物污染环境防治监督管理职责，推动全社会形成绿色发展方式和生活方式，推进全域无废城市建设。

乡镇人民政府、街道办事处应当加强本辖区内固体废物污染环境防治工作，建立并实施日常巡查制度，及时发现和制止固体废物污染环境违法行为，并向负有固体废物污染环境防治监督管理职责的部门报告，配合做好相关监督管理工作。

开发区（园区）管理机构应当依法做好固体废物污染环境防治相关工作。

第六条 生态环境主管部门对本行政区域固体废物污染环境防治工作实施统一监督管理。

发展改革、经济和信息化、自然资源、住房城乡建设、环境卫生、农业农村、卫生健康、交通运输、商务等主管部门，在各自职责范围内负责固体废物污染环境防治的监督管理工作。

第七条 省人民政府应当指导设区的市之间通过协商建立跨行政区域固体废物污染环境联防联控联治机制，统筹规划制定、设施建设、固体废物转移等工作。

设区的市、县（市、区）人民政府及其有关部门应当落实固体废物污染环境联防联控联治机制，加强信息共享、区域合作和执法联动。

第八条 省人民政府根据国家有关规定，与长江三角洲一体化发展区域有关省、直辖市以及其他相关省、自治区、直辖市，建立固体废物污染环境联防联控联治机制，推动固体废物防治信息互通共联、利用处置能力协作共享、环境风险协管共防。

第二章 一般规定

第九条 县级以上人民政府应当组织发展改革、经济和信息化、住房城乡建设、环境卫生、农业农村、邮政管理、生态环境、科学技术、商务等主管部门，研究制定推进绿色低碳循环发展的政策措施，从源头减少或者避免固体废物产生，促进固体废物综合利用，降低固体废物危害性，最大限度降低固体废物填埋量。

第十条 县级以上人民政府应当组织生态环境、环境卫生、农业农村、卫生健康、自然资源、商务等主管部门，根据城乡特点，统筹规划固体废物分类回收体系，合理布局回收网点，扩大回收服务范围。

县级以上人民政府及其有关部门应当采取措施，引导和鼓励社会资本参与固体废物分类回收体系建设，推动固体废物回收服务标准化、规范化、连锁化经营，支持通过全链条业务信息平台实现网上预约、上门回收、全程追溯。

鼓励固体废物回收服务企业配套建设智能化分拣设施，提高工业固体废物、生活垃圾、建筑垃圾、农业固体废物等固体废物分类后可回收物的分拣质量和效率，促进固体废物综合利用。

第十一条　县级以上人民政府应当组织发展改革、经济和信息化、财政、自然资源、住房城乡建设、商务等主管部门，在财政补贴、用地安排、能耗指标、租金减免、政府采购等方面，扶持和发展固体废物综合利用项目，促进固体废物综合利用园区化、规模化和产业化。

固体废物综合利用企业依法享受税收、信贷等方面的优惠和资金支持。

第十二条　县级以上人民政府应当统筹规划固体废物收集、贮存、利用、处置设施建设，将固体废物分类收集和集中处置设施纳入环境基础设施和公用设施范围，保障设施用地，推动设施共建共享。

县级以上人民政府应当加强固体废物利用、处置能力建设。鼓励有条件的地方建设固体废物综合处置基地、静脉产业园、再生资源加工利用基地等一体化环境基础设施，促进各类处理设施、工艺设备共用。

县级以上人民政府及其有关部门应当采取措施，引导和鼓励社会资本参与固体废物收集、贮存、利用、处置设施建设和运营。

在生态保护红线区域、永久基本农田集中区域和其他需要特别保护的区域内，禁止建设固体废物集中贮存、利用、处置设施或者场所，但是上述区域内产生的生活垃圾、农业固体废物的中转设施或者场所除外。

第十三条　设区的市、县（市、区）可以开展区域合作，统筹建设区域性固体废物集中处置设施。

省人民政府应当采取措施推动设区的市、县（市、区）人民政府建立固体废物跨区域转移处置生态保护补偿机制。跨设区的市、县（市、区）行政区域转移处置固体废物的，移出方与接收方所在地人民政府可以签订生态补偿协议，明确补偿方式、范围、对象和标准。

省、设区的市人民政府生态环境、环境卫生、应急管理等主管部门，应当建立健全固体废物利用、处置调度机制，对因突发环境事件产生的固体废物以及无法确定责任单位的固体废物，统筹协调处理。

第十四条 县级以上人民政府及其有关部门应当加大资金投入，落实国家税收、金融政策，引导和鼓励社会资金投入固体废物减量化、资源化、无害化科学技术的研究开发、成果转化和推广应用，推动固体废物污染环境防治技术进步和产业发展。

固体废物污染环境防治技术开发项目拟突破关键核心技术瓶颈、预期取得标志性成果的，省科学技术主管部门会同省生态环境主管部门按照科技项目管理有关规定予以支持。

第十五条 省生态环境主管部门会同省有关部门推动固体废物污染环境防治地方标准建设。

县级以上人民政府及其生态环境、住房城乡建设、环境卫生、农业农村、卫生健康、经济和信息化、标准化等主管部门，应当加强固体废物污染环境防治标准的宣传和培训，推动相关企业标准、团体标准的制定和实施。

第十六条 省生态环境主管部门应当会同省有关部门，依托省公共数据平台，建立全省统一的固体废物治理综合应用系统（以下简称省固体废物治理系统），并与住房城乡建设、农业农村、卫生健康、交通运输、商务、公安等主管部门业务系统互联互通、协同联动，实现固体废物全过程追溯和全闭环监督管理。

县级以上人民政府及其有关部门应当依托省固体废物治理系统，运用物联网、云计算、人工智能、大数据等信息技术，利用在线监控、卫星遥感、无人机航摄等科技手段，加强分析研判和预警溯源，提高固体废物污染环境防治精准化、智能化水平。

鼓励产生、收集、贮存、运输、利用、处置固体废物的单位建立数字化管理系统，运用物联网等技术手段智能化采集数据，并与省固体废物治理系统联网。

第十七条 省生态环境主管部门应当会同省住房城乡建设、农业农村、卫生健康、交通运输、商务等主管部门，通过省固体废物治理系统公布并动态调整固体废物收集、贮存、运输、利用、处置单位名录，提供有关法律、法规、政策、标准查询服务和固体废物收集、贮存、运输、利用、处置供需信息发布服务，畅通固体废物利用、处置渠道。

第十八条　下列单位安装的物联网监控设备，应当按照省有关规定与省固体废物治理系统联网：

（一）产生建筑垃圾的工程施工单位、建筑垃圾运输单位以及建筑垃圾中转、消纳场所的运营管理单位；

（二）从事危险废物收集、贮存、运输、利用、处置经营活动的单位以及列入重点排污单位名录的危险废物产生单位；

（三）法律、法规规定的其他单位。

第十九条　产生工业固体废物、危险废物的单位和产生建筑垃圾的工程施工单位，应当按照省有关规定，通过省固体废物治理系统如实记录有关固体废物的种类、数量、流向、贮存、利用、处置等信息。生态环境主管部门和环境卫生主管部门应当加强指导和服务。

通过省固体废物治理系统如实记录相关信息的，视为已按照规定建立管理台账并已履行报送相关信息义务。对可以通过数据共享获得的信息，不得要求当事人重复报送。

第二十条　转移工业固体废物、建筑垃圾、危险废物的，相关固体废物的产生、收集、贮存、运输、利用、处置单位应当通过省固体废物治理系统运行电子转移联单。确因特殊原因无法运行电子转移联单的，可以先使用纸质转移联单，并于转移活动完成后十个工作日内补录电子转移联单。

承运人应当核实固体废物转移联单，没有转移联单的，不得运输。采用联运方式转移固体废物的，前一承运人和后一承运人应当明确运输交接的时间和地点；后一承运人应当核实转移联单确定的移出人信息、前一承运人信息以及固体废物相关信息。

工业固体废物、建筑垃圾电子转移联单的运行办法，由省生态环境、住房城乡建设主管部门分别会同有关部门制定。危险废物电子转移联单的运行，按照国家有关规定执行。

第二十一条　转移固体废物出省贮存、处置或者利用的，应当在转移前通过省固体废物治理系统依法办理行政许可或者备案；省生态环境主管部门可以委托设区的市生态环境主管部门依法实施行政许可。

跨省转入危险废物应当以综合利用为主，严格控制危险废物转入本省进行焚烧、填埋处置。法律、行政法规和国家另有规定的，从其规定。

第二十二条 各级人民政府应当将工业固体废物、生活垃圾、建筑垃圾、农业固体废物、危险废物等固体废物污染环境防治情况纳入环境状况和环境保护目标完成情况年度报告，向本级人民代表大会或者人民代表大会常务委员会报告。

人大街道工作机构组织召开街道居民议事组织会议时，可以要求街道办事处通报辖区内年度固体废物污染环境防治情况。

第三章 工业固体废物

第二十三条 工业固体废物产生单位应当依法开展清洁生产，通过采取工艺设备改造、清洁能源使用、原料替代、绿色供应链管理、工业固体废物综合利用或者循环使用等措施，从源头减少工业固体废物产生。

开发区（园区）应当按照循环经济理念，实施区内循环化改造，引入工业固体废物综合利用项目，促进区内工业固体废物的高效循环利用。

第二十四条 工业固体废物产生单位、开发区（园区）进行建设项目或者规划的环境影响评价时，应当分别将工业固体废物源头减量、开发区（园区）循环化改造作为环境保护措施纳入环境影响评价文件。

第二十五条 工业固体废物产生单位将工业固体废物委托他人利用、处置的，应当核实受托人经营范围、证照信息、环境影响评价文件和技术能力等，在依法签订的书面合同中明确运输责任、污染防治要求和利用、处置方式等。

工业固体废物产生、利用、处置单位委托他人运输工业固体废物的，应当核实承运人经营范围、证照信息和技术能力等，在依法签订的书面合同中明确工业固体废物的名称、性状、重量或者数量，运输方式、起运地点、接收地点、接收人和污染防治要求等。

前两款规定的委托人应当督促受托人依照有关法律、法规的规定和合同约定履行污染防治义务，受托人应当及时将运输、利用、处置情况告知委托人。

第二十六条 电器电子、铅蓄电池、车用动力电池和饮料纸基复合包装物等产品的生产单位，应当落实生产者责任延伸制度，采用标准化、通用性以及易拆解的产品结构设计，优先使用再生原料，建立废旧产品回收体系，并向社会公开回收措施和产品拆卸、拆解、贮存技术以及有毒有害物质含量等信息。

鼓励光伏太阳能电池板、风力发电机叶片等产品的生产单位按照生产者责任延伸制度相关要求，建立健全多渠道回收体系，促进产品回收利用。

发展改革主管部门应当按照国家和省有关规定，统筹协调有关部门推动实施生产者责任延伸制度，落实生产单位资源环境责任。

第二十七条　废弃电器电子产品处理单位应当通过省固体废物治理系统向生态环境主管部门报送下列信息：

（一）每批废弃电器电子产品的来源、种类、重量或者数量、收集、贮存、拆解、利用、处置信息；

（二）运输单位的名称和地址；

（三）拆解后产物，以及未完全拆解、利用或者处置的废弃电器电子产品的种类、重量或者数量、去向信息；

（四）国家要求报送的其他信息。

第二十八条　工业固体废物符合国家有关规定的，可以进入生活垃圾焚烧设施进行焚烧处置。

省生态环境主管部门会同省住房城乡建设主管部门，根据国家有关规定，制定可以进入生活垃圾焚烧设施进行焚烧处置的工业固体废物名录，向社会公布并动态调整。

禁止将前款规定名录外的工业固体废物混入生活垃圾焚烧设施进行焚烧处置。

第四章　建筑垃圾

第二十九条　县级以上人民政府应当制定建筑垃圾污染环境防治工作规划，统筹部署建筑垃圾源头减量、分类管理、综合利用、消纳设施和场所布局及建设、部门协同监管、全过程数字化治理等，提升建筑垃圾治理水平。

第三十条　县级以上人民政府应当建立分类收集、分类运输、分类利用、分类处置的建筑垃圾管理体系。

单位和个人应当按照建筑垃圾分类管理的要求收集、运输、利用、处置建筑垃圾，不得擅自倾倒、抛撒或者堆放建筑垃圾。

省住房城乡建设主管部门应当会同省有关部门制定建筑垃圾分类指导目录，并向社会公布。

第三十一条 县级以上人民政府及其住房城乡建设主管部门应当完善建筑垃圾减量化工作机制和政策措施，系统推进建筑垃圾源头减量，推广绿色设计、绿色建材选用、绿色施工和新型建造方式，将建筑垃圾减量化纳入文明施工内容。

第三十二条 建设单位对建筑垃圾减量化负责，应当将建筑垃圾减量目标和措施纳入工程设计、施工、监理招标文件或者合同文本，将建筑垃圾减量措施所需费用纳入工程投资概算，并监督设计单位、施工单位、监理单位具体落实。

设计单位应当统筹考虑工程全寿命期的耐久性、可持续性，采用绿色建材以及先进适用技术体系等开展工程设计，根据地形地貌合理确定场地标高，开展土方平衡计算，减少工程渣土外运。

施工单位应当按照源头减量、分类管理、就地利用、排放控制的要求，优化施工方案，加强施工现场管理，落实施工合同约定的建筑垃圾减量化措施。

监理单位应当按照委托监理合同的约定，监督施工单位落实建筑垃圾减量化措施。

住房城乡建设主管部门应当对建设单位、设计单位、施工单位、监理单位履行建筑垃圾减量化义务，加强指导和监督。

第三十三条 工程施工单位应当依法编制建筑垃圾处理方案，在开工前通过省固体废物治理系统报工程所在地环境卫生主管部门备案。建筑垃圾处理方案应当包括下列内容：

（一）施工单位基本信息、工程概况；

（二）建筑垃圾产生量、种类；

（三）源头减量、分类管理、就地利用、排放控制、突发应急处置等措施和责任人；

（四）就地利用的建筑垃圾种类、数量，需要外运的建筑垃圾种类、数量与清运工期；

（五）建筑垃圾运输、利用、处置的委托意向书或者委托合同；

（六）法律、法规规定的其他内容。

依法应当编制水土保持方案的建设工程，建筑垃圾处理方案应当符合经批准的水土保持方案。

工程施工单位应当将建筑垃圾的产生量、种类、清运工期、终端去向等内容在施工现场公示，接受社会监督。

第三十四条　住房城乡建设主管部门应当因地制宜采取措施，支持新建民用建筑采用菜单式装修方式一次装修到位，并加强装饰装修工程质量指导和监督，减少或者避免二次装修产生装修垃圾。

装修垃圾应当与生活垃圾分别收集，采取定时定点或者提前预约等方式进行清运。

装修垃圾采取定时定点方式进行清运的，应当按照下列规定分类投放：

（一）混凝土、砂浆、石材、砖瓦、陶瓷等应当装袋，投放至指定投放点；

（二）金属、木材、塑料和玻璃等应当装袋或者捆扎，投放至可回收物收集容器或者指定投放点；

（三）涂料和油漆等有毒有害垃圾应当投放至指定投放点。

设区的市人民政府可以制定装修垃圾收集、运输、利用、处置的具体办法。

第三十五条　村民建造、装修、拆除房屋等产生的建筑垃圾，可以按照就地就近处理原则，用于村内道路、入户路、景观等建设。

县（市、区）人民政府环境卫生、住房城乡建设、农业农村、自然资源等主管部门和乡镇人民政府，应当对前款规定建筑垃圾的堆放、收集、运输、利用、处置等加强指导和监督。鼓励村规民约对村内建筑垃圾的堆放、收集、运输、利用、处置等进行规范和约束。

第三十六条　处置建筑垃圾的，应当按照国家有关规定，向环境卫生主管部门申请处置核准。

禁止将建筑垃圾交由未取得处置核准的单位或者个人处置。

第三十七条　建筑垃圾通过道路运输的，运输单位应当督促从业人员遵守下列规定：

（一）开启卫星定位、视频监控等车载装置设备，并保持与省固体废物治理系统联网；

（二）按照规定的时间、线路清运；

（三）车辆保持密闭，不得沿途滴漏、遗撒；

（四）不得车轮带泥、车体挂泥上路行驶；

（五）不得超限超载；

（六）不得擅自改变利用、处置场所；

（七）依法应当遵守的其他规定。

环境卫生主管部门应当会同公安机关交通管理、交通运输等主管部门对建筑垃圾的运输时间、运输线路、核定载重、核定装卸点等实施监督管理。

第三十八条 建筑垃圾通过水路运输的，港口经营人应当按照本条例第二十条规定，通过省固体废物治理系统运行建筑垃圾电子转移联单。

运输船舶应当按照国家有关船舶进出港报告制度的规定，向预计驶离或者抵达地海事管理机构报告船舶进出港信息。

港口主管部门和海事管理机构应当按照职责，加强对建筑垃圾港口装卸作业的监督管理和建筑垃圾运输船舶的动态跟踪、安全监督，共同督促落实建筑垃圾电子转移联单制度。

第三十九条 工程施工单位、建筑垃圾驳运码头应当使用视频监控、号牌识别、车货称重检测等物联网监控设备，记录车辆出入、装载、称重以及建筑垃圾种类等信息，并按照省有关规定与省固体废物治理系统联网；对出场车辆进行清洁冲洗，制止车轮带泥、车体挂泥或者超限超载车辆出场上路。

第四十条 设区的市人民政府应当统筹建立本行政区域建筑垃圾利用、处置平衡机制。

设区的市、县（市）编制的环境卫生设施专项规划，应当明确建筑垃圾综合利用设施、消纳设施和场所、驳运码头以及工程泥浆固化设施等的布局、规模和用地面积等要求，其主要内容纳入本级国土空间详细规划。

第四十一条 建筑垃圾处置场所建设应当符合国家和省有关规定。任何单位和个人不得擅自设置建筑垃圾处置场所。

建筑垃圾处置场所达到设计堆填高度和容量等要求的，建筑垃圾处置场所运营管理单位应当组织开展安全稳定性评估，并按照规定实施封场。

第四十二条 建筑垃圾处置前应当按照下列规定先行利用：

（一）工程渣土，用于土方平衡、林业用土、环境治理、路基填垫、山体修复、堆坡造景、绿地覆土等；

（二）工程泥浆，按照技术规范固化处理后参照工程渣土进行利用或者进行综合利用；

（三）工程垃圾、拆除垃圾、装修垃圾，按照技术规范进行综合利用。

第四十三条　县级以上人民政府及其有关部门应当将建筑垃圾综合利用产品应用纳入“绿色建筑”等评价体系，加大政府采购力度，推动建筑垃圾综合利用产品应用。符合条件的建筑垃圾综合利用产品应当列入新型墙体材料产品目录。

使用政府性资金建设的工程项目，在满足使用功能的前提下，应当优先使用符合国家规定标准的建筑垃圾综合利用产品。鼓励各类工程项目建设优先使用符合工程质量要求的建筑垃圾综合利用产品。

省住房城乡建设主管部门应当会同省发展改革、财政、经济和信息化、生态环境、交通运输等主管部门，制定建筑垃圾综合利用产品推广应用的具体办法。

第五章　农业固体废物和其他固体废物

第四十四条　县级以上人民政府及其农业农村、林业等主管部门应当采取下列措施，推进农业固体废物减量化、资源化、无害化：

（一）推广测土配方施肥、精准施肥、病虫害绿色防控等先进适用的农业生产技术，科学使用化肥、农药，发展绿色生态农业；

（二）督促农药生产者、经营者、使用者履行农药包装废弃物回收处理义务，指导农药经营者和回收站（点）记录农药包装废弃物的数量和去向信息，推进农药包装废弃物市场化回收；

（三）加强农用薄膜使用、回收等环节的监督管理，推进标准地膜应用、机械化捡拾、专业化回收、综合利用，促进农用薄膜回收利用、减量替代；

（四）建立秸秆收集、运输、贮存、供应体系，推进秸秆肥料化、饲料化、能源化、基料化和原料化利用，推广秸秆科学还田技术，优化秸秆利用结构；

（五）推进畜禽标准化规模养殖，推广有机肥替代化肥等技术，因地制宜推动畜禽粪肥就地就近科学还田利用；

（六）法律、法规规定的其他措施。

第四十五条　县级以上人民政府及其农业农村、生态环境等主管部门，应当建立健全动物医疗废物回收处置体系，实现动物医疗废物全过程闭环管理。动物医疗废物产生单位应当及时将动物医疗废物运送至指定地点，交由集中处置单位进行无害化处置。

动物医疗废物收集、运输、贮存、处置活动中的动物防疫工作由农业农村主管部门负责，人畜共患传染病防治工作由卫生健康、农业农村和野生动物保护等主管部门负责，环境污染防治工作由生态环境主管部门实施监督管理。

本条所称动物医疗废物，是指动物诊疗机构、动物饲养场、兽医实验室、动物防疫社会化服务组织等单位产生的动物诊疗废弃物，以及在动物疫病的预防、控制、研究、教学、检测等非动物诊疗活动中产生的具有直接或者间接感染性、毒性和其他危害性的废弃物，不包括病死动物、病害动物产品。

动物医疗废物收集、运输、贮存、处置的具体办法，由省农业农村主管部门会同省卫生健康、野生动物保护、生态环境等主管部门制定。

第四十六条 县级以上人民政府应当加强对本行政区域塑料污染治理工作的领导，组织有关部门建立健全塑料污染全链条治理体系。

市场监督管理、经济和信息化、科学技术等主管部门应当按照职责，加强塑料制品绿色设计、限制商品过度包装等相关标准实施的监督检查，加大可降解塑料关键核心技术攻关和成果转化应用，推广可循环、易回收、可降解的替代产品。

发展改革、商务、市场监督管理、邮政管理、交通运输等主管部门应当按照职责，做好禁止或者限制生产、销售和使用部分塑料制品的监督管理，指导电子商务、快递经营者将一次性塑料制品减量纳入平台服务协议、交易规则，推进产品与快递包装一体化、可循环快递包装规模化和标准化物流周转箱循环共用。

发展改革、经济和信息化、环境卫生、商务、邮政管理、生态环境等主管部门应当按照职责，推进塑料废弃物规范回收利用和处置，推动塑料废弃物综合利用产业规模化、规范化、清洁化发展，减少塑料废弃物直接填埋量。

发展改革、生态环境、水利、交通运输、文化旅游、林业、环境卫生、农业农村等主管部门应当按照职责，建立重点区域塑料废弃物常态化清理机制，加大江河湖海、风景名胜区、农村等区域塑料废弃物清理整治力度。

从事塑料废弃物回收经营活动的单位和个人，应当采取措施防止塑料废弃物污染环境，不得露天堆放、就地清洗、违法加工塑料废弃物。

第四十七条　城市公共供水单位、城镇污水处理设施维护运营单位、污泥处理单位以及从事水体清淤疏浚等活动的单位，应当安全处理污泥、清淤底泥，保证处理后的污泥、清淤底泥符合国家有关标准，对污泥、清淤底泥的流向、用途、用量等进行跟踪，并通过省固体废物治理系统进行记录。生态环境主管部门应当将有关信息与城市供水、排水、水利等主管部门共享。

城市供水、排水、水利、生态环境等主管部门应当按照各自职责加强对污泥和清淤底泥处理活动的监督管理。

第四十八条　依法收缴的假冒伪劣产品或者有毒有害物品需要销毁的，应当采取符合环境保护要求的方式进行处理，禁止露天焚烧、擅自填埋；属于危险废物的，应当交由危险废物处置单位处置。

销毁、处置前款规定的假冒伪劣产品或者有毒有害物品所需费用，应当纳入财政预算。

第六章　危险废物

第四十九条　省生态环境主管部门应当统筹建立危险废物专业化分类收集、运输、贮存体系，实现县（市、区）行政区域全覆盖。

设区的市生态环境主管部门应当综合考虑本行政区域内危险废物年产生量小的单位（以下称小微产废单位）的分布情况以及危险废物收集能力，推动小微产废单位专业化收集、贮存设施建设。具体办法由省生态环境主管部门会同有关部门制定。

第五十条　设区的市生态环境主管部门应当会同设区的市发展改革等主管部门，编制危险废物综合利用设施建设方案，明确危险废物综合利用设施的布局、规模等内容。

设区的市生态环境主管部门应当加强危险废物收集、贮存、利用、处置行业发展工作指引，推动危险废物相关产业健康发展。

第五十一条　从事收集、贮存、利用、处置危险废物经营活动的单位，应当按照法律、行政法规的规定，向生态环境主管部门申请取得危险废物经营许可。

省生态环境主管部门可以委托设区的市生态环境主管部门依法实施危险废物经营

许可。

第五十二条 危险废物产生单位贮存危险废物，应当采取符合国家和省环境保护标准的防护措施，贮存期限不得超过一年；确需延长的，应当在期满前三十日内通过省固体废物治理系统变更危险废物管理计划，说明延长的期限和理由。延长期限不得超过一年。

第五十三条 危险化学品生产、经营、使用单位对废弃、过期、失效的危险化学品，应当按照国家有关规定进行稳定化预处理。

废弃、过期、失效的危险化学品属于危险废物的，危险化学品生产、经营、使用单位应当制定危险废物管理计划，并通过省固体废物治理系统报生态环境主管部门备案。生态环境主管部门应当将有关信息与应急管理部门共享。

第五十四条 医疗卫生机构应当按照规定做好医疗废物源头分类，规范医疗废物分类收集、运送、暂存、交接的方法和程序，使用符合标准的医疗废物包装物、容器和警示标志，通过省固体废物治理系统运行危险废物电子转移联单。村卫生室、医务室、门诊部和诊所等基层医疗卫生机构产生的医疗废物可以集中至乡镇卫生院、社区卫生服务中心（站），由医疗废物集中处置单位统一收运、处置。

医疗废物集中处置单位应当按照规定配备收集、转运设施和车辆，至少每四十八小时到医疗卫生机构收运一次医疗废物。收运医疗废物应当使用有明显医疗废物标识的专用车辆，防止医疗废物丢失、泄漏。

在不具备集中处置医疗废物条件的农村、海岛或者偏远地区，医疗卫生机构应当按照卫生健康、生态环境主管部门的要求，依法自行就地处置其产生的医疗废物，并做好记录。

第五十五条 重大传染病疫情等突发事件发生时，临时设立的集中隔离医学观察点、疫苗接种点、医学采样点以及口岸等场所产生的与防疫相关的固体废物，应当按照医疗废物管理。

发生重大传染病疫情期间，县级以上人民政府应当将医疗废物收集、贮存、运输、处置等工作纳入重大传染病疫情领导指挥体系，加强统筹协调，保障所需的人员、车辆、场地、处置设施和防护物资。生态环境、卫生健康、环境卫生、交通运输、公安、财政等主管部门应当协同配合，依法履行应急处置职责。

县级以上人民政府应当统筹本行政区域危险废物焚烧处置设施、生活垃圾焚烧设施、协同处置固体废物的水泥窑等资源，建立协同应急处置医疗废物设施清单，保障医疗废物应急处置能力。

经济和信息化、科学技术等主管部门应当推动可降解一次性口罩的技术研发和生产。

第五十六条　危险废物填埋场运营管理单位应当设置填埋场地识别标志，如实记录填埋信息，建立永久性档案，依法监测环境污染状况，并通过省固体废物治理系统向生态环境主管部门报送填埋与监测信息。生态环境主管部门应当将有关信息与自然资源、住房城乡建设等主管部门共享。

第七章　法律责任

第五十七条　违反本条例规定的行为，法律、行政法规已有法律责任规定的，从其规定。

第五十八条　违反本条例第十二条第四款规定，在生态保护红线区域、永久基本农田集中区域和其他需要特别保护的区域内，建设固体废物集中贮存、利用、处置设施或者场所的，由生态环境主管部门责令改正，没收违法所得，处十万元以上一百万元以下罚款；情节严重的，报经有批准权的人民政府批准，可以责令停业或者关闭。

第五十九条　违反本条例第二十条第一款规定，转移工业固体废物或者建筑垃圾未运行电子转移联单的，由生态环境主管部门或者环境卫生主管部门按照职责责令改正，可以处二万元以上二十万元以下罚款。

第六十条　违反本条例第二十八条第三款规定，工业固体废物产生单位将规定名录外的工业固体废物混入生活垃圾焚烧设施进行焚烧处置的，由生态环境主管部门责令改正，处五万元以上五十万元以下罚款。

第六十一条　违反本条例第三十条第二款规定，擅自倾倒、抛撒或者堆放建筑垃圾的，由环境卫生主管部门责令改正，没收违法所得，对单位处十万元以上一百万元以下罚款，对个人处五百元以上五千元以下罚款。

第六十二条　违反本条例第三十三条第三款规定，工程施工单位未在施工现场公示建筑垃圾处理方案相关内容的，由环境卫生主管部门责令限期改正；逾期不改正的，处二千元以上二万元以下罚款。

第六十三条 违反本条例第三十六条第一款规定，未经核准擅自处置建筑垃圾的，由环境卫生主管部门责令改正，没收违法所得，处十万元以上一百万元以下罚款。

违反本条例第三十六条第二款规定，将建筑垃圾交由未取得核准的单位或者个人处置的，由环境卫生主管部门责令改正，对单位处二万元以上二十万元以下罚款，对个人处二百元以上二千元以下罚款。

第六十四条 违反本条例第四十五条第一款规定，动物医疗废物产生单位未按照规定将动物医疗废物交由集中处置单位进行无害化处置的，由农业农村主管部门责令改正，处一千元以上一万元以下罚款；造成动物疫病扩散的，处一万元以上五万元以下罚款；情节严重的，吊销动物诊疗许可证、动物防疫条件合格证。

第六十五条 违反本条例第四十六条第六款规定，露天堆放、就地清洗或者违法加工塑料废弃物造成环境污染的，由生态环境主管部门责令改正，处二千元以上二万元以下罚款。

第八章 附 则

第六十六条 液态废物的污染防治，适用本条例；但是，排入水体的废水的污染防治适用有关法律、法规，不适用本条例。

第六十七条 本条例自 2023 年 1 月 1 日起施行。

浙江省全域“无废城市”建设实施方案（2022—2025 年）

为贯彻落实《中共中央 国务院关于深入打好污染防治攻坚战的意见》、生态环境部等 18 部委《“十四五”时期“无废城市”建设工作方案》（环固体〔2021〕114 号，以下简称《国家方案》）和《浙江省人民政府办公厅关于印发浙江省全域“无废城市”建设工作方案的通知》（浙政办发〔2020〕2 号），深化全域“无废城市”建设，制定本方案。

一、总体要求

（一）指导思想

以习近平生态文明思想为指导，贯彻省第十五次党代会精神，锚定中国特色社会主义共同富裕先行和省域现代化先行，对标打造生态文明高地，完整、准确、全面贯彻新发展理念，统筹城市发展与固体废物管理。突出资源化，协同减量化和无害化，强化全链条治理，注重减污降碳协同增效。以数字化改革为牵引，统筹推进一般工业固体废物、危险废物、生活垃圾、建筑垃圾、农业废弃物污染防治，系统推进塑料污染全链条综合治理，提升固体废物治理体系和治理能力现代化水平。促进形成绿色低碳发展方式和生活方式，打造系统集成、高效协同、整体智治、普惠共享的“无废城市”浙江样板，为深入打好污染防治攻坚战，推动实现碳达峰碳中和、建设新时代美丽浙江和高质量发展建设共同富裕示范区提供坚实支撑。

（二）基本原则

系统治理、多跨协同。注重源头治理、系统治理、综合施策。加强横向协同和纵向贯通，形成权责明晰、分工协作、齐抓共管的工作格局。

聚焦短板、除险保安。着力解决固体废物产生强度大、污染风险高、收运体系不健全、治理能力不均衡等突出问题，克难攻坚、精准施策，守住固体废物利用处置安全底线。

数字赋能、整体智治。纵深推进数字化改革，对生产方式、生活方式和治理方式进行全方位、系统性重塑，实现高水平固体废物管理整体智治。

社会共治、普惠共享。普及“无废”知识，传播“无废”理念，培育“无废”文化，构建政府主导、企业主体和公众参与的“无废城市”共建共享机制。

（三）工作目标

到 2025 年，所有设区市及 60% 的县（市、区）通过全域“无废城市”建设评估，固体废物产生强度明显下降，资源化综合利用水平明显提升，无害化处置得到有效保障，环境风险得到有效防范，减污降碳协同效果充分显现。基本建成多跨协同、整体智治固体废物治理体系，“无废城市”建设制度、技术、市场和监管四大体系日趋完善，“无废”理念得到广泛认同，全域“无废城市”建设走在全国前列。

二、主要任务

（一）坚持减量化，提升源头治理能力

1. 推动生产方式绿色低碳发展。以“三线一单”为抓手，有效遏制高耗能、高排放项目盲目发展，从严控制固体废物产生量大、处置难的项目上马。［省发展改革委（省能源局）、省经信厅、省生态环境厅共同牵头，各市、县（市、区）政府负责落实。以下均需各市、县（市、区）政府落实，不再列出］结合工业领域减污降碳要求，推动电力、钢铁、有色、石化、化工、纺织和造纸等重点行业绿色化升级改造，全面推行清洁生产和产品绿色设计，引导企业使用环境友好型原料和再生原料，提高源头替代使用比例，支持固体废物减量化工艺改造，鼓励产废单位内部开展循环利用，协同“绿色低碳工厂”、“绿色低碳园区”、“生态园区”与“无废工厂”、“无废集团”和“无废园区”建设，推动企业内、企业间和区域内资源高效配置，完善绿色制造体系，打造绿色供应链，充分发挥减少资源消耗和降碳协同作用。（省经信厅、省生态环境厅牵头，省发展改革委、省科技厅参与）全面推进绿色矿山建设，推广尾矿等大宗工业固体废物环境友好型井下充填回填，减少尾矿库贮存量。（省自然资源厅、省生态环境厅按职责分工负责）大力发展钢结构等装配式建筑，到 2025 年，装配式建筑占新建建筑比例达到 35% 以上。推进生活垃圾焚烧设施炉型和工艺优化改造，有效降低焚烧灰渣产生量。（省建设厅负责）加快发展现代生态循环农业，积极推广生态种植、生态养殖，开展“肥药两制”改革提质扩面，构建农业投入品“进－销－用－回”全周期闭环体系，减少化肥和农药等农业投入品使用量及其废弃物产生量。到 2025 年，创建“肥药两制”综合试点县 40 个以上。（省农业农村厅负责）

2. 推进生活方式绿色低碳转型。倡导“无废”理念，推动形成绿色低碳生活方式和消费方式。推进塑料污染全链条治理，大幅减少一次性塑料制品使用，推动可降解替代产品应用，加强废弃塑料制品回收利用。（省发展改革委、省生态环境厅共同牵头，省经信厅、省建设厅、省商务厅、省市场监管局等参与）倡导“光盘行动”，以餐饮企业、酒店、机关事业单位和学校食堂等为重点，遏制餐饮行业食品浪费，加强公共机构餐饮节约，加强反食品浪费执法。（省商务厅、省文化和旅游厅、省市场监管局、省机关事务局按职责分工负责）推动杭州、宁波、温州、嘉兴和金华等国家物流枢纽承载城市实现“绿色物流”。加强快递包装绿色治理，提高符合标准的绿色包装材料应用比例，到 2025 年，电商快件基本实现不再二次包装，可循环快递包装应用规模达 150 万个以上，快递行业废包装产生量实现零增长。全面推广应用 45mm 以下“瘦身胶带”和免胶带纸箱，探索减少不可降解塑料包装袋、塑料胶带和一次性塑料编织袋的使用。（省邮政管理局负责）指导会展业制定相关绿色标准，推动办展设施和材料循环使用。（省市场监管局、省商务厅按职责分工负责）

（二）坚持资源化，提升综合利用能力

3. 建设大宗工业固体废物循环利用体系。推动政府引导与市场主导相结合，大力发展循环经济，加强固体废物资源化循环利用，促进绿色高效、高质和高值利用。依托衢州、台州等国家级和海盐等省级资源循环利用基地，推进废钢铁、废有色金属、报废机动车、退役光伏组件、废旧家电、废旧电池、废旧轮胎、废旧木制品、废旧纺织品、废塑料等分类利用，促进资源利用规模化和产业化。进一步拓宽粉煤灰、冶金渣、工业副产石膏等大宗固体废物综合利用渠道，建设 1 个以上国家大宗固体废物综合利用基地和工业资源综合利用基地。以提高循环利用率为目标，加快推进废旧纺织品循环利用，构建绿色低碳产业体系和循环利用体系。（省发展改革委、省经信厅牵头，省生态环境厅、省商务厅参与）实施危险废物综合利用攻坚行动。深化重点地区、重点行业危险废物“点对点”利用试点，温州、湖州、绍兴、金华和台州等地要加快建设生活垃圾焚烧飞灰或工业废盐综合利用等项目，探索建设活性炭集中再生中心，提升各类污染物综合协同治理能力，拓宽工业危险废物资源化利用渠道。到2025年，全省危险废物填埋处置占比控制在5%以内，实现“趋零填埋”。（省生态环境厅负责）

4. 推进建筑垃圾和生活垃圾资源化利用。推进建筑垃圾分类运输、分类处理，促进回收及资源化利用。推动规模化建筑垃圾资源化利用示范项目建设，将符合标准的建筑垃圾资源化产品列入新型墙材、绿色建材等目录，鼓励建筑垃圾再生骨料及制品在建筑工程和道路工程中应用，在城市更新和存量住房改造提升中优先应用建筑垃圾再生产品。推动在土方平衡、林业用土、环境治理、烧结制品及回填等领域广泛利用经处理后的建筑垃圾。将建筑垃圾综合利用及再生产品应用纳入“绿色建筑”“绿色建造”等评价体系，到2025年底，建筑垃圾综合利用率达到90%以上。（省建设厅、省经信厅、省财政厅按职责分工负责）完善生活垃圾分类投放、分类收集、分类运输和分类处理系统，构建城乡融合的生活垃圾治理体系，完善农村环卫保洁制度，构建废旧物资循环利用体系，提升厨余垃圾资源化利用能力，着力打通堆肥、沼渣等产品应用渠道。（省发展改革委、省建设厅、省农业农村厅、省商务厅按职责分工负责）

5. 提升农业固体废物资源化利用水平。促进秸秆肥料化、饲料化、燃料化、基料化和原料化，加大秸秆资源化利用先进技术和新型市场模式的集成推广，推动形成长效运行机制。推进社会化畜禽粪污处理和资源化利用，促进畜禽粪污综合利用。鼓励和引导农民增施有机肥。健全废旧农膜、化肥与农药包装、渔网废旧农资利用体系，推动农业固体废物收储中心建设。到2025年，畜禽粪污资源化利用和无害化处理率保持在92%以上，农作物秸秆综合利用率达到96%以上。（省农业农村厅负责）

（三）坚持无害化，提升安全处置能力

6. 提升处置保障能力。制定工业固体废物污染防治、危险废物集中处置设施建设、废旧家电处理等专项规划，布局新建一批工业固体废物、医疗废物、废旧家电拆解、建筑垃圾和生活垃圾处置设施，动态补齐危险废物处置能力结构性缺口。2022年底前，各县（市、区）拥有1个以上建筑垃圾处置设施，2025年底前设区市建筑垃圾产消能力基本平衡。（省生态环境厅、省建设厅牵头、省发展改革委参与）统筹危险废物、生活垃圾等处置设施，建立涉疫废物和医疗废物处置“平战”快转机制，提升应急处置能力。（省生态环境厅牵头、省建设厅、省卫生健康委参与）

7. 推进处置设施提档升级。按照“排放清洁、技术先进、外观美丽、管理规范”要求，整合一批规模小、负荷低、附加值低的综合利用项目，淘汰技术装备落后、管理粗放的利用处置设施，鼓励龙头企业做大做强，到 2025 年，危险废物利用处置行业提档升级完成率达 50%，培育打造 10 家以上危险废物利用处置领跑企业。（省生态环境厅负责）加快利用先进适用技术，改造一批老旧生活垃圾焚烧设施，提升焚烧装备对垃圾特性的适应性、长期运行的可靠性、污染控制的稳定性，生活垃圾焚烧设施技术装备水平全国领先。（省建设厅负责）

8. 开展固体废物环境清理整治。实施生活垃圾填埋场综合治理行动，组织各地编制实施填埋场“一场一策”治理方案，发布填埋场封场后评价规范，到 2025 年，基本完成全省生活垃圾填埋场封场和生态修复治理任务。开展历史存量建筑垃圾治理，对堆放量较大、集中的堆放点，经治理评估后达到安全稳定要求的进行生态修复。（省建设厅牵头，省生态环境厅参与）建立健全工业固体废物、生活垃圾等固体废物非正规填埋场（倾倒点）和非正规回收、利用、处置点排查清理和长效监管机制，开展动态排查与分类整治，有效消除污染隐患。（省生态环境厅牵头、省建设厅、省农业农村厅、省水利厅参与）深入开展塑料垃圾专项清理整治，严控塑料垃圾进入水域，推进江河湖海塑料垃圾清漂行动，解决塑料垃圾污染问题。（省发展改革委、省生态环境厅、省水利厅、省建设厅、省自然资源厅、省农业农村厅按职责分工负责）

（四）坚持体系化，提升收集运输能力

9. 健全危险废物专业化收运体系。推动小微产废单位危险废物收运平台提质扩面，提升收运平台规范化和标准化运营水平。覆盖范围向实验室、汽修行业等扩展延伸，到 2022 年，实现小微产废企业危险废物收运覆盖率 100%。完善“小箱进大箱”的医疗废物收运体系，推行分级转运，建立健全与疫情响应级别相适应的涉疫废物应急收集运输响应机制，强化涉疫废物应急运输能力保障，确保医疗废物、涉疫废物及时收运。（省生态环境厅、省卫生健康委、省交通运输厅按职责分工负责）

10. 推动一般工业固体废物、生活垃圾和再生资源收运“三网融合”。各设区市、县（市、区）要统筹规划，充分利用、整合现有收运平台、分拣中心和交投网点，加快构建满足一般工业固体废物、可回收生活垃圾和主要再生资源回收利用实际需求的收运体系。2022 年底前，各县（市、区）至少建成 1 个一般工业固废收运平台或生活源再生资源分拣中心。到 2025 年，统一收运体系覆盖所有县级行政区，实现精准化源头分类、专业化二次分拣、智能化高效清运、最大化资源利用。（省生态环境厅、省建设厅、省商务厅按职责分工负责）

11. 健全政府引导、企业主体、农户参与的农业固体废物收集体系，建立健全动物医疗废物统一收运体系。到 2025 年，废旧农膜回收率达到 85% 以上，农药废弃包装物回收率达到 90% 以上。（省农业农村厅牵头，省生态环境厅、省供销社参与）

（五）坚持数字化，提升整体实战能力

12. 迭代升级和融合贯通数字化监管平台。持续迭代“无废城市在线应用”，积极探索开发相关模型算法，提升应用智治能力。开发上线涉疫废物监管、废旧家电拆解等模块，制定“无废城市在线”数字化应用标准，实现五大类固体废物数据信息互联互通、主平台和子模块高效协同、省市县三级贯通，提升系统实战实用功能。深化“无废指数”研究，加快形成更科学、更具代表性的“无废城市”建设水平智能评价体系。升级“浙江危险废物在线”，全面应用“浙固码”、打造浙固链，实行“产生赋码、转移扫码、处置销码”。深度对接“浙运安”“浙里净”，聚焦固体废物“底数、流向”两个风险点，抓住“时间、数量”两个关键点，强化物联感知，依托生态环境大脑，建立固体废物治理模型库、算法库、知识库、规则库，开展多源数据分析和模式计算，探索开发固体废物审批智能速办、产运处风险预警等应用场景。扩大生活垃圾闭环监管场景应用覆盖面，建成建筑垃圾数字化监管场景，到 2025 年，“浙固码”应用实现联网企业智能化动态全覆盖，基本建成生活垃圾、建筑垃圾全生命周期数字化监管体系，固体废物数字化治理水平显著提升。（省生态环境厅、省建设厅共同牵头，省公安厅、省卫生健康委、省交通运输厅、省农业农村厅参与）

（六）坚持精准化，提升监管执法能力

13. 强化固体废物监管执法。建立危险废物环境风险区域联防联控机制，强化跨区域、跨部门信息共享、监管协作和联动执法机制，形成工作合力。强化行政执法与刑事司法、检察公益诉讼的协调联动，严厉打击非法排放、倾倒、收集、贮存、转移、利用或处置各类固体废物等违法犯罪行为。加大对违法企业和个人在信用、税收、金融等方面的联合惩戒，实施生态环境损害赔偿制度，形成高压震慑态势。开展覆盖 11 个设区市的塑料污染治理联合专项行动。健全环保信用评价体系，推动将一般工业固体废物重点产生单位和利用处置单位纳入环保信用管理。加快开展一般工业固体废物和危险废物治理排污单位排污许可证核发，督促和指导企业全面落实固体废物排污许可事项和管理要求。（省生态环境厅牵头，省公安厅、省建设厅、浙江省税务局、人行杭州中心支行、浙江银保监局参与）

（七）坚持集成化，提升综合支撑能力

14. 强化法规和政策支撑。修订《浙江省固体废物污染环境防治条例》，将“无废城市”理念融入立法原则，将成熟的工作举措固化为法律规定，提升全域“无废城市”建设法治化水平。鼓励各地开拓创新、探索实践，因地制宜出台一般工业固体废物、建筑垃圾、农业固体废物、塑料制品等固体废物治理法规政策。（省生态环境厅牵头，省建设厅、省农业农村厅等参与）发布低价值可回收物名录，各地应因地制宜制定回收利用专项扶持政策。深化固体废物分级分类管理、生产者责任延伸、再生资源绿色采购等制度创新，提高综合管理效能。（省生态环境厅、省建设厅、省发展改革委、省商务厅、省财政厅等按职责分工负责）

15. 强化技术和标准支撑。加大固体废物源头减量、资源化利用和无害化处置科技投入、技术推广、模式创新，推动企业、高校、科研院所开展产学研合作和协同技术攻关，在生活垃圾焚烧飞灰和工业废盐等资源化等方面取得关键性技术突破，以碳达峰碳中和领域“尖兵”“领雁”研发攻关项目为载体，推进固体废物处置和资源化利用。积极开展固体废物资源化利用碳减排核算研究。探索废气、废水、固体废物一体化协同治理解决方案。加快制定危险废物利用处置设施建设、危险废物经营单位分级评价等系列标准，完善建筑垃圾资源化制度标准体系。（省科技厅、省经信厅、省生态环境厅、省建设厅、省市场监管局按职责分工负责）

16. 强化市场和资金支撑。优化市场营商环境，鼓励各类市场主体参与“无废城市”建设，建立完善多元化投入渠道，吸引国有和民营龙头企业加大固体废物治理投入，保障固体废物集中处置等重大公共基础设施建设。（省发展改革委牵头、省生态环境厅参与）落实固体废物资源化利用和无害化处置税收、价格和收费等政策，加快制定并落实生活垃圾处理收费制度，突出分类计价、计量收费。建立危险废物、医疗废物处置价格动态调整机制。（省发展改革委、浙江省税务局牵头、省生态环境厅、省建设厅、省卫生健康委参与）鼓励金融机构加大金融支持力度。在危险废物经营行业全面推行环境污染责任保险。加大资源综合利用产品的政府采购支持力度。（省财政厅、省生态环境厅、中国人民银行杭州中心支行、浙江银保监局按职责分工负责）

（八）坚持多元化，提升社会参与能力

17. 高标准打造“无废亚运”。将“无废城市”建设理念融入亚运会筹备、举办和赛后利用的全过程、各领域和各环节。统筹“无废亚运”与固体废物管理，各类固体废物能减尽减，办会物资可用尽用。构建亚运会固体废物减量工作体系，全民参与行动体系和数字化评价体系，形成可复制可推广的“无废赛事”实施指南。（省生态环境厅牵头，省建设厅、省体育局、省卫生健康委、省市场监管局参与）

18. 积极营造全民参与氛围。传播“无废”理念，提升“无废城市”建设巡礼品牌影响力，加强主流媒体与新媒体的融合互动，形成立体宣传体系。培育“无废文化”，将绿色生产生活方式等内容纳入教育培训体系。积极引导和激励企业和单位践行“无废”理念，激发技术和模式创新，每年面向社会评选和公布一批最佳实践案例，颁发“清源杯”。鼓励使用资源循环化利用的再生制品，推动形成简约适度、绿色低碳、文明健康的生活方式和消费模式。将“无废细胞”建设融入绿色低碳示范创建体系，积极推动工厂（集团）、园区、学校、机关、社区、乡村、家庭、医院、景区、饭店、场馆、工地和快递驿站等开展建设，建成“无废细胞”的单位允许使用浙江省“无废城市”LOGO开展宣传活动，扩大全社会影响力，到2025年，累计建设10000个左右“无废细胞”。（省全域“无废城市”建设工作专班各相关成员单位按职责分别负责、省机关事务局参与）

三、保障措施

（一）加强组织领导

各市、县（市、区）人民政府是“无废城市”建设主体，健全统筹协调机制，加大推进力度，生态环境部门要充分发挥牵头抓总作用，依托“无废城市”建设工作专班，协同各相关部门抓好“无废城市”建设实施，推进重大项目落地，强化政策、资金和技术等供给。省级有关部门要加强对各地“无废城市”建设相关领域任务实施监督指导。每年年底前，各设区市人民政府和省级各有关单位应做好“无废城市”建设工作总结，并于次年1月底前报送省美丽浙江建设领导小组办公室。

（二）认真编制方案

各设区市要贯彻《国家方案》和本方案要求，结合本地区行业特色和产业特点，坚持问题导向、目标引领，认真编制本地全域“无废城市”建设实施方案，建立目标清单、任务清单、项目清单和责任清单，列出时间表、画出作战图，落实落细举措，定期自查评估，有力有序推进全域“无废城市”建设。

（三）严格考核评估

全域“无废城市”建设相关工作纳入美丽浙江建设和污染防治攻坚战年度考核。省生态环境厅会同省级相关部门依据《浙江省全域“无废城市”建设管理规程》和《浙江省全域“无废城市”建设指标与评估细则》，每年组织综合评估。依据综合评估结果，省级财政对首次通过评估或升“星”的设区市、县（市、区）予以适当奖补，对出现降“星”或撤“星”的，按有关规定回扣奖补资金。鼓励各地出台奖励政策，激励企业和公众参与“无废城市”建设。（省生态环境厅牵头、省全域“无废城市”建设工作专班成员单位参与）

浙江省全域“无废城市”建设管理规程

第一章 总 则

第一条 为深化全域“无废城市”建设，规范“无废城市”建设组织实施、市县申报、核查评估和监督管理等工作，制定本规程。

第二条 全域“无废城市”建设是深入贯彻习近平生态文明思想的具体行动，是打好污染防治攻坚战、实现减污降碳协同增效的内在要求，是高水平建设新时代美丽浙江、高质量发展建设共同富裕示范区的重要举措。

第三条 全域“无废城市”建设坚持目标引领、问题导向，数字赋能、多跨协同，多元参与、联治共建。

第二章 组织实施

第四条 省全域“无废城市”建设工作专班（以下简称“省专班”）统筹指导和综合协调建设工作，省美丽浙江建设领导小组办公室（以下简称“省美丽办”）承担日常工作。

第五条 各市、县（市、区）应加强对“无废城市”建设组织领导，建立政府负责人为组长、相关部门参与的相应专班，建立工作机制，编制“无废城市”建设实施方案，建立目标清单、任务清单、项目清单和责任清单，并分年度制定实施计划，抓好任务分解和措施落实。

第六条 以数字化改革为牵引，省生态环境厅、省建设厅牵头，省美丽办成员单位共同参与迭代开发“无废城市在线应用”，形成多跨协同、上下贯通的固体废物治理体系，提升固体废物整体智治水平。

各市、县（市、区）应通过“无废城市在线应用”平台填报指标数据，开展日常监管与调度。

第三章　市县申报

第七条　符合下列条件的设区市、县（市、区）可于每年 3 月底前向省美丽办提出上一年度“无废城市”建设评估申请，其中县（市、区）应通过设区市初审后提出申请：

（一）制定全域“无废城市”实施方案并已发布；

（二）相关制度得到严格落实，省专班各成员单位的“无废城市”年度工作计划与应急任务、信息调度机制、宣贯推介机制、联防联控机制等按要求有效开展。

第八条　申报自然年存在下列情况不得申报：

（一）发生涉固体废物倾倒等环境污染事件，被党中央、国务院和国家有关部委、省委省政府领导批示否定的；

（二）在中央巡视、中央生态环保督察、省委生态环境保护督察等省级以上督察检查中，发现涉固体废物污染环境重大问题且未按计划完成整改的；

（三）被中央媒体或长江经济带生态环境警示片曝光固体废物污染环境问题，未按要求完成整改的；

（四）涉固体废物环境信访举报案件未及时办理，办结率低于 95% 的；

（五）发生因监管不力，失职渎职导致发生重大固体废物环境违法案件及固体废物管理党风廉政出现问题且性质严重、影响恶劣的；

（六）上一年度评估过程中出现材料造假或反馈整改问题未按要求完成整改的；

（七）发现其他重大问题的。

第九条　申报地区应当提交以下材料：

（一）申报函和工作报告；

（二）全域“无废城市”建设技术报告，主要包括第七条、第八条所列条件符合情况，“无废城市”建设各项指标年度目标完成情况，任务清单、项目清单和责任清单完成情况；

（三）申报自然年建设指标完成情况的证明材料及必要的佐证材料；

（四）县（市、区）申报应提供设区市初审意见。

第十条　各设区市应对照第七条、第八条规定，及时组织拟申报的县（市、区）“无废城市”建设工作进行初审，并提出书面初审意见。

第四章 核查评估

第十一条 依据《浙江省全域“无废城市”建设指标和评估细则》，采用定量和定性结合的方法对各市、县（市、区）申报进行核查评估。评估内容包括指标体系、工作体系、政策体系和评价体系四部分，总分为150分。

第十二条 省美丽办组织省专班成员单位对申报地区开展核查评估，评估程序包括专家审查、现场核查、满意度调查和部门联审等。

（一）专家审查和部门联审主要包括：第七条、第八条所列条件符合情况，建设指标完成情况及相关证明材料的真实性和有效性，“无废城市”建设模式典型性、代表性和可推广性等；

（二）现场核查主要包括：涉及固体废物督察、信访等问题整改落实情况，专家审查和部门联审中需要核实的问题等；

（三）满意度调查委托省民调中心开展。

第十三条 核查评估结果根据综合分（S）设三星、四星和五星三个等级：$100 \leqslant S<120$ 分为三星级，$120 \leqslant S<140$ 分为四星级，$S \geqslant 140$ 分为五星级。

第十四条 核查评估中发现申报市县不符合第八条所列条件的或出现第九条所列情形的，省美丽办将终止核查评估。对存在弄虚作假行为、设区市初审意见严重失实等情况的，予以通报批评并在相关考核中予以扣分。

第十五条 省美丽办组织省专班成员单位对核查评估结果进行集体审议或书面征求意见；审议通过或征求意见无异议的，予以5个工作日的公示；公示后按程序报经省政府同意，以省美丽浙江建设领导小组办公室名义公布。

第十六条 已通过“无废城市”建设评估的市、县（市、区）不申请提升星级的，每年应对照《浙江省全域“无废城市”建设指标和评估细则》进行自查，编制年度“无废城市”建设自查报告，经同级人民政府同意后于3月底前报省美丽办。对申请提升星级的，按首次申报规定执行。

第五章 监督管理

第十七条 评估结果纳入美丽浙江建设年度考核，并作为省级生态环境保护专项资金的分配因素。

第十八条　已通过“无废城市”建设评估的市、县（市、区）出现第八条所列情形的，省美丽办将预警，并要求限期整改；未按时按要求完成整改的，省美丽办将报请省政府同意后，予以降低星级或撤销星级。

第十九条　核查评估人员在市县申请、核查评估等工作中，不得透露工作秘密，严格落实廉洁自律责任，自觉遵守相关程序和规范。

第六章　附　则

第二十条　浙江省全域“无废城市”建设工作指标和评估细则由省美丽办制定发布，并根据国家“无废城市”最新指标及各地实施情况适时更新。

第二十一条　本规程自印发之日起施行，由省美丽办负责解释。

浙江省工业固体废物污染环境防治规划（2022—2025年）

为深入贯彻习近平生态文明思想，全面提升工业固体废物污染防治、资源化利用和环境风险防控水平，推动减污降碳协同增效，促进经济社会绿色发展，根据《中华人民共和国固体废物污染环境防治法》《浙江省固体废物污染环境防治条例》等法律法规要求，制定本规划。

一、背景与形势

（一）“十三五”以来主要成效

“十三五”以来，我省以习近平生态文明思想为指导，深入践行“绿水青山就是金山银山”理念，高标准打好清废攻坚战，在全国率先开展全域“无废城市”建设，深入推进危险废物专项整治，着力推动工业固体废物资源化利用，加快构建工业固体废物产生、贮存、转运和利用处置全过程的监管体系，取得明显成效。

1. 推进机制更加健全。将工业固体废物污染防治纳入全域“无废城市”建设，横向联动、纵向贯通的推进机制更加有力。围绕打赢清废攻坚战，陆续出台《浙江省清废行动实施方案》《浙江省全域“无废城市”建设工作方案》《浙江省强化危险废物监管和利用处置能力改革实施方案》等制度文件，在全国率先实施危险废物闭环监管“一件事”改革，系统谋划、整体推进工业固体废物污染防治的制度体系基本形成。

2. 减量化、资源化、无害化水平加快提升。创建国家级绿色工厂 213 家、国家级绿色工业园区 14 个、绿色供应链示范企业 46 家、绿色设计产品 350 种。大力推动制造业类产业园区循环化改造，形成以电厂粉煤灰、钢铁厂冶金渣等大宗工业固体废物综合利用为重点的企业循环型产业链。着力推动统一收运体系建设，2021 年底小微单位危险废物收运体系实现县级行政区全覆盖，建成一般工业固体废物收运平台 183 个，服务企业超过 14 万家。全省危险废物利用处置能力达 1207 万吨 / 年，是 2015 年的近

3 倍，历史性实现设区市产处能力平衡。一般工业固体废物综合利用率 98%，高出全国水平 20 个百分点。

3. 数字化治理迈出坚实一步。开发“无废城市在线”数字化综合应用，构建“1+7+N”（1 个主驾驶舱、7 大模块、N 个子场景）的框架体系，实现省市县三级贯通、五大类固废多跨协同。上线以来，覆盖危险废物和一般工业固体废物产生单位 17.6 万家、运输单位 2.5 万家、处置单位 742 家，监控危险废物和一般工业固体废物转运处置 165 万批次、2989 万吨，线上预警 15 万批次，基本构建了全过程闭环监管体系。2021 年，获评全省数字化改革“最佳应用”，我省被生态环境部列为全国首个“无废城市”建设数字化改革试点。

4. 污染风险管控能力有效提升。开展工业固体废物专项整治、危险废物专项治理百日攻坚、危险废物动态“存量清零”等系列专项行动。2021 年以来，累计排查涉工业固体废物企业 10.2 万家，立案查处 3600 多件，最大限度将工业固体废物污染隐患消除在萌芽状态，工业危险废物非法转移处置、倾倒行为有效遏制。

（二）存在的主要问题

1. 产生量和污染风险依然较大。大量消耗、大量废弃的生产模式还未根本转变，全省工业固体废物年产生量 4600 万吨，电力、钢铁、化工、纺织和造纸等 5 个行业产生量占 76%，而相应减量措施不够有力、效果还不明显。全省工业固体废物产生强度较大，污染问题仍时有发生。

2. 回收、利用和处置环节仍有短板。一般工业固体废物统一收运体系尚在建设中，与可再生垃圾分拣、再生资源回收网络融合度不够高、统一收运惠及面还不够广。上规模、技术强的回收利用骨干企业数量偏少，分类后的“可回收固废”转化为“再生资源”的渠道还比较狭窄、不够稳固。飞灰、废盐等特定种类危险废物以及废玻璃、废布料等低附加值一般工业固体废物，利用处置能力仍存在明显缺口。部分早年建设的危险废物利用处置设施技术装备水平较为落后、运行管理不够规范，安全和污染风险突出。

3. 治理体系和能力亟待完善提升。一般工业固体废物监管制度尚不健全，产生、利用和处置情况的统计不够全面，底数不够清晰。重点行业源头减量的压力传导机制还不够有效，企业主动减量积极性不够高。工业固体废物再生利用产品认证标准缺失，制约了行业做大做强。一般工业固体废物数字化监管刚刚起步，近 50% 的产生单位还未联网监控。

（三）面临形势

“十四五”时期，我省将迈上高水平建设社会主义现代化、高水平建设新时代美丽浙江的新征程。在减污降碳协同大格局和深化“无废城市”建设大背景下，工业固体废物污染防治进入新阶段，面临新机遇、新挑战。

1. 高水平打造生态文明高地为工业固体废物污染防治提出了新需求。省委作出“努力建设展示人与自然和谐共生、生态文明高度发达的重要窗口”部署要求，全省上下进一步深化新时代美丽浙江建设，奋力打造人与自然和谐共生的生态文明高地。作为五大类固废重要组成部分，防治工业固体废物污染不但要在无害化上规范力行，更要在减量化、资源化上做足文章。

2. “无废城市”建设全域深化为工业固体废物污染防治提供了新基础。“十四五”时期，我省 11 个市全部入列国家“无废城市”建设试点，全力统筹城市发展与固体废物治理，整体推进各类固体废物减量化、资源化、无害化，打造系统集成、高效协同、整体智治、普惠共享的“无废城市”浙江样板。全省上下抓好工业固体废物污染防治的决心更大、力度更强、措施更实。

3. 数字赋能变革重塑为工业固体废物污染防治提供了新动能。“无废城市在线”数字化应用持续迭代升级，工业固体废物领域联网监控、物联感知、智能预警、科学决策能力不断提升。《浙江省固体废物污染环境防治条例》修订并颁布实施，工业固体废物统一收运、电子联单、工业园区循环化改造、生产者责任延伸等改革举措固化为法律规定，为污染防治提供了有力保障。

二、总体思路

（一）指导思想

以习近平生态文明思想为指导，认真贯彻党的二十大和省第十五次党代会精神，全面落实省委、省政府关于新时代美丽浙江建设和固体废物污染防治各项决策部署，坚持精准治废、科学治废、依法治废、数字治废，以有效防范环境风险为目标，以全域“无废城市”建设为抓手，聚焦减量化、资源化、无害化，着力推动高质量打赢工业固体废物治理攻坚再升级，建立健全减污降碳协同增效在工业固体废物治理领域的关键路径与政策体系，助力经济社会绿色转型，争创工业固体废物污染防治先行示范省。

（二）基本原则

问题导向，系统推进。以突出问题为突破口，按照减量化、资源化、无害化原则，强化工业固体废物产生、收运、利用处置全过程监管，坚持因地制宜、合理布局、部门联动、共建共享，系统推进工业固体废物污染防治。

创新驱动，绿色低碳。把创新作为工业固体废物污染防治工作的关键引擎，秉持绿色低碳理念，强化制度创新、技术创新、体制机制创新，加强源头减量控制，不断打通资源化通道、拓展资源化路径，实现减污降碳协同增效。

数字赋能，变革重塑。以数字化改革为牵引，坚持“整体智治”理念，推进工业固体废物污染防治数字化转型，以数字化手段提升工业固体废物治理体系和治理能力现代化水平。

政府主导，多元共治。以政府为主导，企业为主体，社会组织和公众共同参与工业固体废物污染防治工作，发挥国家级工业园区、头部工业企业的引领示范作用，激发工业企业固体废物污染防治主动性、积极性和创造性。

（三）主要目标

到 2025 年，工业固体废物产生强度稳中有降，利用处置能力富余、结构合理、布局优化，利用处置设施全面升级，低碳利用方式和先进技术装备得以普及，数字化治理覆盖面大幅提升，产业得到较大发展。培育一批具有全国影响力的工业固体废物治理领跑企业，形成较强创新引领、产业带动和降碳示范效应。“无废”理念在工业领域得到广泛认同，工业固体废物治理体系和治理能力现代化水平进一步提升。

表 1　浙江省工业固体废物污染防治主要目标（2022—2025 年）

目标类别	序号	具体目标	2021 年	2023 年	2024 年	2025 年
减量化目标	1	工业固体废物产生强度（吨 / 万元）	0.22	0.22	0.21	0.20
资源化目标	2	一般工业固体废物综合利用率（%）	98	98	>98	>98
	3	工业危险废物综合利用率（%）	70	70	75	80

续表

目标类别	序号	具体目标	2021 年	2023 年	2024 年	2025 年
无害化目标	4	工业危险废物填埋控制比例（%）	16.1	14.5	10	≤ 5
	5	危险废物利用处置行业提档升级完成率（%）	69.5	75	85	90
管理类目标	6	工业固体废物重点企业联网监控率（%）	50	70	80	90
收运体系目标	7	小微产废企业危险废物统一收运覆盖率（%）	99	100	100	100
	8	一般工业固体废物统一收运覆盖率（%）	55	70	85	100

三、重点任务

（一）推动工业固体废物源头减量

1. 严格项目准入管理。研究制定行业整治、项目准入等相关政策措施，严格按照工业固体废物和危险废物治理等相关技术规范核发排污许可。探索新改扩建项目基于现有利用处置能力以及与现有建设项目的资源耦合立项审批程序。严控产生需填埋处置工业固体废物的建设项目。从严把关新建项目环评工业固体废物污染防治内容审查和验收。按国家名录限期淘汰产生严重环境污染的工业固体废物的落后生产工艺设备，按照增加碳汇、减少碳源的原则，限制和淘汰落后的高能耗、高污染产业。

2. 推进清洁生产改造。推行重点工业产品绿色设计，引导企业使用环境友好型原料，推广易拆解、易分类、易回收的产品设计方案，提高再生原料替代使用比例。推动石化、化工、造纸、印染、电镀和有色金属冶炼等重点行业清洁生产改造提升。开展工业固体废物产生强度核算，加快探索钢铁、有色金属冶炼、化工、建材、造纸等重点行业工业固体废物减量化路径。

3. 培育示范建设单元。加快绿色园区建设，推动园区企业内、企业间和产业间物料闭路循环，推进废水、废气、工业固体废物协同治理体系，推动形成工业固体废物共享消纳、集成控制、转化利用为核心的生态链接发展模式，助力减污降碳协同增效。

进一步完善“无废工厂”评价体系，推进形成一批工业固体废物产生量小、循环利用率高的示范企业。到 2025 年，建成“无废工厂”100 家以上。

专栏 1

工业固体废物减量工程

1. 严格项目准入管理。研究制定行业整治、项目准入等相关政策措施，严格规范核发排污许可，从严把关新建项目环评工业固体废物污染防治内容审查和验收，限制淘汰高能耗、高污染产业。

2. 重点行业清洁生产改造项目。推动石化、化工、造纸、印染、电镀和有色金属冶炼等重点行业清洁生产改造提升。

3. 园区和行业减量示范项目。通过飞灰高温熔融无害化处置、炉窑煤改气技改等升级改造措施，减少固体废物产生。到 2025 年，开展固体废物源头减量项目 100 个以上，建成“无废工厂”100 家以上。

（二）健全工业固体废物收集转运体系

4. 落实工业固体废物分类安全贮存要求。严格落实国家危险废物、一般工业固体废物名录和贮存标准，全面推行工业固体废物分类贮存。加强对贮存废弃危险化学品以及具有易燃性、挥发性、反应性危险废物的企业的风险排查，切实防范贮存安全风险，消除安全隐患。

5. 健全一般工业固体废物统一收运体系。以县（市、区）为单位，充分利用现有固体废物分拣中心、交投网点，建设一般工业固体废物收运体系，实现精准化源头分类、专业化二次分拣、智能化高效清运、最大化资源利用。推动电子电器、车用电池、光伏太阳能电池板、风力发电机叶片等生产单位，按照生产者责任延伸制度相关要求，建立多渠道回收体系。到 2025 年，一般工业固体废物收运体系覆盖率 100%。

专栏2

一般工业固体废物收运工程

1. 工业固体废物分类安全贮存。严格落实分类贮存标准，全面推行工业固体废物分类贮存。贮存危险废物，应当安装报警或监控装置，切实防范贮存安全风险。建设一般工业固体废物及生活源废旧物资收集、分拣、打包、分类利用项目。

2. 一般工业固体废物收运体系建设。到2025年，新建成一般工业固体废物收运分拣平台15个以上。新改扩建再生资源回收中心，实现一般工业固体废物有效分拣，高效回收利用。到2025年，一般工业固体废物收运体系覆盖率100%。

6. 推动危险废物统一收运体系提质增效。完善小微产废单位危险废物统一收运政策标准，建立考核评价和退出机制。督促落实收运单位主体责任，进一步提升智能化物流仓储、规范化管理、标准化运营和安全生产能力水平。支持收运单位为产废单位提供危险废物分类、收集、暂存、预处理、申报、建章立制等延伸服务。到2025年，全省危险废物统一收运体系专业化、标准化和安全生产水平明显提升，实现动态全覆盖。

专栏3

小微收运迭代升级工程

1. 完善危险废物统一收运规范。印发《小微产废单位危险废物收运体系建设运行监督管理办法》，完善小微产废单位危险废物统一收运政策标准，建立考核评价和退出机制。提倡各地区完善危险废物统一收运规范。

2. 提升危险废物物流仓储和生产能力水平。支持收运单位提供危险废物分类、收集、暂存等延伸服务，鼓励收运社会源危险废物，支持和指导各地小微收运平台改造升级。

（三）全面提升资源利用水平

7. 实施危险废物“趋零填埋”攻坚行动。以石油化工、制药、农药、染料化工、合成树脂等行业为重点，落实高盐废水分类收集、提盐后分质预处理。鼓励符合条件的现役危险废物集中处理单位进行适配改造协同处理焚烧灰渣，稳步推进高温熔融、高温烧结和低温热分解等焚烧飞灰新处理技术研究和工程示范。鼓励氯碱、联碱、合成氨等在产企业配套建设废盐精制除杂等预处理设施，协同利用满足使用要求的废盐。到 2024 年底，全省焚烧灰渣年资源化利用能力不低于 120 万吨，新增废盐年集中预处理、协同处理能力 30 万吨；2025 年全省危险废物填埋比控制在 5% 以内。

专栏 4

危险废物“趋零填埋”工程

1. 危险废物新处理技术研究和工程示范。鼓励符合条件的现役危险废物集中处理单位进行适配改造协同处理焚烧灰渣，推进高温熔融、高温烧结和低温热分解焚烧飞灰等新处理技术研究和工程示范。到 2024 年底，全省焚烧灰渣年资源化利用能力不低于 120 万吨。

2. 企业配套建设预处理设施。氯碱、联碱等在产企业配套废盐精制除杂等预处理设施，协同利用满足使用要求的废盐。到 2024 年底，新增废盐年集中预处理、协同处理能力 30 万吨。鼓励各市相关企业进行配套设施建设，推动危险废物“趋零填埋”工程项目建设。

8. 推进工业园区循环化改造。根据物质流和产业关联性，优化园区内的企业、产业和基础设施的空间布局，体现产业集聚和循环链接效应。按照“横向耦合、纵向延伸、循环链接”原则，建设和引进关键项目，合理延伸产业链，推动产业循环式组合、企业循环式生产，促进项目间、企业间、产业间物料闭路循环、物尽其用，切实提高资源产出率。园区重点企业全面推行清洁生产，促进原材料和废弃物源头减量。加强资源深度加工、伴生产品加工利用、副产物综合利用，推动产业废弃物回收及资源化利用。组织重点工业园区开展“无废园区”建设，到2025年，建成“无废园区”30家以上，“无废集团”“无废基地”实现突破。

专栏5

园区循环化改造工程

1. 优化园区空间布局，推动产业循环。建设和引进关键项目，优化企业各部分循环空间布局，促进物料等物尽其用，提高资源产出率。

2. 园区重点企业全面推行清洁生产。机械制造油性漆转化为塑粉喷涂、运用低挥发性原料，清洁生产促进原材料和废弃物源头减量。鼓励各地积极申报园区循环化改造工程试点建设。到2025年，建成“无废园区”30家以上，“无废集团”“无废基地”建设实现突破。

9. 强化工业固体废物综合利用。聚焦粉煤灰、煤矸石、冶金渣、工业副产石膏、尾矿等重点品种，大力推广使用大宗工业固体废物综合利用先进技术、装备、产品，实施具有示范作用的重点项目，建设至少1个国家大宗固体废物综合利用基地和工业资源综合利用基地，不断提升粉煤灰、冶炼渣、工业副产石膏等大宗工业固体废物的综合利用能力，扩大利用规模。到2025年，一般工业固体废物综合利用率保持98%以上，最大限度减少一般工业固体废物填埋。

10. 加强资源综合利用企业和市场建设。培育和扶持一批技术先进、资源化利用能力强、具有行业带动作用的资源综合利用示范企业。培育废钢铁、废有色金属、废塑料、废旧轮胎、废纸、废弃电器电子产品、废旧动力电池、废油、废旧纺织品等主要再生资源循环利用龙头骨干企业，推动资源要素向优势企业集聚。鼓励行业龙头企业通过兼并重组等方式做大做强。支持经营规模较大和拥有一定数量回收网点基础的再生资源回收企业开展高效、高质、高值再生资源综合利用示范项目建设。按需建立健全工业固体废物综合利用标准体系建设，强化保障综合利用产品的市场化推广。

专栏 6

再生资源综合利用示范工程

1. 大宗固体废物综合利用基地建设。建设至少 1 个国家大宗固体废物综合利用基地和工业资源综合利用基地。在杭州、温州、衢州等市建设一批一般工业固体废物资源化利用项目，推动炉渣、废砖和建筑垃圾等大宗固体废物资源化利用。

2. 资源综合利用企业和市场建设。培育和扶持一批技术先进、资源化利用能力强、具有行业带动作用的资源综合利用示范企业。在杭州、宁波、绍兴等地开展建设 120 个以上资源化利用项目，对废润滑油、废乳化液、焊渣、石英砂和萤石等废物分类回收利用。

11. 推进工业固体废物利用减污降碳协同。开展“无废城市”碳减排核算方法研究，找准工业固体废物资源化利用与碳达峰碳中和工作契合点。在石化、印染、钢铁、纺织等重点行业，绿色工厂、“无废工厂”等重点企业开展工业固体废物利用过程碳足迹核算，推进减污降碳协同控制技术工艺改造，探索减污降碳协同新模式。推动实施工业固体废物替煤降碳工程，鼓励燃煤耦合垃圾衍生燃料（RDF）等项目建设。

（四）优化处置设施布局结构

12. 推进工业固体废物利用处置能力建设。着力补齐工业固体废物利用处置能力短板。加快完成宁波市、温州市、湖州市、绍兴市、金华市、台州市铝灰，绍兴市印染污泥，绍兴市、台州市工业废盐，瑞安市、湖州市吴兴区工业边角料等固体废物处置能力建设。发布并动态调整可进入生活垃圾焚烧设施的一般工业固体废物名录，持续推动利用水泥窑、燃煤锅炉等协同处置一般工业固体废物。

13. 鼓励产废企业自建危废利用处置设施。鼓励危险废物年产生量较大的企业和工业园区、工业集聚区配套建设危险废物自行利用处置设施。鼓励已自建危废处置设施的产废企业依法申领危险废物经营许可证开展社会化服务，有效降低废物运输和周转风险。

14. 推进工业危险废物利用处置行业提档升级。落实危险废物“一件事”改革要求，建立完善危险废物经营单位量化评级分档管理制度。按照“领跑一批、提升一批、淘汰一批”原则，鼓励龙头企业做大做强，整合一批规模小、负荷低、附加值低的综合利用项目，淘汰技术装备落后、管理粗放的利用处置设施。到 2025 年，危险废物利用处置行业提档升级完成率达 90%，培育打造 10 家以上利用处置行业领跑企业，行业整体实现“排放清洁、技术先进、外观美丽、管理规范”的要求。

专栏 7

工业固体废物利用处置能力匹配和提档升级工程

1. 危险废物补缺口重点项目。温州市、衢州市、舟山市、台州市有序建设一批危险废物焚烧、填埋、综合利用项目，进一步优化危险废物处置能力结构。宁波市、金华市、台州市等加速补齐铝灰等危险废物利用处置能力缺口，新增年利用处置能力 30 万吨以上。

2. 危险废物利用处置行业提档升级。以浙江天能电源材料有限公司年回收利用 65 万吨废铅蓄电池绿色循环清洁化技改项目、德清水一方环保科技有限公司搬迁入园等重点项目为带动，推动行业提档升级。到 2025 年，危险废物利用处置行业提档升级完成率达 90%，培育打造利用处置行业领跑企业 10 家以上。

（五）提升监督管理水平

15. 加快提升数字化治理能力。持续迭代“无废城市在线应用”，探索开发算法模型，提升应用智治能力。升级“危险废物在线”“一般工业固体废物在线”场景，全面应用“浙固码”、打造浙固链，实行“产生赋码、转移扫码、处置销码”。推进一般工业固体废物产生和利用处置单位联网监控。深度对接“浙运安”“浙里净”，聚焦工业固体废物“底数、流向”两个风险点，抓住“时间、数量”两个关键点，在重点企业全面应用物联感知、智能监控，依托生态环境大脑，建立工业固体废物治理模型库、算法库、知识库、规则库，进一步提升数字化治理实战能力。

专栏 8

工业固体废物数字化工程

1. 升级固体废物在线场景。持续迭代“无废城市在线应用”，升级“危险废物在线”“一般工业固体废物在线”场景，全面应用“浙固码”、打造浙固链，积极推行固体废物在线场景打造工程。

2. 建立工业固体废物治理库。深度对接“浙运安”“浙里净”，建立工业固体废物治理模型库、算法库、知识库、规则库，进一步提升数字化治理实战能力。鼓励地区积极探索数字化治理方法，形成优势，积极申报试点工程建设，推动工业固体废物数字化工程进程。

16. 强化危险废物鉴别组织管理。依法严格开展危险废物鉴别，规范鉴别流程和鉴别结果应用。组建浙江省危险废物鉴别专家委员会，开展危险废物鉴别报告抽查复核等工作，提升我省危险废物鉴别环境管理能力，科学、高效地利用处置固体废物。

（六）防范化解环境风险

17. 建立区域和部门联防联控机制。健全工业固体废物环境问题发现机制和公检法环税执法联动机制，强化行刑衔接、检察公益诉讼联动，落实举报奖励和生态环境损害赔偿制度，依法严厉打击各类涉工业固体废物环境违法犯罪行为，重点打击跨行政区非法处置特别是倾倒工业固体废物和以尾矿处置、建筑垃圾利用等名义盗采矿产资源等违法行为，并依法征收环境保护税。建立健全事前预警遏制、事中追踪阻断、事后追溯严惩的长效机制。进一步落实长三角区域工业固体废物污染联防联治合作协议，依法简化跨省转移手续。强化共享长三角信用信息平台信用评价结果，加强对信用等级较低企业的跨区域联合监管。

18. 强化应急处置管理能力。深入推进跨区域、跨部门协同应急处置突发环境事件及其处理过程中产生的工业固体废物，建立协同应急处置设施清单，完善现场指挥与协调制度以及信息报告和公开机制。建立健全废弃危险化学品监管协作和联合执法工作机制，加强危险废物污染事故应急处置专业化队伍和应急处置网络建设，提高危险废物污染控制应急处理技术和装备水平。

四、保障措施

（一）加强组织领导

建立《规划》目标任务省级有关部门协同推进机制，加强各条线目标任务的协调、督导，确保落地见效、高质量高标准完成。各市、县（市、区）要根据《规划》确定的目标任务，2023 年 7 月底前印发本地区污染防治规划，分解落实目标、确定重点工程项目，按步骤有计划抓好落实。建立健全规划实施评估制度，将工业固体废物污染防治纳入“无废城市”建设指标体系，2025 年委托第三方评估机构开展终期评估。

（二）完善制度体系

贯彻落实新修订的《浙江省固体废物污染环境防治条例》，配套出台危险废物利用处置设施建设系列标准、危险废物集中处置设施建设规划、小微危险废物统一收运建设标准、工业固体废物电子联单管理办法等配套政策。

（三）加大财金支持

鼓励各地加大对工业固体废物污染防治工作技术研发的支持，引导更多社会资源投入工业绿色发展和工业固体废物污染防治工作。落实国家相关财税优惠政策，利用好绿色金融产品和工具，实施绿色金融激励机制，激发市场主体活力，推动相关产业规模化良性发展，探索依靠市场机制推动工业固体废物污染防治的路径和模式。

（四）加强科技支撑

建立科研院所、高校、企业创新合作平台和培训基地，推动科研成果转化，形成工业固体废物污染防治先进适用技术体系。开展工业固体废物减污降碳技术研究，重点突破工业固体废物减污降碳、资源化、循环利用、低碳消纳等技术，构建工业固体废物减污降碳指标体系和评价体系。

（五）加强宣传引导

开展《浙江省固体废物污染环境防治条例》宣贯培训，提升浙江“无废之窗”品牌效应，进一步凝聚防治工业固体废物污染的社会共识，积极营造关心支持工业固体废物减量化、资源化和无害化的良好社会氛围。

浙江省工业固体废物电子转移联单管理办法（试行）

（浙环发〔2023〕28 号）

为加强对工业固体废物污染防治，有效监督管理工业固体废物转移活动，根据《中华人民共和国固体废物污染环境防治法》《浙江省固体废物污染环境防治条例》等有关法律法规，结 合数字化改革相关要求，制定本办法。

一、适用范围

本办法适用于在本省范围内，生态环境等主管部门对工业固体废物产生、收集、贮存、运输、利用、处置单位运行电子转移联单的监督管理。工业固体废物中属于危险废物的，按照国家有关规定执行，不适用本办法。

二、联单运行

转移工业固体废物的相关单位应当按照本办法要求依托省固体废物治理系统运行电子转移联单。

（一）联单发起。移出人转移工业固体废物时，应当通过省固体废物治理系统发起工业固体废物电子转移联单，如实填写移出人、承运人、接收人信息和转移工业固体废物的种类、重量（数量）等信息。

承运人一车（船或其他运输工具）次同时为多个移出人转移工业固体废物的，每个移出人应当各自填写、运行工业固体废物电子转移联单。

（二）承运管理。承运人应当核实固体废物转移联单，没有转移联单的，不得运输。

采用联运方式转移工业固体废物的，前一承运人和后一承运人应当明确运输交接的时间和地点，后一承运人应当通过省固体废物治理系统核实工业固体废物电子转移联单确定的移出人和前一承运人信息及转移的工业固体废物相关信息后，方可运输。

（三）接收管理。接收人应当对照工业固体废物电子转移联单核验承运人实际运抵的工业固体废物种类、重量（数量）等相关信息，核验无误的，应在接收之日起 5 个工作日内通过省固体废物治理系统予以确认接收；如发现存在较大差异的，应当及时告知移出人，视情况决定是否接受，同时向接收地生态环境主管部门报告。

接收人拒收部分或全部工业固体废物的，应当在电子转移联单中填写退回的固体废物种类、重量（数量）、运输等相关信息，运抵后由移出人确认退回，移出人、承运人依法承担退回途中的污染环境防治责任。

（四）非交通工具转移。以管道、输送带等非交通工具转移工业固体废物的，移出人和接收人应按月填写、运行上一月的包含工业固体废物转移的种类、重量（数量）、形态等信息的工业固体废物电子转移联单。

（五）跨省转移管理。跨省转出工业固体废物的，由移出人通过省固体废物治理系统发起工业固体废物电子转移联单，并在与接收人确认运抵信息后 5 个工作日内，通过省固体废物治理系统填写接收信息并上传接收凭证；跨省转入工业固体废物的，由接收人通过省固体废物治理系统发起工业固体废物电子转移联单，在接收后 5 个工作日内通过省固体废物治理系统填写接收信息并上传接收凭证。上述接收凭证包括并不限于接收单据、纸质转移联单等。

（六）小微企业联单运行。小微园区产废单位企业产生的工业固体废物，可由小微园区管理机构进行统一管理，运行工业固体废物电子转移联单。

工业固体废物转移至一般工业固体废物统一收运点的，可豁免运行工业固体废物电子转移联单；收运点应在省固体废物治理系统记录相应批次工业固体废物的来源、种类、重量（数量）等信息，再次转移时应运行工业固体废物电子转移联单。

（七）大宗联单。工业固体废物产生量大且单类工业固体废物平均每日通过道路运输车辆转移 5 批次及以上的移出人，可通过省固体废物治理系统按日填写、运行大宗工业固体废物电子转移联单。转移多类工业固体废物的，应当分别填写大宗工业固体废物电子转移联单。

（八）联单补录。因应急处置等特殊原因无法通过省固体废物治理系统填写、运行工业固体废物电子转移联单的，移出人可以先使用纸质转移联单，并于转移活动完成后 10 个工作日内在省固体废物治理系统中补录所有转移信息。

三、职责分工与协作

（一）职责分工。

生态环境主管部门：省生态环境主管部门负责开发维护省固体废物治理系统工业固体废物电子转移联单管理模块，统一制发工业固体废物电子转移联单表单，并定期对各地工业固体废物电子转移联单运行情况进行通报。设区的市生态环境主管部门负责本辖区内相关单位运行工业固体废物电子转移联单的监督管理，督促指导相关单位使用工业固体废物电子转移联单开展转移活动，做好对进入生活垃圾焚烧厂协同处置的一般工业固体废物和移出人的监管，并将联单信息共享至同级环境卫生主管部门，依据《浙江省固体废物污染环境防治条例》中有关规定查处未运行电子转移联单的违法行为。

公安部门：负责依法查处道路交通安全违法行为，打击工业固体废物污染环境犯罪行为。

交通运输部门：负责依法查处工业固体废物运输违反道路（水路）运输管理相关规定的违法行为。

环境卫生主管部门：负责协助生态环境主管部门做好对进入生活垃圾焚烧厂协同处置的一般工业固废规范化处置。

（二）协作机制。

生态环境、公安、交通运输等部门应当建立健全协作机制，按照规定共享工业固体废物转移联单信息、运输车辆行驶轨迹动态信息、运输车辆限制通行区域信息、视频监控信息等数据信息，实现工业固体废物全过程追溯和全闭环监督管理。并依据各自职责做好工业固体废物转移活动各环节的监督管理与执法查处工作，加强联合监管执法。

四、其他

（一）联单编码。工业固体废物电子转移联单通过省固体废物治理系统实行全省统一编码管理。联单编码由 20 位阿拉伯数字加 1 个字母组成；第 1 至 6 位数字为移出地县级行政区划代码，第 7 至 14 位数字为包括年月日的日期代码，第 15 至 20 位数字以移出地县级行政区域为单位进行流水编号，字母 P 为普通转移，D 表示大宗转移。

（二）用语解释。本办法下列用语的含义：

1. 转移，是指以贮存、利用或者处置工业固体废物为目的，将工业固体废物从移出人的场所移出，交付承运人并移入接收人场所的活动。

2. 移出人，是指工业固体废物转移的起始单位，包括工业固体废物产生单位、工业固体废物收集、贮存单位等。

3. 承运人，是指承担工业固体废物运输作业任务的单位。

4. 接收人，是指工业固体废物转移的目的地单位，包括工业固体废物收集单位，工业固体废物贮存、利用、处置单位等。

5. 工业固体废物、危险废物、贮存、利用、处置等其他用语解释参见《中华人民共和国固体废物污染环境防治法》。

（三）施行时间。本办法自 2023 年 8 月 11 日起施行。

附：

1. 浙江省工业固体废物电子转移联单（普通联单）

2. 浙江省大宗工业固体废物电子转移联单

附 1

浙江省工业固体废物电子转移联单

（普通联单）

联单编号：

<table>
<tr><td colspan="5">第一部分　移出信息</td></tr>
<tr><td colspan="3">单位名称：</td><td colspan="2">单位地址：</td></tr>
<tr><td colspan="5">是否跨省转移：□是　□否，如是，填写许可（备案）编号：</td></tr>
<tr><td colspan="2">经办人：</td><td>联系电话：</td><td colspan="2">移出时间：_____年____月____日____时</td></tr>
<tr><td>序号</td><td>废物名称</td><td>废物代码</td><td>形态</td><td>转移量（吨）</td></tr>
<tr><td></td><td></td><td></td><td></td><td></td></tr>
<tr><td></td><td></td><td></td><td></td><td></td></tr>
<tr><td colspan="5">第二部分　转运信息</td></tr>
<tr><td colspan="5">转运方式：□单位转运　□个人转运　□移出人自行运输　□非交通工具运输（选此类转运方式信息可不填写）</td></tr>
<tr><td rowspan="3">单位运输</td><td colspan="2">单位名称：</td><td colspan="2">联系电话：</td></tr>
<tr><td colspan="2">运输者姓名：</td><td colspan="2">手机号码：</td></tr>
<tr><td colspan="2">运输工具：□汽车　□船　□其他_____</td><td colspan="2">牌号（船名）：</td></tr>
<tr><td rowspan="2">个人运输</td><td colspan="2">运输者姓名：</td><td colspan="2">手机号码：</td></tr>
<tr><td colspan="2">运输工具：□汽车　□船　□其他_____</td><td colspan="2">牌号（船名）：</td></tr>
<tr><td rowspan="2">自行运输</td><td colspan="2">运输者姓名：</td><td colspan="2">手机号码：</td></tr>
<tr><td colspan="2">运输工具：□汽车　□船　□其他_____</td><td colspan="2">牌号（船名）：</td></tr>
<tr><td colspan="3">运输起点（默认为移出人地址）：</td><td colspan="2">运输终点（默认为接收人地址）：</td></tr>
<tr><td colspan="5">第三部分　联运交接信息</td></tr>
<tr><td colspan="2">交接时间：</td><td colspan="3">交接地点：</td></tr>
</table>

续表

<table>
<tr><th colspan="6">第四部分　接收信息</th></tr>
<tr><td colspan="3">单位名称：</td><td colspan="3">单位地址：</td></tr>
<tr><td colspan="2">经办人：</td><td>联系电话：</td><td colspan="3">接收时间：＿＿年＿＿月＿＿日＿＿时</td></tr>
<tr><td colspan="2">信息核实（是 / 否）</td><td colspan="4">□是　□否，如选“否”，应描述差异信息。</td></tr>
<tr><td colspan="2">接收情况</td><td colspan="2">□确认接收　□部分接收　□拒收</td><td colspan="2">利用处置方式：</td></tr>
<tr><th colspan="6">第五部分　退回信息（部分接收、拒收时填写）</th></tr>
<tr><td>废物名称</td><td>废物代码</td><td>退回量（吨）</td><td>运输者姓名</td><td>运输工具</td><td>牌号（船号）</td></tr>
<tr><td></td><td></td><td></td><td></td><td></td><td></td></tr>
<tr><td></td><td></td><td></td><td></td><td></td><td></td></tr>
<tr><td colspan="2">移出单位确认退回</td><td colspan="4">□是　□否</td></tr>
</table>

填写说明：

1. 联单编号。

联单编号由浙江省固体废物治理系统（以下简称信息系统）根据《浙江省工业固体废物电子转移联单管理办法（试行）》规定的编码规则自动生成。

2. 工业固体废物移出信息填写注意事项。

2.1 单位名称、地址、经办人及联系电话根据移出人在信息系统注册信息自动生成。

2.2 跨省转出工业固体废物的，需要在信息系统勾选匹配对应的跨省转移许可（备案）编号；跨省转入工业固体废物的，需要在信息系统填写对应的跨省转移许可（备案）编号。

2.3 废物名称、废物代码根据国家固体废物相关名录确定；形态填写固态、半固态、液态、气态、其他（需说明具体形态）；移出量填写该类工业固体废物移出的重量（以吨计，精确至小数点后第三位）。

3. 工业固体废物运输信息填写注意事项。

3.1 单位名称信息根据承运人在信息系统中信息自动生成。

3.2 运输者、联系电话、运输工具及牌号可通过承运人在信息系统中信息进行点选；运输工具填写汽车、船等交通工具；牌号（船名）为交通工具对应的牌照号码。

3.3 运输起点填写运输起始地址，为移出人生产或经营设施地址；运输终点填写运输终止的地址，为接收人生产或经营设施地址；联运交接地点为事先确定的交接地址。

3.4 运输信息由移出人填写后，再由运输者通过手机短信形式确认。

4. 工业固体废物接收信息填写注意事项。

4.1 信息核实选“是”即核实无误确认接收。

4.2 信息核实选“否”即核实发现接收信息与移出人填报信息存在较大差异，应当描述差异信息。

附 2

浙江省大宗工业固体废物电子转移联单

联单编号：

第一部分　移出信息			
单位名称：			单位地址：
是否跨省转移：□是　□否，如是，填写许可（备案）编号：			
经办人：		联系电话：	移出时间：____年___月___日
废物名称	废物代码	形态	移出量（吨）

第二部分　运输信息					
序号	运输单位	联系人	联系电话	运输终点	运输重量（吨）
例	×× 市 ×× 运输有限公司	张 ××	139××××××××	×× 市 ×× 县（市、区）×× 路 10 号	300.55
	×× 市 ×× 运输有限公司	李 ××	139××××××××	×× 市 ×× 县（市、区）×× 路 20 号	200.00

第三部分　接收信息							
序号	接收单位	接收地址	联系人	联系电话	接收量（吨）	接收时间	利用处置方式
例	×× 市 ×× 有限公司	×× 市 ×× 县 ×× 路 10 号	王 ××	139××××××××	300.55	×× 月 ×× 日	利用
	×× 市 ×× 有限公司	×× 市 ×× 县 ×× 路 20 号	陈 ××	139××××××××	200.00	×× 月 ×× 日	贮存

填写说明：

1. 适用范围。

大宗工业固体废物电子转移联单适用于工业固体废物产生量大且单类工业固体废物平均每日通过道路运输车辆转移 5 批次及以上的情形；转移多类工业固体废物的，应当分别填写大宗工业固体废物电子转移联单。

2. 联单编号。

联单编号由浙江省固体废物治理系统（以下简称信息系统）根据《浙江省工业固体废物电子转移联单管理办法（试行）》规定的编码规则自动生成。

3. 工业固体废物移出信息填写注意事项。

3.1 单位名称、地址、经办人及联系电话根据移出人在信息系统注册信息自动生成。

3.2 跨省转出工业固体废物的，需要在信息系统勾选匹配对应的跨省转移许可（备案）编号；跨省转入工业固体废物的，需要在信息系统填写对应的跨省转移许可（备案）编号。

3.3 废物名称、废物代码根据国家固体废物相关名录确定；移出量填写该类工业固体废物移出的重量（以吨计，精确至小数点后二位）。

4. 工业固体废物运输信息填写注意事项。

4.1 单位名称信息根据承运人在信息系统中注册信息自动生成。

4.2 运输终点、运输重量由移出人填写。

5. 工业固体废物接收信息填写注意事项。

5.1 接收单位、运输单位可以是一个或多个，由移出人在填写相关信息。

5.2 接收量、接收时间、利用处置方式由各个接收单位确认和填写。

山东省固体废物污染环境防治条例

（2023 年 1 月 1 日起施行）

（2022 年 9 月 21 日山东省第十三届人民代表大会常务委员会第三十八次会议通过）

第一章　总　则

第一条　为了防治固体废物污染环境，节约和合理利用资源，保障公众健康，维护生态安全，推进生态文明建设，促进经济社会可持续发展，根据《中华人民共和国固体废物污染环境防治法》等法律、行政法规，结合本省实际，制定本条例。

第二条　本省行政区域内固体废物污染环境的防治及其监督管理，适用本条例。

固体废物污染海洋环境的防治和放射性固体废物污染环境的防治，不适用本条例。

法律、法规对生活垃圾、医疗废物污染环境防治另有规定的，依照其规定执行。

第三条　固体废物污染环境防治应当坚持预防为主、防治结合、分类管理、污染担责，遵循减量化、资源化、无害化的原则。

第四条　各级人民政府应当加强对固体废物污染环境防治工作的领导，对本行政区域固体废物污染环境防治负责。

县级以上人民政府应当将固体废物污染环境防治工作纳入国民经济和社会发展规划、生态环境保护规划，制定、落实有利于固体废物污染环境防治的经济、技术等政策措施，支持固体废物污染环境防治的科学研究、先进技术开发与推广，建立多元化资金投入和保障机制，统筹解决污染环境防治工作中的重大问题，提高固体废物源头减量、综合利用和污染环境防治能力。

第五条　省、设区的市人民政府生态环境主管部门对本行政区域固体废物污染环境防治工作实施统一监督管理。

县级以上人民政府发展改革、教育、科学技术、工业和信息化、公安、财政、自然资源、住房城乡建设、城市管理、交通运输、农业农村、商务、卫生健康、市场监督管理等部门，在各自职责范围内对固体废物污染环境防治工作实施监督管理。

第六条 产生、收集、贮存、运输、利用、处置固体废物的单位和个人，应当采取措施，防止或者减少固体废物对环境的污染，对所造成的环境污染依法承担责任。

第七条 国家机关、社会团体、企业事业单位、基层群众性自治组织和新闻媒体应当加强固体废物污染环境防治宣传教育和科学普及，推行绿色发展方式，倡导无废理念和简约适度、绿色低碳、文明健康的生活方式、消费模式。

公民应当增强生态环境保护意识，自觉履行固体废物污染环境防治义务。

第二章 监督管理

第八条 省、设区的市人民政府应当组织制定固体废物污染环境防治相关专项规划，明确生态环境保护要求和污染防治目标、整治任务、保障措施，统筹固体废物贮存、利用、处置等设施建设需求，合理优化利用处置设施布局，保障设施建设用地。

县（市、区）人民政府应当根据固体废物产生、贮存、利用、处置情况组织制定实施方案。

第九条 建设工业固体废物、危险废物集中贮存、利用、处置设施、场所以及尾矿库，应当符合生态保护红线、环境质量底线、资源利用上线和生态环境准入清单等分区管控要求。

第十条 县级以上人民政府应当合理调整产业结构、能源结构，全面推行清洁生产和循环经济发展，实施固体废物污染环境防治全过程管控，推进固体废物源头减量和资源化利用，降低固体废物的危害性，最大限度降低固体废物填埋量，推动全域无废城市建设。

鼓励、支持企业事业单位和其他生产经营者积极推进无废园区、无废厂区、无废矿区、无废景区等建设。

第十一条 省人民政府生态环境主管部门应当会同教育、工业和信息化、公安、住房城乡建设、农业农村、交通运输、卫生健康等部门，建立健全全省统一的固体废物信息化监管体系，实现信息共享、数据对接和在线申报、在线办理，推进固体废物产生、收集、贮存、转移、利用、处置等全过程监控和信息化追溯。

第十二条　新建、改建、扩建产生、贮存、利用、处置固体废物的建设项目，应当依法进行环境影响评价。环境影响评价文件应当对固体废物综合利用和无害化处置方式进行分析，明确收集、贮存、利用、处置方案，并在设计、建设和生产过程中落实环境影响评价文件和审批意见要求。

利用、处置危险废物的建设项目，其环境影响评价文件内容中还应当明确原材料的来源。

第十三条　接受省外转入固体废物的单位，应当对运抵的固体废物进行核实；发现固体废物的名称、数量、特性、形态等与审批内容或者备案信息不符的，接受单位应当及时告知省外移出单位，同时向所在地人民政府生态环境主管部门报告。

第十四条　接受省外转入固体废物的单位，应当具备主体资格和实际贮存、利用、处置能力，不得有下列行为：

（一）以利用名义进行处置；

（二）以利用或者处置名义长期贮存；

（三）以副产品、原料、燃料等名义接受固体废物。

第十五条　县级以上人民政府应当建立健全固体废物污染环境防治目标责任制度和激励约束机制，明确有关部门、单位的职责、任务，制定并组织落实固体废物减量化和回收利用的奖励、扶持政策。

第十六条　县级以上人民政府应当组织生态环境、发展改革、工业和信息化、公安、住房城乡建设、交通运输、农业农村、卫生健康等部门，建立健全联合检查和协调配合机制，严厉打击非法倾倒、处置固体废物等违法行为，开展废弃电器电子产品、废弃塑料、尾矿库等专项清理活动。

第十七条　省人民政府根据工作需要可以开展跨省域合作，建立固体废物污染环境防治协作配合以及执法联动机制。

设区的市、县（市、区）人民政府应当开展区域合作，建立协调配合机制，协同推动固体废物污染环境防治工作信息共享、政策统筹、应急联动。

跨设区的市行政区域擅自倾倒、堆放、丢弃、遗撒固体废物的，省人民政府生态环境主管部门可以直接调查处理。

第十八条 设区的市人民政府生态环境主管部门应当每年发布危险废物利用处置设施建设投资引导性公告，引导社会资本投入，优化危险废物利用处置能力布局。

第三章 污染防治

第一节 一般规定

第十九条 各级人民政府以及有关部门应当严格落实污染防控责任，加强固体废物分类收集、贮存、利用、处置场所和能力建设，依法查处污染环境违法行为，督促、指导有关单位、个人做好固体废物的清理清运和资源化利用、无害化处置工作，维护良好的生活环境和生态环境。

第二十条 产生、收集、贮存、运输、利用、处置固体废物的单位和其他生产经营者，应当建立健全固体废物污染环境防治责任制度，明确污染防治措施、环境风险管控要求以及有关责任人员、从业人员的责任，减少固体废物产生量，防止发生环境污染事故。

第二十一条 产生、收集、贮存、运输、利用、处置固体废物的单位和其他生产经营者，应当按照有关规定对固体废物污染环境防治设施、设备和场所进行管理和维护，保证其正常运行和使用。

第二十二条 产生、收集、贮存、利用、处置固体废物的单位终止或者搬迁前，应当对固体废物贮存和处置的场所、设施、设备、残留废物以及其他有毒有害物质进行妥善处理，消除污染。

第二十三条 无法查明责任人的固体废物，由所在地县级以上人民政府负责组织处置。

第二节 工业固体废物

第二十四条 赤泥、钛石膏、磷石膏、碱渣、氰化尾渣等工业固体废物历史存量较大的区域，设区的市、县（市、区）人民政府应当制定存量消减计划，并实现区域内工业固体废物趋零增长。

赤泥、钛石膏、磷石膏、碱渣、氰化尾渣等工业固体废物历史存量较大的单位，应当制定分阶段改进和消纳计划，并实行废物减量和以废定产措施。

第二十五条 矿山企业应当采取科学的开采方法和先进的生产工艺，减少尾矿、尾渣、煤矸石、废石等矿业固体废物的产生量和贮存量，采取充填、回填、提取有价组分等措施提高资源化利用比率，并进行无害化处置。

尾矿、尾渣、煤矸石、废石等矿业固体废物贮存设施停止使用后，矿山企业应当按照国家有关环境保护等规定进行封场，防止造成环境污染和生态破坏。

第二十六条　省人民政府生态环境主管部门应当按照分类分级环境监督管理的要求，确定尾矿库环境监督管理清单，并实施动态更新。

设区的市人民政府生态环境主管部门应当根据环境监督管理清单，制定差异化的尾矿库环境监督管理措施。

第二十七条　造成尾矿库周边土壤和地下水污染的，尾矿库运营、管理单位应当及时查明原因，制定专项风险管控和污染治理方案，限期消除污染、修复环境；造成环境损害、公众健康损害的，依法承担赔偿责任。

第二十八条　产生工业固体废物的单位应当按照有关规定，在每年 1 月 31 日前通过固体废物信息化监管系统提供上一年度产生的工业固体废物种类、数量、流向、贮存、利用、处置等有关资料，以及减少工业固体废物产生、促进综合利用的具体措施；提供的资料与排污许可登记不一致的，应当说明原因。

第三节　建筑垃圾

第二十九条　建筑垃圾实行分类收集、分类存放、分类处置。禁止将危险废物混入建筑垃圾。

居民装饰装修过程中产生的建筑垃圾应当集中收集、定点堆放。

第三十条　县级以上人民政府住房城乡建设、城市管理部门应当建立建筑垃圾全过程管理制度，加强建筑垃圾处置设施、场所建设，推进综合利用，保障处置安全，防止污染环境。

鼓励区域共建共享建筑垃圾处置设施、场所。

第三十一条　建设单位应当落实建筑垃圾减量化责任，将建筑垃圾减量化目标和措施纳入招标文件、建筑垃圾减量化措施费用纳入工程概算，并监督设计、施工、监理单位落实。

第三十二条　建筑垃圾可以直接利用、资源化利用的，应当循环利用或者运送到指定的建筑垃圾转运调配场所；无法直接利用、资源化利用的，应当运送到建筑垃圾消纳场所处置。

鼓励建设单位采用装配式建筑，全装修交付。鼓励政府投资的保障性住房、公共建筑优先选用装配式建筑，应用成熟预制部件，有序提高绿色建筑比例。

鼓励在建筑、道路和绿化园林等工程中应用建筑垃圾及其再生制品。

第四节　危险废物

第三十三条　产生危险废物的单位应当按照国家有关规定制定危险废物管理计划，并在每年 1 月 31 日前报所在地人民政府生态环境主管部门备案。

产生危险废物的单位有下列情形之一的，应当对危险废物管理计划进行调整，并自发生改变之日起十个工作日内向所在地人民政府生态环境主管部门重新备案：

（一）产生的危险废物种类发生变化的；

（二）危险废物产生数量超过预计数量的百分之二十的；

（三）危险废物产生数量少于预计数量的百分之五十的；

（四）危险废物自行利用、处置设备、工艺发生变化的；

（五）委托他人收集、贮存、利用或者处置危险废物，受托方发生变更的；

（六）发生其他重大改变事项的。

第三十四条　从事收集、贮存、利用、处置危险废物经营活动的单位，应当依法申请取得许可证。

禁止伪造、变造、转让许可证。

禁止无许可证或者未按照许可证规定从事危险废物收集、贮存、利用、处置的经营活动。

禁止将危险废物提供或者委托给无许可证的单位或者其他生产经营者从事收集、贮存、利用、处置活动。

第三十五条　省、设区的市人民政府生态环境主管部门应当会同教育、科学技术、交通运输等部门，建立实验室、机动车维修企业危险废物申报、收集、清运、处置等制度，强化责任落实，加强监督检查。

实验室及其设立单位应当建立健全危险废物管理制度，依法分类收集废样品、废药剂、废试剂、废弃实验产生物等实验室危险废物，设置专门贮存场所分类存放，并及时委托具有相应资质的单位处置，不得随意丢弃、倾倒、填埋。

第三十六条　县级以上人民政府有关部门依法收缴或者接收公众上缴的危险废物，应当交由有危险废物处置资质的单位进行无害化处置。有明确责任人的，处置费用由责任人承担；无法查明责任人的，处置费用由所在地县级以上人民政府承担。

第三十七条　关闭、闲置、拆除危险废物集中处置场所、设施的，危险废物集中处置单位应当妥善处置残余危险废物，并对场地、设施、设备、容器等进行无害化处理，防止污染环境。

第三十八条　产生、收集、贮存、利用、处置危险废物的单位终止或者搬迁前，应当制定并实施污染防治工作方案。污染防治工作方案应当明确现有固体废物的种类、数量、地点、处置措施和污染治理、环境修复措施以及污染防治资金安排等内容。

污染防治工作方案应当在终止或者搬迁十五日前报所在地人民政府生态环境主管部门备案。

第三十九条　鼓励有条件的危险废物产生、经营单位使用视频监控、电子标签等集成智能监控手段，实现对危险废物全过程跟踪管理，并与有关部门进行信息互通共享。

第五节　其他固体废物

第四十条　县级以上人民政府农业农村主管部门应当定期开展农用薄膜残留监测，并会同财政、发展改革、工业和信息化、生态环境、供销合作社等部门、单位指导农用薄膜等农业固体废物回收利用体系建设。

鼓励、支持生产、使用在环境中可降解且无害的农用薄膜。

第四十一条　电器电子、铅蓄电池、车用动力电池等产品的生产者，应当依法落实生产者责任延伸制度，通过开展产品生态设计、使用再生原材料、健全废弃产品回收体系、规范安全处置网点、加强信息公开等方式，履行生产企业环境责任，提高资源回收利用效率，减少环境污染。

第四十二条　县级以上人民政府应当采取措施推广竹木制品、可降解塑料制品等塑料替代产品，推行塑料制品绿色设计，鼓励塑料制品生产者优化产品结构，增强塑料制品易回收利用性。

对不可降解塑料袋、塑料餐具、塑料棉签等一次性塑料制品，按照国家有关规定禁止、限制生产、销售和使用。

第四十三条 电子商务、快递、外卖等行业应当优先采用可重复使用、易回收利用的包装物，采取措施减少包装物的使用。

第四章 法律责任

第四十四条 违反本条例规定的行为，法律、行政法规已经规定法律责任的，适用其规定。

第四十五条 违反本条例规定，生态环境主管部门和其他负有固体废物污染环境防治监督管理职责的部门，在固体废物污染环境防治工作中，滥用职权、玩忽职守、徇私舞弊的，由本级人民政府或者上级人民政府有关部门责令改正，对直接负责的主管人员和其他直接责任人员依法给予处分。

第四十六条 违反本条例规定，接受省外转入固体废物的单位有下列行为之一的，由生态环境主管部门责令改正，处十万元以上一百万元以下的罚款，没收违法所得；情节严重的，报经有批准权的人民政府批准，可以责令停业或者关闭：

（一）不具备主体资格或者实际贮存、利用、处置能力的；

（二）以利用名义进行处置的；

（三）以利用或者处置名义长期贮存的；

（四）以副产品、原料、燃料等名义接受固体废物的。

第四十七条 违反本条例规定，接受省外转入固体废物的单位发现固体废物的名称、数量、特性、形态等与审批内容或者备案信息不符，未及时向所在地人民政府生态环境主管部门报告的，由生态环境主管部门责令改正，处三千元以上一万元以下的罚款。

第四十八条 违反本条例规定，尾矿、尾渣、煤矸石、废石等矿业固体废物贮存设施停止使用后，矿山企业未按照国家有关环境保护等规定进行封场的，由生态环境主管部门责令改正，处二十万元以上一百万元以下的罚款。

第四十九条 违反本条例规定，未将居民装饰装修过程中产生的建筑垃圾集中收集、定点堆放的，由县级以上人民政府住房城乡建设、城市管理部门责令改正，处二百元以上二千元以下的罚款。

第五十条 违反本条例规定，产生危险废物的单位发生重大改变事项后未调整危险废物管理计划的，由生态环境主管部门责令改正，处十万元以上一百万元以下的罚款，没收违法所得；情节严重的，报经有批准权的人民政府批准，可以责令停业或者关闭。

第五十一条　违反本条例规定，产生、收集、贮存、利用、处置危险废物的单位终止或者搬迁前，未制定、实施污染防治工作方案的，由生态环境主管部门责令改正，处二万元以上二十万元以下的罚款；造成严重后果的，处二十万元以上二百万元以下的罚款。

第五十二条　违反本条例规定，构成违反治安管理行为的，由公安机关依法给予治安管理处罚；构成犯罪的，依法追究刑事责任。

因固体废物污染环境、破坏生态造成生态环境损害的，国家规定的机关或者法律规定的组织有权请求侵权人承担修复责任、赔偿损失和有关费用。

第五章　附　则

第五十三条　本条例自 2023 年 1 月 1 日起施行。2002 年 9 月 28 日山东省第九届人民代表大会常务委员会第三十一次会议通过、2018 年 1 月 23 日山东省第十二届人民代表大会常务委员会第三十五次会议修正的《山东省实施〈中华人民共和国固体废物污染环境防治法〉办法》同时废止。

山东省“无废城市”建设工作方案

（2022 年 7 月 14 日）

为贯彻落实《中共中央 国务院关于深入打好污染防治攻坚战的意见》，全域推进“无废城市”建设，制定本方案。

一、总体要求

深入贯彻习近平生态文明思想，全面落实习近平总书记对山东工作的重要指示要求，建立固体废物产生强度低、循环利用水平高、填埋处置量少、环境风险小的长效体制机制，推进固体废物领域治理体系和治理能力现代化。2022 年，16 个市全部启动“无废城市”建设；到 2025 年，全省基本建成“威海市引领带动、沿黄 9 市重点推进、其他城市梯次发展”的“无废城市”集群。

二、主要任务

（一）强化总体设计，科学指导“无废城市”建设

1. 完善制度体系。梳理现行的固体废物管理、循环经济、清洁生产等制度，将“无废城市”建设与城市建设管理相融合。推动制定山东省固体废物污染环境防治地方性法规，落实工业固体废物排污许可制度，完善固体废物资源化利用地方标准体系。探索对历史遗留和无主危险废物治理等保障民生工程的“以奖促治”“以奖代补”政策。（省生态环境厅牵头，省发展改革委、省工业和信息化厅、省司法厅、省财政厅、省住房城乡建设厅、省市场监管局配合）

2. 倡树“无废”理念。广泛宣传“无废”理念，培育“无废社区”“无废机关”等“无废细胞”，增强市民参与度、认同感和获得感。将“无废”理念融入国民教育中，鼓励学校开展“无废城市”宣传教育。（省生态环境厅牵头，省教育厅、省住房城乡建

设厅、省商务厅、省文化和旅游厅配合）

（二）借力新旧动能转换，实现工业绿色发展

1. 加快工业绿色转型升级。坚决遏制“两高”项目盲目发展，推动固体废物源头减量，提高资源利用效率。减少有毒有害原辅料使用，推行产品绿色设计，构建绿色供应链。深入推进清洁生产审核，实施企业清洁生产领跑行动，重点行业企业强制性清洁生产审核评估验收实现全覆盖。加快推进绿色制造体系建设，实施重点绿色制造标杆培育行动，力争在 2025 年建成标杆性绿色工厂 500 家、绿色工业园区 20 家、绿色设计产品 500 种以上，保持全国领先水平。（省工业和信息化厅、省发展改革委、省生态环境厅、省商务厅按职责分工负责）

2. 促进一般工业固体废物综合利用。全面摸清一般工业固体废物堆存场所底数，逐步解决历史遗留问题。鼓励资源综合利用技术研发，组织开展一般工业固废资源综合利用评价，实施再生资源综合利用行业规范管理，促进一般工业固体废物资源利用规模化和产业化。逐步扩大一般工业固体废物利用规模，提升综合利用能力，降低贮存处置量。（省工业和信息化厅牵头，省发展改革委、省生态环境厅、省自然资源厅配合）

3. 建设“无废园区”“无废工厂”。制定评价细则，引导园区、大型企业集团建设“无废园区”“无废工厂”。构建循环型产业体系，从“企业小循环、园区中循环、区域大循环”三个维度加速产业链条布局。到 2025 年，力争建成省级“无废园区”“无废工厂”100 家以上。（省生态环境厅牵头，省工业和信息化厅、省发展改革委配合）

（三）推行绿色农业生产，促进主要农业废弃物综合利用

1. 推进农牧循环发展。鼓励发展预制菜产业，提高产地净菜加工水平。整县推进畜禽粪污资源化利用，大力发展生态循环农业，以就近就地还田利用为重点，培育粪肥收运处理还田社会化服务组织，推动建立市场化的受益者付费机制。加快建成集中处理为主的病死畜禽无害化处理体系。到 2025 年，畜禽粪污综合利用率和病死畜禽集中无害化处理率稳定在 90% 以上。（省农业农村厅、省畜牧局牵头）

2. 提升农药包装废弃物和农用薄膜回收利用水平。建立以“谁使用谁交回、谁销售谁收集、专业机构处置、市场主体承担、公共财政补充”为主要模式的农药包装废弃物回收处理体系。鼓励农用薄膜生产者、销售者、回收网点、回收再利用企业或其

他组织等开展合作，建立健全农用薄膜回收利用体系。到 2025 年，农膜回收率达到 92% 左右。（省农业农村厅牵头，省财政厅、省生态环境厅配合）

（四）践行绿色生活方式，促进生活垃圾、建筑垃圾资源化利用

1. 严格生活垃圾分类收集和利用处置。推广简约适度、绿色低碳、文明健康的生活方式和消费方式。落实《山东省生活垃圾管理条例》，完善生活垃圾投放、收集、运输、处理全程分类系统，严禁“先分后混”，补齐分类收集转运设施能力短板。深入推进城乡环卫一体化，稳步推进农村生活垃圾分类，开展村庄清洁行动，重点清理农村生活垃圾。推进生活垃圾焚烧处理设施建设和改造提升，大幅减少填埋处置。强化餐厨垃圾收集运输监管，解决堆肥、沼液、沼渣等产品的“梗阻”问题。到 2025 年，各市建成区基本建成生活垃圾分类处理系统，生活垃圾焚烧处理率达 95%，城市生活垃圾回收利用率达到 35%。（省住房城乡建设厅牵头，省农业农村厅、省生态环境厅、省发展改革委、省自然资源厅配合）

2. 提高再生资源管理水平。合理布局回收交投点、中转站和分拣中心，为生活源、商业源再生资源和生活垃圾分类后可回收物利用提供保障。鼓励回收企业与物业企业、环卫单位、利用企业等单位建立合作机制，形成规范有序的回收利用产业链条。推行“互联网 + 回收”模式，支持废旧物资网络回收平台发展。（省商务厅牵头，省住房城乡建设厅、省农业农村厅、省自然资源厅、省生态环境厅配合）

3. 推进建筑垃圾综合利用。积极推行绿色建造方式，大力发展装配式建筑，从源头减少建筑垃圾。合理布局建筑垃圾转运调配、消纳处置和资源化利用设施，形成与城市发展需求相匹配的建筑垃圾处理体系。到 2025 年，新开工装配式建筑占新建建筑比例达到 40%，城镇新建民用建筑中绿色建筑占比达到 100%。（省住房城乡建设厅牵头）

（五）强化能力建设，防控危险废物环境风险

1. 强化监管能力。健全“源头严防、过程严管、后果严惩”的监管体系，严厉打击涉危险废物违法犯罪行为。充分利用现有视频监控资源，危险废物重点监管单位安装视频监控系统并与相关部门联网，实现全生命周期监管。（省生态环境厅牵头，省公安厅、省工业和信息化厅、省卫生健康委配合）

2. 优化利用处置能力。以主要产业基地为依托，补齐氰化尾渣、铝灰、废盐等利

用处置短板。到 2025 年，建成 1 处国家区域性特殊危险废物集中处置中心。（省生态环境厅牵头，省发展改革委配合）

（六）立足“三段一线”布局，推动黄河流域生态保护和高质量发展

1. 开展全线“清废行动”。以危险废物、尾矿库等高风险领域为重点，开展环境风险隐患排查整治。（省生态环境厅牵头，省应急厅配合）

2. 整治上段固体废物污染。支持南四湖、东平湖流域内县（市、区）争创省级农业绿色发展先行县，开展村庄清洁行动。防治港口船舶污染，推行船舶污染物接收链条式管理。（省农业农村厅、省交通运输厅牵头，省水利厅、省住房城乡建设厅、省生态环境厅配合）

3. 建设中段生态宜居城镇。省内沿黄中段城市强化中小城市和小城镇生态宜居能力，推进“智慧、绿色、均衡、双向”城镇化，建设若干“无废县（市、区）”；以产业为依托建设一批特色小镇，在特色小镇中建设“无废小镇”。（省发展改革委、省住房城乡建设厅牵头，省工业和信息化厅、省生态环境厅配合）

4. 建设入海段高效生态海洋产业带。发挥黄河三角洲资源优势，建设高效生态海洋产业带。以建设黄河口国家公园为引领，将东营打造为全国知名的河海生态文明强市。（省自然资源厅、省海洋局、省发展改革委、省生态环境厅按职责分工负责）

（七）落实海洋强省战略，推动海洋绿色发展转型

1. 打造绿色循环海洋经济发展模式。构建现代能源体系，探索推进“海上风电 + 海洋牧场”综合利用新模式。提升养殖业绿色发展水平。打造绿色、集聚、高端海洋化工产业基地。（省自然资源厅、省海洋局、省能源局、省农业农村厅、省工业和信息化厅按职责分工负责）

2. 推动陆海污染一体化治理。开展“净滩行动”，推进岸滩、海面垃圾常态化管理。探索开展海洋封闭倾废试点，在渤海海域开展海洋垃圾调查监测评价示范。（省生态环境厅牵头，省自然资源厅、省交通运输厅、省住房城乡建设厅、省海洋局配合）

3. 建设“绿色港口”“无废岛屿”。建设星级“绿色港口”，青岛、烟台、日照等港口建设国际领先的智慧绿色港口。以长岛海洋生态文明综合试验区为示范，推进“无废岛屿”建设。（省交通运输厅、省生态环境厅牵头，省自然资源厅、省住房城乡建设厅配合）

三、保障措施

（一）加强组织领导

省级建立部门协调推进机制，负责全省“无废城市”建设工作的组织领导和统筹协调。各市要成立市委、市政府主要负责同志牵头，相关部门共同参与，横向到边、纵向到底的组织协调机制。纳入国家“无废城市”建设名单的市于 2022 年 7 月底前印发实施方案；其他市于 2022 年 9 月底前印发实施方案。

（二）健全推进机制

各市政府要坚决扛起“无废城市”建设主体责任，成立工作专班，建立健全日常工作调度、评估、考核机制，确保各项任务落地见效，每年 1 月底前将工作总结报送省生态环境委员会办公室。省生态环境厅会同省直相关部门要加强指导调度，省级将“无废城市”建设成效作为污染防治攻坚成效考核重要内容。

（三）强化资金保障

省政府有关部门要强化政策资金统筹，加大对“无废城市”建设支持力度。各市要完善政策体系，将“无废城市”建设相关资金纳入政府预算。鼓励有条件的市建立多元化投入渠道，吸引社会资本参与“无废城市”建设。

山东省“十四五”危险废物规范化环境管理评估工作方案

为贯彻落实《中华人民共和国固体废物污染环境防治法》等法律法规，按照《强化危险废物监管和利用处置能力改革实施方案》有关要求，加强危险废物污染防治，巩固和深化危险废物规范化环境管理工作成效，进一步推动各级地方政府和相关部门落实危险废物监管职责，强化危险废物监管和利用处置能力，促进危险废物产生单位（以下简称产废单位）和危险废物经营单位（以下简称经营单位）落实各项法律制度和相关标准规范，全面提升危险废物规范化环境管理水平，有效防控危险废物环境风险，制定本方案。

一、总体要求

（一）落实企业主体责任

强化危险废物规范化环境管理，综合运用法律、行政、经济等多种手段，持续推动企业落实危险废物污染环境防治的主体责任，防范环境风险，保障环境安全。

（二）推动政府和部门落实监管责任

合理设立评估指标，推动各地和相关部门落实危险废物监管和利用处置能力保障等工作的组织领导、方案编制、责任落实、能力建设、工作成效等事项。

（三）建立分级负责评估机制

危险废物规范化环境管理评估以省（区、市）组织开展为主。市级生态环境主管部门抽取产废单位和经营单位进行评估；省级生态环境主管部门对市级生态环境主管部门进行评估，抽取产废单位和经营单位进行评估。生态环境部抽取部分省（区、市）进行评估。

（四）突出评估重点

年度工作方案的制定应按照评估要求，根据危险废物的危害特性、产生数量和环境风险等因素，突出评估危险废物环境重点监管单位，同时通过评估核实其他单位的危险废物环境管理相关情况。

二、评估方式

（一）国家评估

生态环境部每年按照《危险废物规范化环境管理评估指标》（以下简称《评估指标》，见附件 1），结合统筹强化监督等，现场评估部分省（区、市）上年度危险废物规范化环境管理情况。

（二）地方评估

省级生态环境主管部门对市级生态环境主管部门的评估，可结合本省（区、市）实际，参照《评估指标》表 1 执行，具体指标可适当调整。各级地方生态环境主管部门按照《评估指标》表 2 和表 3 对产废单位和经营单位进行评估，并填写《被抽查单位评估情况记录表》（见附件 2）。固体废物管理、环境执法、环境影响评价与排污许可等部门要对危险废物规范化环境管理评估工作做好必要的政策指导。有条件的地区，可以采取购买第三方服务等方式，为危险废物规范化环境管理评估工作提供技术支撑。

（三）评估安排

各省级生态环境主管部门应于每年 1 月 31 日前按照《评估指标》表 1 进行自评打分，总结上一年度危险废物规范化环境管理评估情况（要求见附件 3），制定本年度评估工作方案，并将上述 3 项材料报送生态环境部，抄送生态环境部固体废物与化学品管理技术中心。

三、评估要求

（一）省级评估

原则上，优先选取纳入危险废物环境重点监管单位清单的单位开展评估，每年度评估数量要求具体如下：

1. 经营单位：不少于 20 家，若经营单位总数不足 20 家则全部进行评估。“十四五”期间实现对本地区所有经营单位评估全覆盖。

2. 产废单位：危险废物年产生量 100 吨及以上的或拥有危险废物自行利用处置设施的重点产废单位不少于 60 家，若总数不足 60 家则全部进行评估；其他产废单位不少于 20 家，若总数不足 20 家则全部进行评估。

3. 省级生态环境主管部门评估市级生态环境主管部门时所抽取评估的单位，计入省级评估数量。

4. 评估单位数量不足最低要求的 80%，直接判定为《评估指标》评估结果中的 C。

（二）市级评估

各省级生态环境主管部门结合各设区市实际情况，在年度评估工作方案中明确市级评估要求。原则上，经营单位、重点产废单位、其他产废单位市级评估数量不得低于省级评估数量要求。

四、评估结果应用

（一）各级生态环境主管部门

国家评估过程中，对推进危险废物规范化环境管理工作取得良好效果的地方生态环境主管部门予以通报表扬，并在安排危险废物相关项目时优先考虑、予以倾斜，提供政策和资金支持；对推进危险废物规范化环境管理工作差的地方生态环境主管部门予以通报批评。

各省级生态环境主管部门应在年度评估工作方案中强化评估结果应用，敦促地方和相关部门落实监管责任。

（二）产废单位和经营单位

鼓励省级生态环境主管部门将危险废物规范化环境管理评估达标、环境管理水平高的企业纳入生态环境监督执法正面清单，适当减少“双随机、一公开”抽查频次。

将评估中发现的涉嫌环境违法问题与环境执法工作相衔接。对在评估中发现的企业违法行为，各级生态环境主管部门要严格依据《中华人民共和国环境保护法》《中华人民共和国固体废物污染环境防治法》等法律法规和《最高人民法院、最高人民检察院关于办理环境污染刑事案件适用法律若干问题的解释》等进行查处，涉嫌环境犯罪的移送公安机关。

（仅提供与本书相关的附件 1 的表 2，其他附件略）

附件 1

表 2　危险废物规范化环境管理评估指标（工业危险废物产生单位）

评估项目	评估主要内容	分数		评估标准	评分要点	评估方法	备注
		满分	得分				
一、污染环境防治责任制度（《中华人民共和国固体废物污染环境防治法》，以下简称《固废法》，第三十六条）	1. 产生工业固体废物的单位应当建立健全工业固体废物产生、收集、贮存、利用、处置全过程的污染环境防治责任制度，采取防治工业固体废物污染环境的措施。	2		建立了涵盖全过程的责任制度，负责人明确，各项责任分解清晰；负责人熟悉危险废物环境管理相关法规、制度、标准、规范；制定的制度得到落实，采取了防治工业固体废物污染环境的措施。	1. 建立了涵盖全过程的责任制度，负责人明确，各项责任分解清晰；负责人熟悉危险废物环境管理相关法规、制度、标准、规范；制定的制度得到落实；采取了防治工业固体废物污染环境的措施。得 2 分。 2. 建立的责任制度未涵盖全过程，但负责人熟悉危险废物环境管理有关制度和本单位的危险废物环境管理情况，且采取了防治工业固体废物污染环境的措施。得 1 分。 3. 未建立责任制度，或负责人不熟悉危险废物环境管理有关制度、不熟悉本单位危险废物环境管理情况，或制定的制度未得到落实、环境管理职责不明确，或未采取防治工业固体废物污染环境的措施、现场管理混乱。得 0 分。	查阅相关资料（查看相关管理制度）、现场询问、核查。	
		1		执行危险废物污染防治责任信息公开制度，在显著位置张贴危险废物污染防治责任信息。	1. 在适当场所的显著位置张贴危险废物污染防治责任信息，且张贴信息能够表明危险废物产生环节、危害特性、去向及责任人等。得 1 分。 2. 未张贴危险废物污染防治责任信息，或张贴场所位置不明显，张贴信息未能明确表明危险废物产生环节、危害特性、去向或责任人等。得 0 分。	现场核查。	

续表

评估项目	评估主要内容	分数		评估标准	评分要点	评估方法	备注
		满分	得分				
二、标识制度（《固废法》第七十七条）	2. 危险废物的容器和包装物应当按照规定设置危险废物识别标志。	1		依据国家和地方相关标准规范所示标签设置危险废物识别标志。	1. 设置了规范的（样式正确、内容填写真实完整）危险废物识别标志。得 1 分。 2. 识别标志样式或填写内容有 1 处错误。得 0.5 分。 3. 未设置识别标志，或识别标志样式不正确，或填写内容有 2 处及以上错误。得 0 分。	现场核查。	
	3. 收集、贮存、利用、处置危险废物的设施、场所，应当按照规定设置危险废物识别标志。	1		依据国家和地方相关标准规范所示标签和警示标志设置危险废物识别标志。	1. 在收集、贮存、利用、处置危险废物的设施、场所均设置了规范（形状、颜色、图案均正确）的危险废物识别标志。得 1 分。 2. 上述危险废物环境管理的相关设施、场所识别标志有 1 处错误。得 0.5 分。 3. 上述危险废物环境管理的相关设施、场所未设置识别标志或识别标志有 2 处及以上错误。得 0 分。	现场核查。	
三、管理计划制度（《固废法》第七十八条）	4. 危险废物管理计划包括减少危险废物产生量和降低危险废物危害性的措施，以及危险废物贮存、利用、处置措施。	2		制定了危险废物管理计划；内容齐全，危险废物的产生环节、种类、危害特性、产生量、利用处置方式描述清晰。	A. 危险废物的产生环节、种类描述清晰。 B. 危险废物产生量预测依据充分，且提出了减少产生量的措施。 C. 危险废物的危害特性描述准确，且提出了降低危害性的措施。 D. 危险废物贮存、利用、处置措施描述清晰。 以上每项符合得 0.5 分，共 2 分。	1. 查阅相关资料（查看危险废物管理计划）。 2. 比对该企业近 3 年管理计划，查阅危险废物产生情况是否有较大变动。如有，请企业提供说明材料。	

续表

评估项目	评估主要内容	分数		评估标准	评分要点	评估方法	备注
		满分	得分				
三、管理计划制度（《固废法》第七十八条）	5. 报产生危险废物的单位所在地生态环境主管部门备案。	1		通过国家危险废物信息管理系统报所在地生态环境主管部门备案；内容发生变更时及时变更相关备案内容。	1. 经所在地生态环境主管部门备案，并可提供相关备案证明材料；管理计划内容发生变更时及时变更相关备案内容。得 1 分。 2. 未报所在地生态环境主管部门备案，或未能提供相关证明材料，或内容有变更未及时变更相关备案内容。得 0 分。	查阅相关资料（由企业提供已经备案的证明材料）。	
四、排污许可制度（《固废法》第三十九条）	6. 产生工业固体废物的单位应当取得排污许可证。	2		依法取得排污许可证并按证排污。	1. 依法取得排污许可证，许可证中按照技术规范对工业固体废物提出明确环境管理要求，对工业固体废物的贮存、自行利用处置和委托外单位利用处置符合许可证要求，按要求及时提交台账记录和执行报告。得 2 分。 2. 依法取得排污许可证，对工业固体废物的贮存、自行利用处置和委托外单位利用处置符合许可证要求，但未按要求及时提交台账记录和执行报告。得 1 分。 3. 未依法取得排污许可证，或依法取得了排污许可证，但对工业固体废物的贮存、自行利用处置和委托外单位利用处置不符合许可证要求，未及时提交台账记录和执行报告。得 0 分。	查阅相关资料、现场核查。	

续表

评估项目	评估主要内容	分数		评估标准	评分要点	评估方法	备注
		满分	得分				
五、台账和申报制度（《固废法》第七十八条）	7. 按照国家有关规定建立危险废物管理台账，如实记录有关信息。	6		如实记录；内容齐全；能提供证明材料，证明所记录数据的真实性和合理性。	1. 全面、准确地记录了危险废物产生、入库、出库、自行利用处置等各环节危险废物在企业内部流转情况；且可提供各环节台账记录表等证明材料。得 6 分。 2. 记录内容中存在 2 处及以下错误。得 3 分。 3. 不记录或虚假记录的，或记录内容中存在 2 处以上错误。得 0 分。	1. 核对产生、入库、出库、利用处置等各环节数据的逻辑关系。 2. 危险废物管理台账同转移联单、经营单位管理台账进行核对。 3. 若不同环节间数据存在因挥发等因素造成的数据偏差，判断是否在合理范围内。	
	8. 通过国家危险废物信息管理系统向所在地生态环境主管部门如实申报危险废物的种类、产生量、流向、贮存、处置等有关资料。	4		如实申报；内容齐全；能提供证明材料，证明所申报数据的真实性和合理性。	1. 全面、准确地申报了危险废物的种类、产生量、流向、贮存、利用、处置情况；且可提供证明材料（如危险废物管理台账、环评文件、竣工验收文件、危险废物转移联单、危险废物利用处置合同、财务数据等）。得 4 分。 2. 申报内容中存在 2 处及以下错误。得 2 分。 3. 不报或虚报、漏报、瞒报危险废物的，或申报内容中关于危险废物的种类、产生量、流向、贮存、利用和处置情况存在 2 处以上错误。得 0 分。	1. 至少抽选 2 种产生量大的危险废物，核实产生、贮存、转移、利用、处置全过程流向的合规合理性。 2. 查阅相关资料（由企业提供已经申报登记的证明材料和相应的其他证明材料）。 3. 比对该企业近 3 年申报资料，查阅危险废物产生情况是否有较大变动。如有，请企业提供说明材料。	

续表

评估项目	评估主要内容	分数		评估标准	评分要点	评估方法	备注
		满分	得分				
六、源头分类制度（《固废法》第八十一条）	9. 按照危险废物特性分类进行收集。	2		危险废物按种类分别收集、贮存。	A. 所有危险废物产生环节均按种类分别收集。 B. 危险废物按种类分别存放，不同废物间有明显间隔。 以上每项符合得 1 分，共 2 分。 注：此条评估企业内部收集时的源头分类。	1. 按照生产工艺流程，现场核查所有危险废物产生环节分类收集情况。 2. 现场核查厂区内（不仅限于贮存设施）危险废物存放情况。	
七、转移制度（《固废法》第三十七条、第八十二条）	10. 产生工业固体废物的单位委托他人运输、利用、处置工业固体废物的，应当对受托方的主体资格和技术能力进行核实，依法签订书面合同，在合同中约定污染防治要求。	5		核实受托方的主体资格和技术能力。	A. 对受托方的主体资格和技术能力进行核实，且可提供证明材料。 B. 及时核对受托方收集、利用或者处置相关危险废物情况，且可提供证明材料。 以上每项符合得 2.5 分，共 5 分。	1. 查阅相关资料（如受托方危险废物经营许可证及其附件的复印件等）。 2. 实地或电话同受托方核实，包括转移联单同产废单位的台账核实。转移联单同经营单位的经营管理台账核实。	

续表

评估项目	评估主要内容	分数		评估标准	评分要点	评估方法	备注
		满分	得分				
七、转移制度（《固废法》第三十七条、第八十二条）	11. 转移危险废物的，按照危险废物转移有关规定，如实填写、运行转移联单。	4		按照实际转移的危险废物，如实填写、运行危险废物转移联单。	1. 转移危险废物的，按照危险废物转移有关规定通过国家危险废物信息管理系统如实填写、运行电子联单。得 4 分。 2. 联单填写不规范，存在 2 处及以下错填、漏填等情况。得 2 分。 3. 未运行联单擅自转移危险废物或联单填写存在错填、漏填在 2 处以上。得 0 分。	1. 现场查看转移联单，并结合台账记录、环评文件等材料进行核对。 2. 至少抽选 2 种转移量大的危险废物，核实产生、贮存、转移、利用、处置全过程流向的合规合理性。	
	12. 跨省、自治区、直辖市转移危险废物的，应当向危险废物移出地省、自治区、直辖市人民政府生态环境主管部门申请。	2		向移出地省级生态环境主管部门申请并获得批准。	1. 跨省、自治区、直辖市转移危险废物的，在转移危险废物前向移出地省级生态环境主管部门申请并得到批准。得 2 分。 2. 未获得省级生态环境主管部门批准，擅自转移危险废物。得 0 分。	查阅相关资料（查看批准证明）。	
八、环境应急预案备案制度（《固废法》第八十五条）	13. 依法制定意外事故的环境污染防范措施和应急预案。	1		有意外事故应急预案（综合性应急预案有危险废物相关篇章或有危险废物专门应急预案）。	A. 应急预案有明确的管理机构及负责人。 B. 有意外事故的情形及相应的处理措施。 C. 有应急预案中要求配置的应急装备及物资。 D. 内部及外部环境发生改变时，及时对应急预案进行修订。	查阅相关资料（查看环境应急预案）、现场核查。	

续表

评估项目	评估主要内容	分数		评估标准	评分要点	评估方法	备注
		满分	得分				
八、环境应急预案备案制度（《固废法》第八十五条）	13. 依法制定意外事故的环境污染防范措施和应急预案。	1		有意外事故应急预案（综合性应急预案有危险废物相关篇章或有危险废物专门应急预案）。	1. 制定了环境应急预案且达到以上全部要求。得 1 分。 2. 未制定环境应急预案，或制定的环境应急预案不能达到上述 2 项以上要求。得 0 分。		
	14. 向所在地生态环境主管部门和其他负有固体废物污染环境防治监督管理职责的部门备案。	1		在所在地生态环境主管部门和其他负有固体废物污染环境防治监督管理职责的部门备案。	1. 环境应急预案报所在地生态环境主管部门和其他负有固体废物污染环境防治监督管理职责的部门备案，有相关证明材料。得 1 分。 2. 未备案或无相关证明材料。得 0 分。	查阅相关资料（查看备案证明）。	
	15. 按照预案要求定期组织应急演练。	2		按照预案要求定期组织环境应急演练。	对于危险废物年产生量在 10 吨以下的企业： 1. 有图片、文字或视频记录。得 2 分。 2. 无任何记载或不能够证明组织了环境应急演练。得 0 分。 对于危险废物年产生量 10 吨（含）以上的企业，以下每项要求符合得 0.5 分；未组织环境应急演练的得 0 分。 A. 有详细的演练计划。 B. 有演练的图片、文字或视频记录。 C. 有演练后的总结材料。 D. 参加演练人员熟悉意外事故的环境污染防范措施。	查阅相关资料（查看环境应急预案演练记录）、现场询问。	

续表

评估项目	评估主要内容	分数		评估标准	评分要点	评估方法	备注
		满分	得分				
九、贮存设施环境管理（《固废法》第十七条、第十八条、第七十九条）	16. 依法进行环境影响评价，完成“三同时”验收。	2		有环评材料，并完成“三同时”验收。	1. 环境影响评价文件对全部危险废物贮存设施进行了评价，且完成了“三同时”验收或在验收期限内。得 2 分。 2. 环境影响评价文件对全部危险废物贮存设施进行了评价，但未完成“三同时”验收。得 1 分。 3. 环境影响评价文件对部分危险废物贮存设施进行了评价，且完成了“三同时”验收或在验收期限内。得 1 分。 4. 环境影响评价文件未对危险废物贮存设施进行评价或危险废物实际贮存方式与环境影响评价文件不一致。得 0 分。	查阅相关资料（查看环评材料及批复、验收报告等）。	
	17. 按照国家有关规定和环境保护标准要求贮存危险废物。	10		符合《危险废物贮存污染控制标准》的有关要求。	A. 符合《危险废物贮存污染控制标准》一般要求，按照危害特性分类贮存危险废物、未混合贮存性质不相容且未经安全性处置的危险废物、具备防渗漏功能或采取相应措施等。 B. 符合《危险废物贮存污染控制标准》贮存容器有关要求，装载危险废物的容器完好无损等。 C. 符合《危险废物贮存污染控制标准》污染物排放有关要求，危险废物贮存过程产生的各种污染物满足国家污染物排放（控制）标准等要求。 D. 符合《危险废物贮存污染控制标准》监测有关要求，按照有关规定开展自行监测等。 以上每项符合得 2.5 分，共 10 分。	现场核查厂区内（不仅限于贮存设施）危险废物存放情况，重点核查是否存在随意堆存、与一般工业固体废物掺混等情形。	

续表

评估项目	评估主要内容	分数		评估标准	评分要点	评估方法	备注
		满分	得分				
十、信息发布（《固废法》第二十九条）	18. 产生固体废物的单位，应当依法及时公开固体废物污染环境防治信息，主动接受社会监督。	1		依法及时公开危险废物污染环境防治信息。	1. 通过企业网站等途径依法公开当年危险废物污染环境防治信息。得 1 分。 2. 未依法公开当年危险废物污染环境防治信息。得 0 分。	查阅相关资料。	
合计		50		—			
十一、利用设施环境管理（《固废法》第十七条、第十八条、第十九条、第七十九条）	19. 依法进行环境影响评价，完成“三同时”验收。	2		有环评材料，并完成“三同时”验收。	1. 环境影响评价文件对全部危险废物利用设施进行了评价，且完成了“三同时”验收或在验收期限内。得 2 分。 2. 环境影响评价文件对全部危险废物利用设施进行了评价，但未完成“三同时”验收。得 1 分。 3. 环境影响评价文件仅对部分危险废物利用设施进行了评价，且完成了“三同时”验收或在验收期限内。得 1 分。 4. 环境影响评价文件未对危险废物利用设施进行评价或危险废物实际利用方式与环境影响评价文件不一致。得 0 分。	查阅相关资料（查看环评材料及批复、验收报告等）。	

续表

评估项目	评估主要内容	分数		评估标准	评分要点	评估方法	备注
		满分	得分				
十一、利用设施环境管理（《固废法》第十七条、第十八条、第十九条、第七十九条）	20. 定期对利用设施污染物排放进行环境监测，并符合相关标准要求。	2		监测点位、指标及频次符合要求，有定期环境监测报告，并且污染物排放符合相关标准要求。	1. 按照有关法律和排污单位自行监测技术指南等规定，建立企业监测制度，制定监测方案，且近一年内按照监测方案要求的监测点位、监测指标和监测频次对自行利用设施污染物排放情况进行了监测，有环境监测报告，并且污染物排放符合执行标准。得2分。 2. 近一年内有环境监测报告，并且污染物排放符合执行标准，但监测点位不符合要求或监测指标、频次不足。得1分。 3. 近一年内未对污染物排放情况进行监测，或污染物超标排放。得0分。 注：企业可根据自身条件和能力，利用自有人员、场所和设备自行监测；也可委托其他有资质的检（监）测机构代其开展自行监测。	查阅相关资料（对照相关标准查看环境监测报告）、现场核查。	
	21. 危险废物资源化利用过程符合环境保护要求。	6		危险废物资源化产物符合《固体废物鉴别标准通则》相关要求。	满足以下条件之一的，得6分： A. 危险废物资源化产物生产过程中排放到环境中的有害物质限值和该产物中有害物质的含量限值，符合国家相关污染物排放（控制）标准或技术规范要求，并提供证明材料。 B. 当没有国家污染控制标准或技术规范时，危险废物资源化产物中所含有害成分含量不高于利用被替代原料生产的产品中的有害成分含量，	查阅相关资料（相关标准或技术规范、污染物排放监测报告、有害物质含量检测报告）。	

续表

评估项目	评估主要内容	分数		评估标准	评分要点	评估方法	备注
		满分	得分				
十一、利用设施环境管理（《固废法》第十七条、第十八条、第十九条、第七十九条）	21. 危险废物资源化利用过程符合环境保护要求。	6		危险废物资源化产物符合《固体废物鉴别标准通则》相关要求。	并且在该产物生产过程中，排放到环境中的有害物质浓度不高于利用所替代原料生产产品过程中排放到环境中的有害物质浓度，并提供证明材料。		
合计		60		—			
十二、处置设施环境管理（《固废法》第十七条、第十八条、第十九条、第七十九条）	22. 依法进行环境影响评价，完成“三同时”验收。	2		有环评材料，并完成“三同时”验收。	1. 环境影响评价文件对全部危险废物处置设施进行了评价，且完成了“三同时”验收或在验收期限内。得 2 分。 2. 环境影响评价文件对全部危险废物处置设施进行了评价，但未完成“三同时”验收。得 1 分。 3. 环境影响评价文件仅对部分危险废物处置设施进行了评价，且完成了“三同时”验收或在验收期限内。得 1 分。 4. 环境影响评价文件未对危险废物处置设施进行评价或危险废物实际处置方式与环境影响评价文件不一致。得 0 分。	查阅相关资料（查看环评材料及批复、验收报告等）。	
	23. 符合运行环境管理要求。	6		运行要求符合相关标准规范。	以焚烧、填埋、水泥窑等方式自行处置危险废物的运行要求符合国家和地方相关标准规范（如《危险废物焚烧污染控制标准》《危险废物填埋污染控制标准》《水泥窑协同处置固体废物污染控制标准》等）。得 6 分。根据实际情况，酌情打分。	查阅相关资料、现场核查。	

续表

评估项目	评估主要内容	分数		评估标准	评分要点	评估方法	备注
		满分	得分				
十二、处置设施环境管理（《固废法》第十七条、第十八条、第十九条、第七十九条）	24. 定期对处置设施污染物排放进行环境监测，并符合相关标准要求。	2		监测点位、指标及频次符合要求，有定期环境监测报告，并且污染物排放符合相关标准要求。	1. 按照有关法律和排污单位自行监测技术指南等规定，建立企业监测制度，制定监测方案，且近一年内按照监测方案要求的监测点位、监测指标和监测频次对自行处置设施污染物排放情况进行了监测，有环境监测报告，并且污染物排放符合执行标准。得 2 分。 2. 近一年内有环境监测报告，并且污染物排放符合执行标准，但监测点位不符合要求或监测指标、频次不足。得 1 分。 3. 近一年内未对污染物排放情况进行监测，或污染物超标排放。得 0 分。 注：企业可根据自身条件和能力，利用自有人员、场所和设备自行监测；也可委托其他有资质的检（监）测机构代其开展自行监测。	查阅相关资料（对照相关标准查看环境监测报告）、现场核查。	
合计		70		—			
加分项	A. 在危险废物相关重点环节和关键节点应用视频监控的，加 0.5 分；在危险废物相关重点环节和关键节点应用电子标签的，加 0.5 分。 B. 对管理人员和从事危险废物收集、运输、贮存、利用和处置等工作的人员进行培训的，加 0.5 分；参加培训人员对危险废物管理制度、相应岗位危险废物管理要求等较熟悉的，加 0.5 分。 C. 投保环境污染责任保险的，加 1 分。					查阅相关资料、现场核查。	

续表

评估项目	评估主要内容	分数		评估标准	评分要点	评估方法	备注
		满分	得分				
否决项	A. 擅自转移、倾倒、堆放危险废物的。 B. 将危险废物（收集 / 利用 / 处置环节豁免的除外）提供或者委托给无许可证的单位或者其他生产经营者从事经营活动的。 C. 未运行联单擅自转移危险废物或未经批准擅自跨省（自治区、直辖市）、跨境转移危险废物的。 D. 由于危险废物管理不当导致突发环境事件发生的。 E. 执行台账和申报制度存在不报或虚报、瞒报危险废物的。					现场核查。	
评估得分					评估结果：达标□　基本达标□　不达标□		

说明：

1. 工作组应当至少包括 2 名具有环境执法证件的人员，可邀请专家参与检查。
2. 评估人员要做好记录并签字。
3. 对危险废物流向、贮存、利用、处置等信息，要核查原始凭证。
4. 根据评分要点给出得分。
5. 备注栏可对评估情况进行简要记录。
6. 评估内容不适用的，计为 0 分，并将该项分值从满分中扣除后，按比例换算达标、基本达标、不达标界值。
7. 加分项目以当年是否开展为准。
8. 否决项，即该项不得分，则评估结果为不达标。
9. 评估标准：

（1）无自行利用或处置设施的产废单位满分为 50 分，40（含）~50 分为达标，30（含）~40 分为基本达标；30 分以下为不达标。（2）有自行利用或处置设施的产废单位满分为 60 分，48（含）~60 分为达标，36（含）~48 分为基本达标，36 分以下为不达标。（3）有自行利用和处置设施的产废单位满分为 70 分，56（含）~70 分为达标，42（含）~56 分为基本达标，42 分以下为不达标。

10. 非工业源危险废物产生单位（医疗机构、实验室、机动车保养维修等单位）规范化环境管理评估指标可以参照本表。

山东省生态环境厅关于启用山东省固体废物和危险化学品信息化智慧监管系统开展业务的通知

（鲁环发〔2020〕11 号）

各市生态环境局：

为加强危险废物全过程动态管理，提高全省固体废物和危险化学品信息化监管水平，防范环境风险，省生态环境厅建设了山东省固体废物和危险化学品信息化智慧监管系统（以下简称固废智慧监管系统），即日起正式启用，现将有关事项通知如下。

一、主要功能

固废智慧监管系统设有固废申报、物联监管、电器拆解、铅蓄电池、移动执法五大模块，可实现危险废物管理计划申报备案、固体废物（危险废物）产生源申报登记、废弃电器电子产品回收拆解处置、废铅蓄电池回收处置、危险废物经营许可证审批和备案、危险废物转移联单办理、有毒化学品出口和限制进口类可用作原料的固体废物进口业务的网上办理，推进移动执法检查信息化，实时掌握全省固体废物（危险废物）的产生、贮存、转移、处置等动态数据。

二、注册登录

根据山东省大数据局统一要求，固废智慧监管系统部署在省电子政务云平台，各地生态环境部门须通过省政务外网（公共服务域）办理业务、传输数据。尚未开通省政务外网（公共服务域）的生态环境部门，要尽快开展网络接入工作，开通使用省政务外网（公共服务域）。现临时使用的互联网业务，将逐步停用。

企事业单位注册、登录地址：http：//103.239.155.229：8129/bsp/company/login/gf

生态环境部门登录地址（省政务外网地址）：http：//172.20.232.141：8102/portal/

生态环境部门登录地址（临时互联网地址）：http：//27.211.168.253：18102/portal/

使用自建系统的市，要督促指导辖区内有关企事业单位在固废智慧监管系统注册备案，办理相关业务，按照固废智慧监管系统数据报送的时间、内容要求，及时报送相关数据。省生态环境厅将按要求向生态环境部报送相关数据。

三、业务内容及时限

（一）危险废物申报登记

每月5日前，各有关企事业单位将上月危险废物产生、贮存、转移、处置情况和经营许可证申领、利用处置能力核准、管理计划执行等情况整理录入固废智慧监管系统，生成企事业单位月报表。2020年2月29日前，将2019年度上述情况整理录入系统，生成企事业单位年报表。自2021年起，每年1月31日前完成年报表申报。

（二）危险废物管理计划申报备案

2020年2月29日前，各有关企事业单位通过固废智慧监管系统完成本年度危险废物管理计划申报备案。需变更管理计划的，应当及时提交变更申请，由所在县（市、区）生态环境部门审核。自2021年起，每年1月31日前完成危险废物管理计划申报备案。

（三）危险废物转移联单办理

2020年2月29日前，各地生态环境部门应停止发放纸质联单，危险废物省内转移实行电子转移联单。

（四）危险废物经营许可证备案

已取得危险废物经营许可证或试运行批复的经营单位，应当及时将相关信息录入固废智慧监管系统，由所在市生态环境局审核备案。

四、有关要求

（一）明确职责分工

省生态环境厅固体废物与化学品处统筹负责固废智慧监管系统的启用管理和应用推广工作。各地生态环境部门负责本辖区系统管理和应用推广工作，要明确具体管理人员，填写《山东省固废信息业务管理员统计表》（见附件）。省固废和危化品污防中心负责协调信息管理部门、固废智慧监管系统建设等单位，共同做好系统建设维护、业务培训等工作。

（二）严把数据质量

固废智慧监管系统数据将作为全省危险废物“一本账”管理的主要依据。各有关企事业单位要对填报数据的真实性负责，各地生态环境部门重点对数据的逻辑符合性进行审核。对填报数据不真实、弄虚作假的，按照《中华人民共和国固体废物污染环境防治法》等有关规定严肃处罚。

五、联系人及联系方式

省生态环境厅固体废物与化学品处：王耀唯，0531–66226757

省固废和危化品污防中心：吴浩，0531–69989172

（附件略）

山东省生态环境厅关于变更转移固体废物（不含危险废物）出本省利用备案有关事项的通告

有关单位：

根据《中华人民共和国固体废物污染环境防治法》有关规定，结合我省实际，现就有关事项通告如下：

自 2021 年 5 月 6 日起，转移固体废物（不含危险废物，下同）出本省利用业务采取线上备案方式，不再接受邮寄备案材料。转移单位应在固体废物转移出省前，通过“山东省固体废物和危险化学品信息化智慧监管系统”（简称固废管理系统）填写备案信息并提交备案材料（备案材料目录见附件 1，具体操作流程见附件 2）。《山东省生态环境厅关于转移固体废物出本省利用备案的通知》（鲁环函〔2020〕329 号）同时废止。

请各市生态环境局及时将本通告内容告知辖区内相关单位，并督促其按要求履行备案程序。省生态环境厅收到备案申请后，将依法向接受地的省、自治区、直辖市人民政府生态环境主管部门通报备案信息。

联系方式：省固废和危化品污防中心（0531）87299097

（附件略）

山东省生态环境厅关于组织做好一般工业固体废物申报工作的通知

为贯彻落实《中华人民共和国固体废物污染环境防治法》（以下简称《固废法》）、《山东省固体废物污染环境防治条例》（以下简称《条例》），组织做好全省一般工业固体废物申报工作，现就有关事项通知如下：

一、申报时间

依据《条例》第二十八条，产生一般工业固体废物的单位应于每年 1 月 31 日前完成上一年度申报工作。其中，2022 年度一般工业固体废物申报最迟于 2023 年 6 月底前完成。

二、申报对象及内容

（一）申报对象为本省产生一般工业固体废物的单位（以下简称产废单位），包括已经列入第二次全国污染源普查的单位、排污许可登记涉及的单位及各级生态环境部门经核查认为应当申报的单位。

（二）填报内容包括产废单位基本情况、一般工业固体废物的类别、数量、贮存、自行处置利用、转移处置利用等情况，相关数据应与企业管理台账中的固体废物种类、数量、转移情况保持一致。产废单位产生的每一类一般工业固体废物，均应填报至最终利用处置环节。提供的资料与排污许可登记不一致的，应当说明原因。

（三）产废单位应在“山东省固体废物智慧监管信息系统”中完成信息报送，一般工业固体废物申报操作手册详见附件。

三、有关要求

（一）产废单位应对申报信息的真实性、准确性和完整性负责，落实专人负责申报工作，对固体废物类别、产生量、贮存量、处置利用量等相关数据要进行严格把关，确保按时申报、数据真实准确。对于未按要求开展申报的，各市生态环境局根据《固废法》及《条例》等相关法律法规依法处理。

（二）产废单位应根据《一般工业固体废物管理台账制定指南（试行）》要求，建立一般工业固体废物产生、贮存、利用、处置全过程管理台账并由专人管理，防止遗失，保存期限不少于 5 年。

（三）各市生态环境局要加强对产废单位的环境监管，督促产废单位认真贯彻落实一般工业固体废物环境管理的相关法律法规要求，对日常执法检查中发现的未如实申报、未按规范要求贮存利用以及非法收运、倾倒、处置一般工业固体废物等违法违规行为依法进行查处。

（四）各市生态环境局指导产废单位按照要求申报，对本市申报情况进行初审，适情公开发布本市上年度一般工业固体废物产生、贮存、利用、处置情况。

（附件略）

辽宁省固体废物污染环境防治条例

（2024 年 12 月 1 日起施行）

（2024 年 9 月 24 日辽宁省第十四届人民代表大会常务委员会第十一次会议审议通过）

第一章　总　则

第一条　为了保护和改善生态环境，防治固体废物污染环境，保障公众健康，维护生态安全，推进生态文明建设，促进经济社会高质量发展，根据《中华人民共和国固体废物污染环境防治法》等法律、行政法规，结合本省实际，制定本条例。

第二条　本省行政区域内固体废物污染环境的防治，适用本条例。

固体废物污染海洋环境的防治和放射性固体废物污染环境的防治不适用本条例。

《辽宁省医疗废物管理条例》对医疗废物污染环境防治另有规定的，依照其规定执行。

第三条　固体废物污染环境防治坚持减量化、资源化、无害化原则，实行统筹规划、分类管理、全程控制、数字赋能、社会共治。

第四条　省、市、县（含县级市、区，下同）人民政府对本行政区域固体废物污染环境防治负责，应当加强对固体废物污染环境防治工作的领导，组织、协调、督促有关部门依法履行固体废物污染环境防治监督管理职责，统筹解决污染环境防治工作中的重大问题，落实固体废物污染环境防治目标责任制和考核评价制度，推进固体废物产生、收集、贮存、转移、利用、处置等污染环境防治全过程管理。

乡镇人民政府、街道办事处应当按照职责，依法做好固体废物污染环境防治工作。

第五条　省人民政府根据固体废物污染环境防治需要，可以加强与相邻省人民政府工作联动，协商建立跨行政区域固体废物污染环境的联防联控机制，统筹规划制定、设施建设、固体废物转移等工作。

市人民政府之间可以协商建立跨行政区域固体废物污染环境联防联控机制，统筹建设固体废物集中处置设施和场所，推动固体废物利用、处置协作、环境风险共防。

第六条 生态环境主管部门对本行政区域内固体废物污染环境防治工作实施统一监督管理。

发展改革、工业和信息化、自然资源、住房城乡建设、交通运输、农业农村、商务、卫生健康、邮政、市场监管、疾病预防控制等主管部门，在各自职责范围内负责固体废物污染环境防治监督管理工作。

第七条 单位和个人应当提高生态环境保护意识，履行生态环境保护义务，减少固体废物产生。

固体废物污染环境防治坚持污染担责的原则。产生、收集、贮存、运输、利用、处置固体废物的单位和个人，应当采取措施，防止或者减少固体废物对环境的污染，对所造成的环境污染依法承担责任。

第八条 省、市、县人民政府应当组织有关部门在财税政策、用地安排、租金减免、政府采购等方面，扶持和发展固体废物综合利用项目，促进固体废物综合利用园区化、规模化和产业化。

省、市、县人民政府及其有关部门应当鼓励和支持固体废物污染环境防治科学研究、技术开发、科技成果转化和先进技术推广，推动固体废物污染环境防治技术进步和产业发展。

鼓励和支持社会力量参与固体废物污染环境防治工作。

第九条 国家机关、社会团体、企业事业单位和基层群众性自治组织应当加强固体废物污染环境防治宣传教育和科学普及，增强公众固体废物污染环境防治意识。

学校应当开展生活垃圾分类以及其他固体废物污染环境防治知识普及和教育。

广播、电视、报刊、互联网等新闻媒体应当加强对固体废物污染环境防治的公益宣传和舆论监督。

第二章　监督管理

第十条 省、市、县人民政府应当将固体废物污染环境防治工作纳入国民经济和社会发展规划、生态环境保护规划，组织制定固体废物污染环境防治相关专项规划，明确生态保护和污染防治的目标任务、保障措施等，统筹固体废物贮存、转运、集中处置等设施建设需求，优化设施布局，保障设施建设用地。

建设工业固体废物、危险废物集中贮存、利用、处置设施、场所以及尾矿库、生活垃圾填埋场、建筑垃圾消纳场，应当符合生态保护红线、环境质量底线、资源利用上线和生态环境准入清单等生态环境分区管控要求。

第十一条　省、市、县人民政府及其有关部门应当采取有效措施推进固体废物源头减量和资源化利用，提高固体废物无害化处置能力，降低固体废物的危害性，最大限度降低固体废物填埋量，推动无废城市建设。

鼓励、支持企业事业单位和其他生产经营者积极推进无废园区、无废厂区、无废景区等建设。

第十二条　省生态环境主管部门应当会同工业和信息化、住房城乡建设、农业农村、交通运输等部门，建立健全固体废物信息化监管机制，推动固体废物产生、收集、贮存、转移、利用、处置等全过程监督管理。

第十三条　建设产生、贮存、利用、处置固体废物的项目，应当依法进行环境影响评价。建设项目进行环境影响评价时，应当按照法律、法规和技术规范等有关规定识别建设项目产生的副产品、固体废物，对固体废物种类、数量、利用或者处置方式、环境风险等进行评价，加强危险废物的危险特性分析，制定环境污染防治措施，并遵守国家有关建设项目环境保护管理的规定。

第十四条　市生态环境主管部门应当会同住房城乡建设、农业农村等主管部门，定期向社会发布固体废物的种类、产生量、处置能力、利用处置状况等信息。

产生、收集、贮存、运输、利用、处置固体废物的单位，应当依法及时公开固体废物污染环境防治信息，主动接受社会监督；建立健全固体废物污染环境防治责任制度，明确污染防治措施、环境风险管控要求以及单位负责人和相关人员的责任。

第十五条　产生、收集、贮存、利用、处置固体废物的单位终止或者搬迁前，应当对固体废物贮存和处置的场所、设施、设备、残留废物以及其他有毒有害物质进行妥善处理，防止污染环境。

第十六条　转移固体废物出省贮存、处置或者利用的，应当按照有关规定，报本省生态环境主管部门批准或者备案。

接受省外转入固体废物的单位，应当对运抵的固体废物的名称、数量、特性、形态等进行核实，发现与批准内容或者备案信息不符的，应当及时告知省外移出单位，并向接受地生态环境主管部门和其他负有固体废物污染环境防治监督管理职责的部门报告。

第十七条 生态环境主管部门及其环境执法机构和其他负有固体废物污染环境防治监督管理职责的部门，在各自职责范围内有权对从事产生、收集、贮存、运输、利用、处置固体废物等活动的单位和其他生产经营者进行现场检查。被检查者应当如实反映情况，并提供必要的资料。

生态环境主管部门及其环境执法机构和其他负有固体废物污染环境防治监督管理职责的部门，可以利用远程监控、卫星遥感等信息化手段加强分析研判和预警溯源，提高固体废物污染环境防治精准化、智能化水平。

第三章 工业固体废物

第十八条 生态环境主管部门应当会同发展改革、工业和信息化等主管部门，按照国家防治工业固体废物污染环境技术政策，组织推广先进的防治工业固体废物污染环境的生产工艺和设备。

工业和信息化主管部门应当会同有关部门组织研究开发、推广减少工业固体废物产生量和降低工业固体废物危害性的生产工艺和设备，推动落实国家公布的限期淘汰产生严重污染环境的工业固体废物的落后生产工艺、设备名录。

第十九条 工业和信息化主管部门应当会同有关部门，按照国家工业固体废物综合利用技术、工艺、设备和产品导向目录，推动工业企业采用先进生产工艺和设备，组织开展工业固体废物资源综合利用评价，推动工业固体废物综合利用。

第二十条 省生态环境主管部门应当会同工业和信息化、交通运输等主管部门建立工业固体废物管理信息系统，推动工业固体废物产生、贮存、运输、利用、处置全过程信息化管理。

产生工业固体废物的单位应当通过工业固体废物管理信息系统如实填报工业固体废物产生、贮存、运输、利用、处置等情况。

第二十一条　产生工业固体废物的单位应当依法开展清洁生产，通过改造工艺设备、使用清洁能源和替代原料、加强绿色供应链管理、废物综合利用或者循环使用等措施，从源头减少工业固体废物产生。

鼓励产业园区实施循环化改造，引入工业固体废物综合利用项目，促进产业园区内工业固体废物的高效循环利用。

第二十二条　产生工业固体废物的单位对暂时不利用或者不能利用的工业固体废物，应当按照国家相关规定进行安全分类存放或者无害化处置。

工业固体废物符合国家有关规定的，可以进入生活垃圾焚烧设施协同处置。

省生态环境主管部门会同省住房城乡建设主管部门，根据国家有关规定，制定可以进入生活垃圾焚烧设施进行焚烧处置的工业固体废物名录，向社会公布并动态调整。

第二十三条　产生工业固体废物的单位将工业固体废物委托他人利用、处置的，应当通过查验受托方证照信息、环境影响评价文件、环境保护设施验收文件等方式，核实受托方的主体资格和技术能力。在依法签订的书面合同中明确运输责任、污染防治要求和利用、处置方式等。

产生、利用、处置工业固体废物的单位委托他人运输工业固体废物的，应当核实承运人证照信息和技术能力等，在依法签订的书面合同中明确工业固体废物污染防治要求等。

前两款规定的委托方应当督促受托方依照有关法律、法规的规定和合同约定履行污染防治义务，受托方应当及时将运输、利用、处置情况告知委托方。

第二十四条　市、县人民政府应当制定历史遗留工业固体废物消减计划，减少工业固体废物的存量。

粉煤灰、硼泥、冶炼废渣、皂化渣等工业固体废物存量较大的单位，应当制定分阶段消减计划，减少工业固体废物存量。在符合环境保护标准和要求前提下，鼓励采用井下充填、生态修复、路基材料等方式消纳工业固体废物。

第二十五条　矿山企业应当采取科学的开采方法和先进的生产工艺，减少尾矿、煤矸石、废石等矿业固体废物的产生量和贮存量，采取充填、回填、提取有价组分等措施提高资源利用率。

第四章　生活垃圾

第二十六条　省、市、县人民政府应当加快推动生活垃圾分类投放、分类收集、分类运输、分类处理，实现生活垃圾分类制度有效覆盖。建立健全生活垃圾分类工作协调机制，加强和统筹生活垃圾分类管理能力建设，督促和指导生活垃圾分类工作。

环境卫生主管部门负责生活垃圾管理有关工作。

第二十七条　市、县人民政府应当按照产生者付费的原则，建立健全生活垃圾处理收费制度，实行分类计价、计量收费等差别化管理，并充分征求公众意见，促进生活垃圾减量、分类和资源化利用。生活垃圾处理收费标准应当向社会公布。

第二十八条　市、县人民政府环境卫生主管部门应当会同有关部门，根据国家、省有关规定和要求，结合本地区人口、地域、生活垃圾产生量、处理目标等情况，组织编制本地区生活垃圾治理规划，报本级人民政府批准。

生活垃圾治理规划应当符合国土空间规划，明确生活垃圾分类投放、分类收集、分类运输、分类处理设施以及再生资源回收网点、集中分拣中心、交易市场的布局、规模和标准。

第二十九条　省、市、县人民政府有关部门应当加强对生活垃圾填埋场和焚烧厂的监督管理。对达到设计使用年限且经评估论证不能继续使用或者库容已满的生活垃圾填埋场进行封场处置和生态恢复，并定期开展跟踪监测，防止渗滤液等污染环境。

第三十条　市、县人民政府应当推动农村生活垃圾处置设施建设，对生活垃圾实行集中处置。暂不具备集中处置条件的地区，应当因地制宜，就近就地妥善处理生活垃圾。

第三十一条　环境卫生主管部门负责组织开展厨余垃圾资源化、无害化处理工作，推进区域性收集、运输、利用、处置体系建设。

食品加工、生鲜超市、农贸市场、农产品批发市场、餐饮服务等产生、收集厨余垃圾的单位和其他生产经营者，应当按照规定单独收集、存放厨余垃圾，并交由具备相应资质条件的单位进行无害化处理。

第五章　建筑垃圾

第三十二条　省、市、县人民政府应当加强建筑垃圾污染环境防治，实行建筑垃圾分类处理制度，依法制定包括源头减量、分类处理、消纳设施和场所布局及建设等在内的建筑垃圾污染环境防治工作规划，提升建筑垃圾治理水平。

第三十三条　市、县人民政府及其住房城乡建设主管部门应当完善建筑垃圾减量政策措施，推广绿色设计、绿色建材选用、绿色施工和新型建造方式，推进建筑垃圾源头减量。

第三十四条　环境卫生主管部门负责建筑垃圾污染环境防治工作，建立建筑垃圾全过程管理制度，规范建筑垃圾产生、收集、贮存、运输、利用、处置行为，推进综合利用，加强建筑垃圾处置设施、场所建设，通过信息化管理手段推进建筑垃圾全程监控和信息化追溯。

单位和个人应当按照建筑垃圾分类管理的要求收集、贮存、运输、利用、处置建筑垃圾，不得擅自倾倒、抛撒或者堆放建筑垃圾。

第三十五条　工程施工单位应当编制建筑垃圾处理方案，明确建筑垃圾减量化措施、利用处置方式和污染防治措施，依法报环境卫生主管部门备案。

建筑垃圾处理方案应当包括下列内容：

（一）施工单位基本信息、工程概况；

（二）建筑垃圾产生量、种类；

（三）源头减量、分类管理、就地利用、排放控制、突发应急处置等措施和责任人；

（四）建筑垃圾运输、利用、处置的委托意向书或者委托合同；

（五）法律、法规规定的其他内容。

工程施工单位应当将建筑垃圾的产生量、种类、清运工期、终端去向等内容在施工现场公示，接受社会监督。

第三十六条　工程施工单位应当及时清运工程施工过程中产生的建筑垃圾等固体废物。确需在施工现场临时贮存建筑垃圾的，应当符合生态环境、交通安全、环境卫生管理规定，不得影响周边建筑物、构筑物、管网安全和居民正常生活。

对不能现场利用的建筑垃圾，工程施工单位应当交由依法核准的建筑垃圾运输单位，运输至依法核准的处置单位处置。不得将建筑垃圾交给个人或者未经核准从事建筑垃圾运输的单位运输。

第三十七条　市、县环境卫生主管部门应当会同公安、交通运输等部门对建筑垃圾的运输时间、运输线路、核定载重、核定装卸点等实施监督管理，对建筑垃圾产生、收集、贮存、运输、利用、处置全过程实行联单管理，逐步推行电子联单管理。

第三十八条 建筑垃圾可以直接利用或者资源化利用的，应当循环利用或者运送到指定的建筑垃圾转运调配场所；无法直接利用、资源化利用的，应当运送到建筑垃圾消纳场所处置。

建筑垃圾消纳场所不得接收建筑垃圾以外的固体废物。

第三十九条 省、市、县人民政府及其有关部门应当推动建筑垃圾综合利用产品应用。使用政府性资金建设的工程项目，在满足使用功能的前提下，应当优先使用符合国家规定标准的建筑垃圾综合利用产品。鼓励其他工程项目建设优先使用符合工程质量要求的建筑垃圾综合利用产品。

第四十条 在农村地区建造、装修、拆除房屋等产生的建筑垃圾，可以按照就近就地处理原则，用于村内道路、入户路、景观等建设。

县人民政府有关部门和乡镇人民政府、街道办事处应当对前款规定建筑垃圾的堆放、收集、运输、利用、处置等加强指导和监督。

第四十一条 住房城乡建设主管部门应当因地制宜采取措施，支持新建民用建筑一次装修到位，减少或者避免二次装修产生建筑垃圾。

装修过程中产生的建筑垃圾应当与生活垃圾分别收集，采取定时定点或者提前预约等方式进行清运。

第六章 农业固体废物、其他固体废物

第四十二条 农业农村主管部门负责指导农业固体废物回收利用体系建设，鼓励和引导有关单位和其他生产经营者依法收集、贮存、运输、利用、处置农业固体废物，加强监督管理，防止秸秆、废弃农用薄膜、农药包装废弃物以及畜禽粪污等农业固体废物污染环境。

第四十三条 产生秸秆的单位和其他生产经营者，应当采取回收利用和其他防止污染环境的措施。

鼓励秸秆综合利用的单位和其他生产经营者引进开发先进实用的秸秆收集、贮存、运输、利用技术工艺和装备。

第四十四条　产生废弃农用薄膜的单位和其他生产经营者，应当将没有利用价值的废弃农用薄膜纳入农村垃圾收集处置体系。

禁止生产、销售、使用国家明令禁止或者不符合强制性国家标准的农用薄膜。鼓励和支持开发、生产、销售、使用可降解且无害的农用薄膜。

第四十五条　农药生产者、经营者、使用者应当依法履行农药包装废弃物回收处理义务，并将农药包装废弃物交由专门的机构或者组织进行无害化处理。

农药经营者和农药包装废弃物回收站（点）应当建立农药包装废弃物回收处理台账，记录农药包装废弃物的回收数量和去向信息。

鼓励农药生产者使用易资源化利用、易处置和可降解的包装物，逐步淘汰铝箔包装物。

第四十六条　从事畜禽规模养殖的单位和个人，应当自行或者委托他人及时收集、贮存、利用或者处置养殖过程中产生的畜禽粪污等固体废物，避免造成环境污染。

未达到规模养殖的畜禽养殖单位和个人应当采取与其养殖规模相适应的污染防治措施，避免造成环境污染。

从事畜禽屠宰的单位和个人，应当按照国家相关规定对产生的固体废物进行科学处置。

第四十七条　市、县人民政府应当组织有关部门建立病死畜禽无害化处置设施和收集体系，明确运营单位和相关责任，及时向社会公开无害化处置单位名单。

从事畜禽饲养、屠宰、经营、隔离的单位和个人应当对病死畜禽和病害畜禽产品进行无害化处理，或者委托病死畜禽无害化处理场处理。

在江河、湖泊、水库等水域发现的死亡畜禽，依法由所在地县人民政府组织收集、处理并溯源。在城市公共场所和乡村发现的死亡畜禽，依法由所在地街道办事处、乡镇人民政府组织收集、处理并溯源。

第四十八条　省、市、县人民政府及其有关部门应当组织建立健全塑料污染治理体系，推进塑料废弃物规范回收利用和处置，推动塑料废弃物综合利用产业化、规模化、规范化、清洁化发展，减少塑料废弃物直接填埋量。

第四十九条　发展改革、工业和信息化、商务等主管部门应当按照各自职责推动退役风电、光伏设备等新兴固体废物综合利用技术研发及产业化应用；鼓励光伏太阳能电池板、风力发电机叶片等产品的生产单位，建立健全多渠道回收体系，促进产品回收利用。

生态环境主管部门应当加大对退役风电、光伏设备回收利用、处置全过程环境污染防治的监管力度，严格退役设备无害化处置的污染控制要求，确保符合国家环境保护标准。

第五十条 从事废弃机动车船、非道路移动机械等回收拆解的企业应当采用资源利用率高、污染物排放量少的工艺和设备，防止污染环境。产生的固体废物应当按照国家有关规定妥善贮存、利用和处置。属于危险废物的，应当按照危险废物管理。

禁止将废弃机动车船等交由不符合规定条件的企业或者个人回收、拆解。

第五十一条 生态环境、教育、科技、农业农村、卫生健康、市场监管、疾病预防控制等部门在各自职责范围内负责各级各类实验室产生的固体废物污染环境防治的监督管理工作。

设有实验室的企业、教育机构、科研机构等单位应当建立实验室固体废物管理制度，对产生的废药剂、废试剂等废弃物，依法分类收集、贮存、运输、利用、处置。实验室固体废物属于危险废物的，应当按照危险废物管理。

第五十二条 住房城乡建设、水利、生态环境等部门应当按照各自职责加强对市政污泥、清淤底泥处理活动的监督管理，完善污泥处理利用设施布局。

供水单位、城镇污水处理设施维护运营单位、市政污泥处理单位和从事水体清淤疏浚等活动的单位，应当按照规定对市政污泥、清淤底泥进行综合利用和无害化处置，建立管理台账，对市政污泥、清淤底泥的流向、用途、用量等进行跟踪、记录。

第五十三条 邮政、市场监管等有关部门应当按照各自职责，加强对包装物使用的监督管理，防止过度包装造成环境污染。

电子商务、快递、外卖等行业应当提高包装绿色化、减量化和循环利用水平，优先采用电子运单、可循环使用的包装产品和物流配送器具，积极回收利用包装物。

第七章　危险废物

第五十四条 省人民政府应当组织有关部门编制危险废物集中处置设施、场所建设规划。省生态环境主管部门应当会同有关部门按照国家有关规定，定期开展危险废物产生量与处置能力匹配情况评估，优化利用、处置设施能力结构和布局，确保最大限度就近利用、处置危险废物。

集中处置危险废物的建设项目，应当符合危险废物集中处置设施、场所建设规划要求。

第五十五条　省生态环境主管部门等有关部门应当制定危险废物分级分类管理制度并动态调整，对产生、收集、贮存、运输、利用、处置危险废物的单位实行差异化管理。

产生、收集、贮存、运输、利用、处置危险废物的单位应当落实危险废物分级分类管理要求，采取有效措施防止环境污染。

第五十六条　省生态环境主管部门应当建立全省统一的危险废物信息化智能监管系统，实现危险废物信息化可追溯管理。产生危险废物的单位应当按照国家和省有关规定制定危险废物管理计划，建立危险废物管理台账，并及时通过省危险废物信息化智能监管平台向所在地生态环境主管部门申报相关信息。

产生、收集、贮存、运输、利用、处置危险废物的单位应当按照国家和省有关规定设置包含二维码的危险废物标签和危险废物设施标志。

第五十七条　产生固体废物的单位对未列入国家危险废物名录和危险废物排除管理清单，但可能具有危险特性的固体废物，应当按照国家有关规定开展危险废物鉴别。鉴别完成后，将鉴别报告等相关资料在全国危险废物鉴别信息公开服务平台公开，并同时报告所在地生态环境主管部门。

危险废物鉴别单位应当按照国家规定开展危险废物鉴别，对其出具的鉴别报告的真实性、准确性负责，不得弄虚作假。

第五十八条　省生态环境主管部门应当建立危险废物利用、处置设施绩效评估制度，制定绩效评估办法，组织开展危险废物利用、处置设施绩效评估，并向社会公布评估结果，推进危险废物利用、处置能力结构优化。

第五十九条　运输危险废物，应当采取防止污染环境的措施，并遵守国家有关危险货物运输管理的规定。

禁止将危险废物与旅客在同一运输工具上载运。

生态环境主管部门、交通运输主管部门和公安机关应当建立健全协作机制，共享危险废物转移联单信息、运输车辆行驶轨迹动态信息和运输车辆限制通行区域信息，加强联合监管执法。

第六十条 危险废物综合利用产品应当符合产品标准。危险废物资源化利用产物生产过程中排放到环境中的有害物质和该产物中有害物质的含量，应当符合国家相关污染物排放（控制）标准或者技术规范要求。

第六十一条 通过水泥窑等设施协同处置危险废物的，应当符合国家标准。省生态环境主管部门可以根据危险废物的类别和危害特性，制定水泥窑等设施协同处置危险废物的管理办法。

通过焚烧方式处置危险废物的，应当将处置设施运行和污染物排放情况实时公开，并联网至生态环境主管部门监控系统。

通过填埋方式处置危险废物的，应当设置填埋场地识别标志，如实记录填埋信息，建立永久性档案，依法监测环境污染状况，并通过省危险废物信息化智能监管平台向生态环境主管部门报送填埋和监测信息。生态环境主管部门应当将有关信息与自然资源、住房城乡建设等主管部门共享。

第六十二条 生态环境主管部门应当根据国家有关规定，将符合条件的危险废物产生、收集、贮存、利用、处置单位纳入环境监管重点单位名录。纳入名录管理的危险废物产生、收集、贮存、利用、处置单位应当按照国家和省有关要求运用电子地磅、视频监控、电子标签等物联网技术手段智能化采集数据，并与省危险废物信息化智能监管平台联网。

鼓励其他有条件的危险废物产生、收集、利用、处置单位使用物联网技术手段，实现对危险废物跟踪管理。

第八章 法律责任

第六十三条 违反本条例规定，生态环境主管部门或者其他负有固体废物污染环境防治监督管理职责的部门及其工作人员，在固体废物污染环境防治工作中，滥用职权、玩忽职守、徇私舞弊的，由本级人民政府或者上级人民政府有关部门责令改正，对直接负责的主管人员和其他直接责任人员依法给予处分。

依照本条例规定应当作出行政处罚决定而未作出的，上级主管部门可以直接作出行政处罚决定。

第六十四条　违反本条例规定，工程施工单位擅自倾倒、抛撒或者堆放工程施工过程中产生的建筑垃圾的，由环境卫生主管部门责令改正，处十万元以上一百万元以下的罚款，没收违法所得。工程施工单位以外的单位或者个人擅自倾倒、抛撒或者堆放建筑垃圾的，由环境卫生主管部门责令改正，给予警告，并对单位处五千元以上五万元以下的罚款，对个人处二百元以下的罚款。

第六十五条　违反本条例规定，危险废物鉴别单位在危险废物鉴别工作中弄虚作假的，由生态环境主管部门责令改正，处十万元以上五十万元以下的罚款；对直接负责的主管人员和其他直接责任人员，处一万元以上五万元以下的罚款。

第六十六条　违反本条例规定，法律、法规已有处罚规定的，从其规定。

第九章　附　则

第六十七条　本条例自 2024 年 12 月 1 日起施行。

附录

主要法律、导则、技术规范

Management Guidelines of

Industrial Solid Waste

in Port

PORT

中华人民共和国固体废物污染环境防治法

（1995年10月30日第八届全国人民代表大会常务委员会第十六次会议通过 2004年12月29日第十届全国人民代表大会常务委员会第十三次会议第一次修订　根据2013年6月29日第十二届全国人民代表大会常务委员会第三次会议《关于修改〈中华人民共和国文物保护法〉等十二部法律的决定》第一次修正　根据2015年4月24日第十二届全国人民代表大会常务委员会第十四次会议《关于修改〈中华人民共和国港口法〉等七部法律的决定》第二次修正　根据2016年11月7日第十二届全国人民代表大会常务委员会第二十四次会议《关于修改〈中华人民共和国对外贸易法〉等十二部法律的决定》第三次修正　2020年4月29日第十三届全国人民代表大会常务委员会第十七次会议第二次修订）

第一章　总　则

第一条　为了保护和改善生态环境，防治固体废物污染环境，保障公众健康，维护生态安全，推进生态文明建设，促进经济社会可持续发展，制定本法。

第二条　固体废物污染环境的防治适用本法。

固体废物污染海洋环境的防治和放射性固体废物污染环境的防治不适用本法。

第三条　国家推行绿色发展方式，促进清洁生产和循环经济发展。

国家倡导简约适度、绿色低碳的生活方式，引导公众积极参与固体废物污染环境防治。

第四条　固体废物污染环境防治坚持减量化、资源化和无害化的原则。

任何单位和个人都应当采取措施，减少固体废物的产生量，促进固体废物的综合利用，降低固体废物的危害性。

第五条　固体废物污染环境防治坚持污染担责的原则。

产生、收集、贮存、运输、利用、处置固体废物的单位和个人，应当采取措施，防止或者减少固体废物对环境的污染，对所造成的环境污染依法承担责任。

第六条 国家推行生活垃圾分类制度。

生活垃圾分类坚持政府推动、全民参与、城乡统筹、因地制宜、简便易行的原则。

第七条 地方各级人民政府对本行政区域固体废物污染环境防治负责。

国家实行固体废物污染环境防治目标责任制和考核评价制度，将固体废物污染环境防治目标完成情况纳入考核评价的内容。

第八条 各级人民政府应当加强对固体废物污染环境防治工作的领导，组织、协调、督促有关部门依法履行固体废物污染环境防治监督管理职责。

省、自治区、直辖市之间可以协商建立跨行政区域固体废物污染环境的联防联控机制，统筹规划制定、设施建设、固体废物转移等工作。

第九条 国务院生态环境主管部门对全国固体废物污染环境防治工作实施统一监督管理。国务院发展改革、工业和信息化、自然资源、住房城乡建设、交通运输、农业农村、商务、卫生健康、海关等主管部门在各自职责范围内负责固体废物污染环境防治的监督管理工作。

地方人民政府生态环境主管部门对本行政区域固体废物污染环境防治工作实施统一监督管理。地方人民政府发展改革、工业和信息化、自然资源、住房城乡建设、交通运输、农业农村、商务、卫生健康等主管部门在各自职责范围内负责固体废物污染环境防治的监督管理工作。

第十条 国家鼓励、支持固体废物污染环境防治的科学研究、技术开发、先进技术推广和科学普及，加强固体废物污染环境防治科技支撑。

第十一条 国家机关、社会团体、企业事业单位、基层群众性自治组织和新闻媒体应当加强固体废物污染环境防治宣传教育和科学普及，增强公众固体废物污染环境防治意识。

学校应当开展生活垃圾分类以及其他固体废物污染环境防治知识普及和教育。

第十二条 各级人民政府对在固体废物污染环境防治工作以及相关的综合利用活动中做出显著成绩的单位和个人，按照国家有关规定给予表彰、奖励。

第二章　监督管理

第十三条　县级以上人民政府应当将固体废物污染环境防治工作纳入国民经济和社会发展规划、生态环境保护规划，并采取有效措施减少固体废物的产生量、促进固体废物的综合利用、降低固体废物的危害性，最大限度降低固体废物填埋量。

第十四条　国务院生态环境主管部门应当会同国务院有关部门根据国家环境质量标准和国家经济、技术条件，制定固体废物鉴别标准、鉴别程序和国家固体废物污染环境防治技术标准。

第十五条　国务院标准化主管部门应当会同国务院发展改革、工业和信息化、生态环境、农业农村等主管部门，制定固体废物综合利用标准。

综合利用固体废物应当遵守生态环境法律法规，符合固体废物污染环境防治技术标准。使用固体废物综合利用产物应当符合国家规定的用途、标准。

第十六条　国务院生态环境主管部门应当会同国务院有关部门建立全国危险废物等固体废物污染环境防治信息平台，推进固体废物收集、转移、处置等全过程监控和信息化追溯。

第十七条　建设产生、贮存、利用、处置固体废物的项目，应当依法进行环境影响评价，并遵守国家有关建设项目环境保护管理的规定。

第十八条　建设项目的环境影响评价文件确定需要配套建设的固体废物污染环境防治设施，应当与主体工程同时设计、同时施工、同时投入使用。建设项目的初步设计，应当按照环境保护设计规范的要求，将固体废物污染环境防治内容纳入环境影响评价文件，落实防治固体废物污染环境和破坏生态的措施以及固体废物污染环境防治设施投资概算。

建设单位应当依照有关法律法规的规定，对配套建设的固体废物污染环境防治设施进行验收，编制验收报告，并向社会公开。

第十九条　收集、贮存、运输、利用、处置固体废物的单位和其他生产经营者，应当加强对相关设施、设备和场所的管理和维护，保证其正常运行和使用。

第二十条　产生、收集、贮存、运输、利用、处置固体废物的单位和其他生产经营者，应当采取防扬散、防流失、防渗漏或者其他防止污染环境的措施，不得擅自倾倒、堆放、丢弃、遗撒固体废物。

禁止任何单位或者个人向江河、湖泊、运河、渠道、水库及其最高水位线以下的滩地和岸坡以及法律法规规定的其他地点倾倒、堆放、贮存固体废物。

第二十一条 在生态保护红线区域、永久基本农田集中区域和其他需要特别保护的区域内，禁止建设工业固体废物、危险废物集中贮存、利用、处置的设施、场所和生活垃圾填埋场。

第二十二条 转移固体废物出省、自治区、直辖市行政区域贮存、处置的，应当向固体废物移出地的省、自治区、直辖市人民政府生态环境主管部门提出申请。移出地的省、自治区、直辖市人民政府生态环境主管部门应当及时商经接受地的省、自治区、直辖市人民政府生态环境主管部门同意后，在规定期限内批准转移该固体废物出省、自治区、直辖市行政区域。未经批准的，不得转移。

转移固体废物出省、自治区、直辖市行政区域利用的，应当报固体废物移出地的省、自治区、直辖市人民政府生态环境主管部门备案。移出地的省、自治区、直辖市人民政府生态环境主管部门应当将备案信息通报接受地的省、自治区、直辖市人民政府生态环境主管部门。

第二十三条 禁止中华人民共和国境外的固体废物进境倾倒、堆放、处置。

第二十四条 国家逐步实现固体废物零进口，由国务院生态环境主管部门会同国务院商务、发展改革、海关等主管部门组织实施。

第二十五条 海关发现进口货物疑似固体废物的，可以委托专业机构开展属性鉴别，并根据鉴别结论依法管理。

第二十六条 生态环境主管部门及其环境执法机构和其他负有固体废物污染环境防治监督管理职责的部门，在各自职责范围内有权对从事产生、收集、贮存、运输、利用、处置固体废物等活动的单位和其他生产经营者进行现场检查。被检查者应当如实反映情况，并提供必要的资料。

实施现场检查，可以采取现场监测、采集样品、查阅或者复制与固体废物污染环境防治相关的资料等措施。检查人员进行现场检查，应当出示证件。对现场检查中知悉的商业秘密应当保密。

第二十七条 有下列情形之一，生态环境主管部门和其他负有固体废物污染环境防治监督管理职责的部门，可以对违法收集、贮存、运输、利用、处置的固体废物及设施、设备、场所、工具、物品予以查封、扣押：

（一）可能造成证据灭失、被隐匿或者非法转移的；

（二）造成或者可能造成严重环境污染的。

第二十八条　生态环境主管部门应当会同有关部门建立产生、收集、贮存、运输、利用、处置固体废物的单位和其他生产经营者信用记录制度，将相关信用记录纳入全国信用信息共享平台。

第二十九条　设区的市级人民政府生态环境主管部门应当会同住房城乡建设、农业农村、卫生健康等主管部门，定期向社会发布固体废物的种类、产生量、处置能力、利用处置状况等信息。

产生、收集、贮存、运输、利用、处置固体废物的单位，应当依法及时公开固体废物污染环境防治信息，主动接受社会监督。

利用、处置固体废物的单位，应当依法向公众开放设施、场所，提高公众环境保护意识和参与程度。

第三十条　县级以上人民政府应当将工业固体废物、生活垃圾、危险废物等固体废物污染环境防治情况纳入环境状况和环境保护目标完成情况年度报告，向本级人民代表大会或者人民代表大会常务委员会报告。

第三十一条　任何单位和个人都有权对造成固体废物污染环境的单位和个人进行举报。

生态环境主管部门和其他负有固体废物污染环境防治监督管理职责的部门应当将固体废物污染环境防治举报方式向社会公布，方便公众举报。

接到举报的部门应当及时处理并对举报人的相关信息予以保密；对实名举报并查证属实的，给予奖励。

举报人举报所在单位的，该单位不得以解除、变更劳动合同或者其他方式对举报人进行打击报复。

第三章　工业固体废物

第三十二条　国务院生态环境主管部门应当会同国务院发展改革、工业和信息化等主管部门对工业固体废物对公众健康、生态环境的危害和影响程度等作出界定，制定防治工业固体废物污染环境的技术政策，组织推广先进的防治工业固体废物污染环境的生产工艺和设备。

第三十三条 国务院工业和信息化主管部门应当会同国务院有关部门组织研究开发、推广减少工业固体废物产生量和降低工业固体废物危害性的生产工艺和设备，公布限期淘汰产生严重污染环境的工业固体废物的落后生产工艺、设备的名录。

生产者、销售者、进口者、使用者应当在国务院工业和信息化主管部门会同国务院有关部门规定的期限内分别停止生产、销售、进口或者使用列入前款规定名录中的设备。生产工艺的采用者应当在国务院工业和信息化主管部门会同国务院有关部门规定的期限内停止采用列入前款规定名录中的工艺。

列入限期淘汰名录被淘汰的设备，不得转让给他人使用。

第三十四条 国务院工业和信息化主管部门应当会同国务院发展改革、生态环境等主管部门，定期发布工业固体废物综合利用技术、工艺、设备和产品导向目录，组织开展工业固体废物资源综合利用评价，推动工业固体废物综合利用。

第三十五条 县级以上地方人民政府应当制定工业固体废物污染环境防治工作规划，组织建设工业固体废物集中处置等设施，推动工业固体废物污染环境防治工作。

第三十六条 产生工业固体废物的单位应当建立健全工业固体废物产生、收集、贮存、运输、利用、处置全过程的污染环境防治责任制度，建立工业固体废物管理台账，如实记录产生工业固体废物的种类、数量、流向、贮存、利用、处置等信息，实现工业固体废物可追溯、可查询，并采取防治工业固体废物污染环境的措施。

禁止向生活垃圾收集设施中投放工业固体废物。

第三十七条 产生工业固体废物的单位委托他人运输、利用、处置工业固体废物的，应当对受托方的主体资格和技术能力进行核实，依法签订书面合同，在合同中约定污染防治要求。

受托方运输、利用、处置工业固体废物，应当依照有关法律法规的规定和合同约定履行污染防治要求，并将运输、利用、处置情况告知产生工业固体废物的单位。

产生工业固体废物的单位违反本条第一款规定的，除依照有关法律法规的规定予以处罚外，还应当与造成环境污染和生态破坏的受托方承担连带责任。

第三十八条 产生工业固体废物的单位应当依法实施清洁生产审核，合理选择和利用原材料、能源和其他资源，采用先进的生产工艺和设备，减少工业固体废物的产生量，降低工业固体废物的危害性。

第三十九条 产生工业固体废物的单位应当取得排污许可证。排污许可的具体办法和实施步骤由国务院规定。

产生工业固体废物的单位应当向所在地生态环境主管部门提供工业固体废物的种类、数量、流向、贮存、利用、处置等有关资料，以及减少工业固体废物产生、促进综合利用的具体措施，并执行排污许可管理制度的相关规定。

第四十条 产生工业固体废物的单位应当根据经济、技术条件对工业固体废物加以利用；对暂时不利用或者不能利用的，应当按照国务院生态环境等主管部门的规定建设贮存设施、场所，安全分类存放，或者采取无害化处置措施。贮存工业固体废物应当采取符合国家环境保护标准的防护措施。

建设工业固体废物贮存、处置的设施、场所，应当符合国家环境保护标准。

第四十一条 产生工业固体废物的单位终止的，应当在终止前对工业固体废物的贮存、处置的设施、场所采取污染防治措施，并对未处置的工业固体废物作出妥善处置，防止污染环境。

产生工业固体废物的单位发生变更的，变更后的单位应当按照国家有关环境保护的规定对未处置的工业固体废物及其贮存、处置的设施、场所进行安全处置或者采取有效措施保证该设施、场所安全运行。变更前当事人对工业固体废物及其贮存、处置的设施、场所的污染防治责任另有约定的，从其约定；但是，不得免除当事人的污染防治义务。

对 2005 年 4 月 1 日前已经终止的单位未处置的工业固体废物及其贮存、处置的设施、场所进行安全处置的费用，由有关人民政府承担；但是，该单位享有的土地使用权依法转让的，应当由土地使用权受让人承担处置费用。当事人另有约定的，从其约定；但是，不得免除当事人的污染防治义务。

第四十二条 矿山企业应当采取科学的开采方法和选矿工艺，减少尾矿、煤矸石、废石等矿业固体废物的产生量和贮存量。

国家鼓励采取先进工艺对尾矿、煤矸石、废石等矿业固体废物进行综合利用。

尾矿、煤矸石、废石等矿业固体废物贮存设施停止使用后，矿山企业应当按照国家有关环境保护等规定进行封场，防止造成环境污染和生态破坏。

第四章　生活垃圾

第四十三条　县级以上地方人民政府应当加快建立分类投放、分类收集、分类运输、分类处理的生活垃圾管理系统，实现生活垃圾分类制度有效覆盖。

县级以上地方人民政府应当建立生活垃圾分类工作协调机制，加强和统筹生活垃圾分类管理能力建设。

各级人民政府及其有关部门应当组织开展生活垃圾分类宣传，教育引导公众养成生活垃圾分类习惯，督促和指导生活垃圾分类工作。

第四十四条　县级以上地方人民政府应当有计划地改进燃料结构，发展清洁能源，减少燃料废渣等固体废物的产生量。

县级以上地方人民政府有关部门应当加强产品生产和流通过程管理，避免过度包装，组织净菜上市，减少生活垃圾的产生量。

第四十五条　县级以上人民政府应当统筹安排建设城乡生活垃圾收集、运输、处理设施，确定设施厂址，提高生活垃圾的综合利用和无害化处置水平，促进生活垃圾收集、处理的产业化发展，逐步建立和完善生活垃圾污染环境防治的社会服务体系。

县级以上地方人民政府有关部门应当统筹规划，合理安排回收、分拣、打包网点，促进生活垃圾的回收利用工作。

第四十六条　地方各级人民政府应当加强农村生活垃圾污染环境的防治，保护和改善农村人居环境。

国家鼓励农村生活垃圾源头减量。城乡结合部、人口密集的农村地区和其他有条件的地方，应当建立城乡一体的生活垃圾管理系统；其他农村地区应当积极探索生活垃圾管理模式，因地制宜，就近就地利用或者妥善处理生活垃圾。

第四十七条　设区的市级以上人民政府环境卫生主管部门应当制定生活垃圾清扫、收集、贮存、运输和处理设施、场所建设运行规范，发布生活垃圾分类指导目录，加强监督管理。

第四十八条　县级以上地方人民政府环境卫生等主管部门应当组织对城乡生活垃

圾进行清扫、收集、运输和处理，可以通过招标等方式选择具备条件的单位从事生活垃圾的清扫、收集、运输和处理。

第四十九条　产生生活垃圾的单位、家庭和个人应当依法履行生活垃圾源头减量和分类投放义务，承担生活垃圾产生者责任。

任何单位和个人都应当依法在指定的地点分类投放生活垃圾。禁止随意倾倒、抛撒、堆放或者焚烧生活垃圾。

机关、事业单位等应当在生活垃圾分类工作中起示范带头作用。

已经分类投放的生活垃圾，应当按照规定分类收集、分类运输、分类处理。

第五十条　清扫、收集、运输、处理城乡生活垃圾，应当遵守国家有关环境保护和环境卫生管理的规定，防止污染环境。

从生活垃圾中分类并集中收集的有害垃圾，属于危险废物的，应当按照危险废物管理。

第五十一条　从事公共交通运输的经营单位，应当及时清扫、收集运输过程中产生的生活垃圾。

第五十二条　农贸市场、农产品批发市场等应当加强环境卫生管理，保持环境卫生清洁，对所产生的垃圾及时清扫、分类收集、妥善处理。

第五十三条　从事城市新区开发、旧区改建和住宅小区开发建设、村镇建设的单位，以及机场、码头、车站、公园、商场、体育场馆等公共设施、场所的经营管理单位，应当按照国家有关环境卫生的规定，配套建设生活垃圾收集设施。

县级以上地方人民政府应当统筹生活垃圾公共转运、处理设施与前款规定的收集设施的有效衔接，并加强生活垃圾分类收运体系和再生资源回收体系在规划、建设、运营等方面的融合。

第五十四条　从生活垃圾中回收的物质应当按照国家规定的用途、标准使用，不得用于生产可能危害人体健康的产品。

第五十五条　建设生活垃圾处理设施、场所，应当符合国务院生态环境主管部门和国务院住房城乡建设主管部门规定的环境保护和环境卫生标准。

鼓励相邻地区统筹生活垃圾处理设施建设，促进生活垃圾处理设施跨行政区域共建共享。

禁止擅自关闭、闲置或者拆除生活垃圾处理设施、场所；确有必要关闭、闲置或者拆除的，应当经所在地的市、县级人民政府环境卫生主管部门商所在地生态环境主管部门同意后核准，并采取防止污染环境的措施。

第五十六条 生活垃圾处理单位应当按照国家有关规定，安装使用监测设备，实时监测污染物的排放情况，将污染排放数据实时公开。监测设备应当与所在地生态环境主管部门的监控设备联网。

第五十七条 县级以上地方人民政府环境卫生主管部门负责组织开展厨余垃圾资源化、无害化处理工作。

产生、收集厨余垃圾的单位和其他生产经营者，应当将厨余垃圾交由具备相应资质条件的单位进行无害化处理。

禁止畜禽养殖场、养殖小区利用未经无害化处理的厨余垃圾饲喂畜禽。

第五十八条 县级以上地方人民政府应当按照产生者付费原则，建立生活垃圾处理收费制度。

县级以上地方人民政府制定生活垃圾处理收费标准，应当根据本地实际，结合生活垃圾分类情况，体现分类计价、计量收费等差别化管理，并充分征求公众意见。生活垃圾处理收费标准应当向社会公布。

生活垃圾处理费应当专项用于生活垃圾的收集、运输和处理等，不得挪作他用。

第五十九条 省、自治区、直辖市和设区的市、自治州可以结合实际，制定本地方生活垃圾具体管理办法。

第五章　建筑垃圾、农业固体废物等

第六十条 县级以上地方人民政府应当加强建筑垃圾污染环境的防治，建立建筑垃圾分类处理制度。

县级以上地方人民政府应当制定包括源头减量、分类处理、消纳设施和场所布局及建设等在内的建筑垃圾污染环境防治工作规划。

第六十一条 国家鼓励采用先进技术、工艺、设备和管理措施，推进建筑垃圾源头减量，建立建筑垃圾回收利用体系。

县级以上地方人民政府应当推动建筑垃圾综合利用产品应用。

第六十二条　县级以上地方人民政府环境卫生主管部门负责建筑垃圾污染环境防治工作，建立建筑垃圾全过程管理制度，规范建筑垃圾产生、收集、贮存、运输、利用、处置行为，推进综合利用，加强建筑垃圾处置设施、场所建设，保障处置安全，防止污染环境。

第六十三条　工程施工单位应当编制建筑垃圾处理方案，采取污染防治措施，并报县级以上地方人民政府环境卫生主管部门备案。

工程施工单位应当及时清运工程施工过程中产生的建筑垃圾等固体废物，并按照环境卫生主管部门的规定进行利用或者处置。

工程施工单位不得擅自倾倒、抛撒或者堆放工程施工过程中产生的建筑垃圾。

第六十四条　县级以上人民政府农业农村主管部门负责指导农业固体废物回收利用体系建设，鼓励和引导有关单位和其他生产经营者依法收集、贮存、运输、利用、处置农业固体废物，加强监督管理，防止污染环境。

第六十五条　产生秸秆、废弃农用薄膜、农药包装废弃物等农业固体废物的单位和其他生产经营者，应当采取回收利用和其他防止污染环境的措施。

从事畜禽规模养殖应当及时收集、贮存、利用或者处置养殖过程中产生的畜禽粪污等固体废物，避免造成环境污染。

禁止在人口集中地区、机场周围、交通干线附近以及当地人民政府划定的其他区域露天焚烧秸秆。

国家鼓励研究开发、生产、销售、使用在环境中可降解且无害的农用薄膜。

第六十六条　国家建立电器电子、铅蓄电池、车用动力电池等产品的生产者责任延伸制度。

电器电子、铅蓄电池、车用动力电池等产品的生产者应当按照规定以自建或者委托等方式建立与产品销售量相匹配的废旧产品回收体系，并向社会公开，实现有效回收和利用。

国家鼓励产品的生产者开展生态设计，促进资源回收利用。

第六十七条　国家对废弃电器电子产品等实行多渠道回收和集中处理制度。

禁止将废弃机动车船等交由不符合规定条件的企业或者个人回收、拆解。

拆解、利用、处置废弃电器电子产品、废弃机动车船等，应当遵守有关法律法规的规定，采取防止污染环境的措施。

第六十八条 产品和包装物的设计、制造，应当遵守国家有关清洁生产的规定。国务院标准化主管部门应当根据国家经济和技术条件、固体废物污染环境防治状况以及产品的技术要求，组织制定有关标准，防止过度包装造成环境污染。

生产经营者应当遵守限制商品过度包装的强制性标准，避免过度包装。县级以上地方人民政府市场监督管理部门和有关部门应当按照各自职责，加强对过度包装的监督管理。

生产、销售、进口依法被列入强制回收目录的产品和包装物的企业，应当按照国家有关规定对该产品和包装物进行回收。

电子商务、快递、外卖等行业应当优先采用可重复使用、易回收利用的包装物，优化物品包装，减少包装物的使用，并积极回收利用包装物。县级以上地方人民政府商务、邮政等主管部门应当加强监督管理。

国家鼓励和引导消费者使用绿色包装和减量包装。

第六十九条 国家依法禁止、限制生产、销售和使用不可降解塑料袋等一次性塑料制品。

商品零售场所开办单位、电子商务平台企业和快递企业、外卖企业应当按照国家有关规定向商务、邮政等主管部门报告塑料袋等一次性塑料制品的使用、回收情况。

国家鼓励和引导减少使用、积极回收塑料袋等一次性塑料制品，推广应用可循环、易回收、可降解的替代产品。

第七十条 旅游、住宿等行业应当按照国家有关规定推行不主动提供一次性用品。

机关、企业事业单位等的办公场所应当使用有利于保护环境的产品、设备和设施，减少使用一次性办公用品。

第七十一条 城镇污水处理设施维护运营单位或者污泥处理单位应当安全处理污泥，保证处理后的污泥符合国家有关标准，对污泥的流向、用途、用量等进行跟踪、记录，并报告城镇排水主管部门、生态环境主管部门。

县级以上人民政府城镇排水主管部门应当将污泥处理设施纳入城镇排水与污水处理规划，推动同步建设污泥处理设施与污水处理设施，鼓励协同处理，污水处理费征收标准和补偿范围应当覆盖污泥处理成本和污水处理设施正常运营成本。

第七十二条　禁止擅自倾倒、堆放、丢弃、遗撒城镇污水处理设施产生的污泥和处理后的污泥。

禁止重金属或者其他有毒有害物质含量超标的污泥进入农用地。

从事水体清淤疏浚应当按照国家有关规定处理清淤疏浚过程中产生的底泥，防止污染环境。

第七十三条　各级各类实验室及其设立单位应当加强对实验室产生的固体废物的管理，依法收集、贮存、运输、利用、处置实验室固体废物。实验室固体废物属于危险废物的，应当按照危险废物管理。

第六章　危险废物

第七十四条　危险废物污染环境的防治，适用本章规定；本章未作规定的，适用本法其他有关规定。

第七十五条　国务院生态环境主管部门应当会同国务院有关部门制定国家危险废物名录，规定统一的危险废物鉴别标准、鉴别方法、识别标志和鉴别单位管理要求。国家危险废物名录应当动态调整。

国务院生态环境主管部门根据危险废物的危害特性和产生数量，科学评估其环境风险，实施分级分类管理，建立信息化监管体系，并通过信息化手段管理、共享危险废物转移数据和信息。

第七十六条　省、自治区、直辖市人民政府应当组织有关部门编制危险废物集中处置设施、场所的建设规划，科学评估危险废物处置需求，合理布局危险废物集中处置设施、场所，确保本行政区域的危险废物得到妥善处置。

编制危险废物集中处置设施、场所的建设规划，应当征求有关行业协会、企业事业单位、专家和公众等方面的意见。

相邻省、自治区、直辖市之间可以开展区域合作，统筹建设区域性危险废物集中处置设施、场所。

第七十七条　对危险废物的容器和包装物以及收集、贮存、运输、利用、处置危险废物的设施、场所，应当按照规定设置危险废物识别标志。

第七十八条　产生危险废物的单位，应当按照国家有关规定制定危险废物管理计划；建立危险废物管理台账，如实记录有关信息，并通过国家危险废物信息管理系统向所在地生态环境主管部门申报危险废物的种类、产生量、流向、贮存、处置等有关资料。

前款所称危险废物管理计划应当包括减少危险废物产生量和降低危险废物危害性的措施以及危险废物贮存、利用、处置措施。危险废物管理计划应当报产生危险废物的单位所在地生态环境主管部门备案。

产生危险废物的单位已经取得排污许可证的，执行排污许可管理制度的规定。

第七十九条 产生危险废物的单位，应当按照国家有关规定和环境保护标准要求贮存、利用、处置危险废物，不得擅自倾倒、堆放。

第八十条 从事收集、贮存、利用、处置危险废物经营活动的单位，应当按照国家有关规定申请取得许可证。许可证的具体管理办法由国务院制定。

禁止无许可证或者未按照许可证规定从事危险废物收集、贮存、利用、处置的经营活动。

禁止将危险废物提供或者委托给无许可证的单位或者其他生产经营者从事收集、贮存、利用、处置活动。

第八十一条 收集、贮存危险废物，应当按照危险废物特性分类进行。禁止混合收集、贮存、运输、处置性质不相容而未经安全性处置的危险废物。

贮存危险废物应当采取符合国家环境保护标准的防护措施。禁止将危险废物混入非危险废物中贮存。

从事收集、贮存、利用、处置危险废物经营活动的单位，贮存危险废物不得超过一年；确需延长期限的，应当报经颁发许可证的生态环境主管部门批准；法律、行政法规另有规定的除外。

第八十二条 转移危险废物的，应当按照国家有关规定填写、运行危险废物电子或者纸质转移联单。

跨省、自治区、直辖市转移危险废物的，应当向危险废物移出地省、自治区、直辖市人民政府生态环境主管部门申请。移出地省、自治区、直辖市人民政府生态环境主管部门应当及时商经接受地省、自治区、直辖市人民政府生态环境主管部门同意后，在规定期限内批准转移该危险废物，并将批准信息通报相关省、自治区、直辖市人民政府生态环境主管部门和交通运输主管部门。未经批准的，不得转移。

危险废物转移管理应当全程管控、提高效率，具体办法由国务院生态环境主管部门会同国务院交通运输主管部门和公安部门制定。

第八十三条　运输危险废物，应当采取防止污染环境的措施，并遵守国家有关危险货物运输管理的规定。

禁止将危险废物与旅客在同一运输工具上载运。

第八十四条　收集、贮存、运输、利用、处置危险废物的场所、设施、设备和容器、包装物及其他物品转作他用时，应当按照国家有关规定经过消除污染处理，方可使用。

第八十五条　产生、收集、贮存、运输、利用、处置危险废物的单位，应当依法制定意外事故的防范措施和应急预案，并向所在地生态环境主管部门和其他负有固体废物污染环境防治监督管理职责的部门备案；生态环境主管部门和其他负有固体废物污染环境防治监督管理职责的部门应当进行检查。

第八十六条　因发生事故或者其他突发性事件，造成危险废物严重污染环境的单位，应当立即采取有效措施消除或者减轻对环境的污染危害，及时通报可能受到污染危害的单位和居民，并向所在地生态环境主管部门和有关部门报告，接受调查处理。

第八十七条　在发生或者有证据证明可能发生危险废物严重污染环境、威胁居民生命财产安全时，生态环境主管部门或者其他负有固体废物污染环境防治监督管理职责的部门应当立即向本级人民政府和上一级人民政府有关部门报告，由人民政府采取防止或者减轻危害的有效措施。有关人民政府可以根据需要责令停止导致或者可能导致环境污染事故的作业。

第八十八条　重点危险废物集中处置设施、场所退役前，运营单位应当按照国家有关规定对设施、场所采取污染防治措施。退役的费用应当预提，列入投资概算或者生产成本，专门用于重点危险废物集中处置设施、场所的退役。具体提取和管理办法，由国务院财政部门、价格主管部门会同国务院生态环境主管部门规定。

第八十九条　禁止经中华人民共和国过境转移危险废物。

第九十条　医疗废物按照国家危险废物名录管理。县级以上地方人民政府应当加强医疗废物集中处置能力建设。

县级以上人民政府卫生健康、生态环境等主管部门应当在各自职责范围内加强对医疗废物收集、贮存、运输、处置的监督管理，防止危害公众健康、污染环境。

医疗卫生机构应当依法分类收集本单位产生的医疗废物，交由医疗废物集中处置单位处置。医疗废物集中处置单位应当及时收集、运输和处置医疗废物。

医疗卫生机构和医疗废物集中处置单位，应当采取有效措施，防止医疗废物流失、泄漏、渗漏、扩散。

第九十一条 重大传染病疫情等突发事件发生时，县级以上人民政府应当统筹协调医疗废物等危险废物收集、贮存、运输、处置等工作，保障所需的车辆、场地、处置设施和防护物资。卫生健康、生态环境、环境卫生、交通运输等主管部门应当协同配合，依法履行应急处置职责。

第七章 保障措施

第九十二条 国务院有关部门、县级以上地方人民政府及其有关部门在编制国土空间规划和相关专项规划时，应当统筹生活垃圾、建筑垃圾、危险废物等固体废物转运、集中处置等设施建设需求，保障转运、集中处置等设施用地。

第九十三条 国家采取有利于固体废物污染环境防治的经济、技术政策和措施，鼓励、支持有关方面采取有利于固体废物污染环境防治的措施，加强对从事固体废物污染环境防治工作人员的培训和指导，促进固体废物污染环境防治产业专业化、规模化发展。

第九十四条 国家鼓励和支持科研单位、固体废物产生单位、固体废物利用单位、固体废物处置单位等联合攻关，研究开发固体废物综合利用、集中处置等的新技术，推动固体废物污染环境防治技术进步。

第九十五条 各级人民政府应当加强固体废物污染环境的防治，按照事权划分的原则安排必要的资金用于下列事项：

（一）固体废物污染环境防治的科学研究、技术开发；

（二）生活垃圾分类；

（三）固体废物集中处置设施建设；

（四）重大传染病疫情等突发事件产生的医疗废物等危险废物应急处置；

（五）涉及固体废物污染环境防治的其他事项。

使用资金应当加强绩效管理和审计监督，确保资金使用效益。

第九十六条　国家鼓励和支持社会力量参与固体废物污染环境防治工作，并按照国家有关规定给予政策扶持。

第九十七条　国家发展绿色金融，鼓励金融机构加大对固体废物污染环境防治项目的信贷投放。

第九十八条　从事固体废物综合利用等固体废物污染环境防治工作的，依照法律、行政法规的规定，享受税收优惠。

国家鼓励并提倡社会各界为防治固体废物污染环境捐赠财产，并依照法律、行政法规的规定，给予税收优惠。

第九十九条　收集、贮存、运输、利用、处置危险废物的单位，应当按照国家有关规定，投保环境污染责任保险。

第一百条　国家鼓励单位和个人购买、使用综合利用产品和可重复使用产品。

县级以上人民政府及其有关部门在政府采购过程中，应当优先采购综合利用产品和可重复使用产品。

第八章　法律责任

第一百零一条　生态环境主管部门或者其他负有固体废物污染环境防治监督管理职责的部门违反本法规定，有下列行为之一，由本级人民政府或者上级人民政府有关部门责令改正，对直接负责的主管人员和其他直接责任人员依法给予处分：

（一）未依法作出行政许可或者办理批准文件的；

（二）对违法行为进行包庇的；

（三）未依法查封、扣押的；

（四）发现违法行为或者接到对违法行为的举报后未予查处的；

（五）有其他滥用职权、玩忽职守、徇私舞弊等违法行为的。

依照本法规定应当作出行政处罚决定而未作出的，上级主管部门可以直接作出行政处罚决定。

第一百零二条　违反本法规定，有下列行为之一，由生态环境主管部门责令改正，处以罚款，没收违法所得；情节严重的，报经有批准权的人民政府批准，可以责令停业或者关闭：

（一）产生、收集、贮存、运输、利用、处置固体废物的单位未依法及时公开固体废物污染环境防治信息的；

（二）生活垃圾处理单位未按照国家有关规定安装使用监测设备、实时监测污染物的排放情况并公开污染排放数据的；

（三）将列入限期淘汰名录被淘汰的设备转让给他人使用的；

（四）在生态保护红线区域、永久基本农田集中区域和其他需要特别保护的区域内，建设工业固体废物、危险废物集中贮存、利用、处置的设施、场所和生活垃圾填埋场的；

（五）转移固体废物出省、自治区、直辖市行政区域贮存、处置未经批准的；

（六）转移固体废物出省、自治区、直辖市行政区域利用未报备案的；

（七）擅自倾倒、堆放、丢弃、遗撒工业固体废物，或者未采取相应防范措施，造成工业固体废物扬散、流失、渗漏或者其他环境污染的；

（八）产生工业固体废物的单位未建立固体废物管理台账并如实记录的；

（九）产生工业固体废物的单位违反本法规定委托他人运输、利用、处置工业固体废物的；

（十）贮存工业固体废物未采取符合国家环境保护标准的防护措施的；

（十一）单位和其他生产经营者违反固体废物管理其他要求，污染环境、破坏生态的。

有前款第一项、第八项行为之一，处五万元以上二十万元以下的罚款；有前款第二项、第三项、第四项、第五项、第六项、第九项、第十项、第十一项行为之一，处十万元以上一百万元以下的罚款；有前款第七项行为，处所需处置费用一倍以上三倍以下的罚款，所需处置费用不足十万元的，按十万元计算。对前款第十一项行为的处罚，有关法律、行政法规另有规定的，适用其规定。

第一百零三条 违反本法规定，以拖延、围堵、滞留执法人员等方式拒绝、阻挠监督检查，或者在接受监督检查时弄虚作假的，由生态环境主管部门或者其他负有固体废物污染环境防治监督管理职责的部门责令改正，处五万元以上二十万元以下的罚款；对直接负责的主管人员和其他直接责任人员，处二万元以上十万元以下的罚款。

第一百零四条　违反本法规定，未依法取得排污许可证产生工业固体废物的，由生态环境主管部门责令改正或者限制生产、停产整治，处十万元以上一百万元以下的罚款；情节严重的，报经有批准权的人民政府批准，责令停业或者关闭。

第一百零五条　违反本法规定，生产经营者未遵守限制商品过度包装的强制性标准的，由县级以上地方人民政府市场监督管理部门或者有关部门责令改正；拒不改正的，处二千元以上二万元以下的罚款；情节严重的，处二万元以上十万元以下的罚款。

第一百零六条　违反本法规定，未遵守国家有关禁止、限制使用不可降解塑料袋等一次性塑料制品的规定，或者未按照国家有关规定报告塑料袋等一次性塑料制品的使用情况的，由县级以上地方人民政府商务、邮政等主管部门责令改正，处一万元以上十万元以下的罚款。

第一百零七条　从事畜禽规模养殖未及时收集、贮存、利用或者处置养殖过程中产生的畜禽粪污等固体废物的，由生态环境主管部门责令改正，可以处十万元以下的罚款；情节严重的，报经有批准权的人民政府批准，责令停业或者关闭。

第一百零八条　违反本法规定，城镇污水处理设施维护运营单位或者污泥处理单位对污泥流向、用途、用量等未进行跟踪、记录，或者处理后的污泥不符合国家有关标准的，由城镇排水主管部门责令改正，给予警告；造成严重后果的，处十万元以上二十万元以下的罚款；拒不改正的，城镇排水主管部门可以指定有治理能力的单位代为治理，所需费用由违法者承担。

违反本法规定，擅自倾倒、堆放、丢弃、遗撒城镇污水处理设施产生的污泥和处理后的污泥的，由城镇排水主管部门责令改正，处二十万元以上二百万元以下的罚款，对直接负责的主管人员和其他直接责任人员处二万元以上十万元以下的罚款；造成严重后果的，处二百万元以上五百万元以下的罚款，对直接负责的主管人员和其他直接责任人员处五万元以上五十万元以下的罚款；拒不改正的，城镇排水主管部门可以指定有治理能力的单位代为治理，所需费用由违法者承担。

第一百零九条　违反本法规定，生产、销售、进口或者使用淘汰的设备，或者采用淘汰的生产工艺的，由县级以上地方人民政府指定的部门责令改正，处十万元以上一百万元以下的罚款，没收违法所得；情节严重的，由县级以上地方人民政府指定的部门提出意见，报经有批准权的人民政府批准，责令停业或者关闭。

第一百一十条 尾矿、煤矸石、废石等矿业固体废物贮存设施停止使用后，未按照国家有关环境保护规定进行封场的，由生态环境主管部门责令改正，处二十万元以上一百万元以下的罚款。

第一百一十一条 违反本法规定，有下列行为之一，由县级以上地方人民政府环境卫生主管部门责令改正，处以罚款，没收违法所得：

（一）随意倾倒、抛撒、堆放或者焚烧生活垃圾的；

（二）擅自关闭、闲置或者拆除生活垃圾处理设施、场所的；

（三）工程施工单位未编制建筑垃圾处理方案报备案，或者未及时清运施工过程中产生的固体废物的；

（四）工程施工单位擅自倾倒、抛撒或者堆放工程施工过程中产生的建筑垃圾，或者未按照规定对施工过程中产生的固体废物进行利用或者处置的；

（五）产生、收集厨余垃圾的单位和其他生产经营者未将厨余垃圾交由具备相应资质条件的单位进行无害化处理的；

（六）畜禽养殖场、养殖小区利用未经无害化处理的厨余垃圾饲喂畜禽的；

（七）在运输过程中沿途丢弃、遗撒生活垃圾的。

单位有前款第一项、第七项行为之一，处五万元以上五十万元以下的罚款；单位有前款第二项、第三项、第四项、第五项、第六项行为之一，处十万元以上一百万元以下的罚款；个人有前款第一项、第五项、第七项行为之一，处一百元以上五百元以下的罚款。

违反本法规定，未在指定的地点分类投放生活垃圾的，由县级以上地方人民政府环境卫生主管部门责令改正；情节严重的，对单位处五万元以上五十万元以下的罚款，对个人依法处以罚款。

第一百一十二条 违反本法规定，有下列行为之一，由生态环境主管部门责令改正，处以罚款，没收违法所得；情节严重的，报经有批准权的人民政府批准，可以责令停业或者关闭：

（一）未按照规定设置危险废物识别标志的；

（二）未按照国家有关规定制定危险废物管理计划或者申报危险废物有关资料的；

（三）擅自倾倒、堆放危险废物的；

（四）将危险废物提供或者委托给无许可证的单位或者其他生产经营者从事经营活动的；

（五）未按照国家有关规定填写、运行危险废物转移联单或者未经批准擅自转移危险废物的；

（六）未按照国家环境保护标准贮存、利用、处置危险废物或者将危险废物混入非危险废物中贮存的；

（七）未经安全性处置，混合收集、贮存、运输、处置具有不相容性质的危险废物的；

（八）将危险废物与旅客在同一运输工具上载运的；

（九）未经消除污染处理，将收集、贮存、运输、处置危险废物的场所、设施、设备和容器、包装物及其他物品转作他用的；

（十）未采取相应防范措施，造成危险废物扬散、流失、渗漏或者其他环境污染的；

（十一）在运输过程中沿途丢弃、遗撒危险废物的；

（十二）未制定危险废物意外事故防范措施和应急预案的；

（十三）未按照国家有关规定建立危险废物管理台账并如实记录的。

有前款第一项、第二项、第五项、第六项、第七项、第八项、第九项、第十二项、第十三项行为之一，处十万元以上一百万元以下的罚款；有前款第三项、第四项、第十项、第十一项行为之一，处所需处置费用三倍以上五倍以下的罚款，所需处置费用不足二十万元的，按二十万元计算。

第一百一十三条 违反本法规定，危险废物产生者未按照规定处置其产生的危险废物被责令改正后拒不改正的，由生态环境主管部门组织代为处置，处置费用由危险废物产生者承担；拒不承担代为处置费用的，处代为处置费用一倍以上三倍以下的罚款。

第一百一十四条 无许可证从事收集、贮存、利用、处置危险废物经营活动的，由生态环境主管部门责令改正，处一百万元以上五百万元以下的罚款，并报经有批准权的人民政府批准，责令停业或者关闭；对法定代表人、主要负责人、直接负责的主管人员和其他责任人员，处十万元以上一百万元以下的罚款。

未按照许可证规定从事收集、贮存、利用、处置危险废物经营活动的，由生态环境主管部门责令改正，限制生产、停产整治，处五十万元以上二百万元以下的罚款；对法定代表人、主要负责人、直接负责的主管人员和其他责任人员，处五万元以上五十万元以下的罚款；情节严重的，报经有批准权的人民政府批准，责令停业或者关闭，还可以由发证机关吊销许可证。

第一百一十五条 违反本法规定，将中华人民共和国境外的固体废物输入境内的，由海关责令退运该固体废物，处五十万元以上五百万元以下的罚款。

承运人对前款规定的固体废物的退运、处置，与进口者承担连带责任。

第一百一十六条 违反本法规定，经中华人民共和国过境转移危险废物的，由海关责令退运该危险废物，处五十万元以上五百万元以下的罚款。

第一百一十七条 对已经非法入境的固体废物，由省级以上人民政府生态环境主管部门依法向海关提出处理意见，海关应当依照本法第一百一十五条的规定作出处罚决定；已经造成环境污染的，由省级以上人民政府生态环境主管部门责令进口者消除污染。

第一百一十八条 违反本法规定，造成固体废物污染环境事故的，除依法承担赔偿责任外，由生态环境主管部门依照本条第二款的规定处以罚款，责令限期采取治理措施；造成重大或者特大固体废物污染环境事故的，还可以报经有批准权的人民政府批准，责令关闭。

造成一般或者较大固体废物污染环境事故的，按照事故造成的直接经济损失的一倍以上三倍以下计算罚款；造成重大或者特大固体废物污染环境事故的，按照事故造成的直接经济损失的三倍以上五倍以下计算罚款，并对法定代表人、主要负责人、直接负责的主管人员和其他责任人员处上一年度从本单位取得的收入百分之五十以下的罚款。

第一百一十九条 单位和其他生产经营者违反本法规定排放固体废物，受到罚款处罚，被责令改正的，依法作出处罚决定的行政机关应当组织复查，发现其继续实施该违法行为的，依照《中华人民共和国环境保护法》的规定按日连续处罚。

第一百二十条 违反本法规定，有下列行为之一，尚不构成犯罪的，由公安机关对法定代表人、主要负责人、直接负责的主管人员和其他责任人员处十日以上十五日以下的拘留；情节较轻的，处五日以上十日以下的拘留：

（一）擅自倾倒、堆放、丢弃、遗撒固体废物，造成严重后果的；

（二）在生态保护红线区域、永久基本农田集中区域和其他需要特别保护的区域内，建设工业固体废物、危险废物集中贮存、利用、处置的设施、场所和生活垃圾填埋场的；

（三）将危险废物提供或者委托给无许可证的单位或者其他生产经营者堆放、利用、处置的；

（四）无许可证或者未按照许可证规定从事收集、贮存、利用、处置危险废物经营活动的；

（五）未经批准擅自转移危险废物的；

（六）未采取防范措施，造成危险废物扬散、流失、渗漏或者其他严重后果的。

第一百二十一条　固体废物污染环境、破坏生态，损害国家利益、社会公共利益的，有关机关和组织可以依照《中华人民共和国环境保护法》《中华人民共和国民事诉讼法》《中华人民共和国行政诉讼法》等法律的规定向人民法院提起诉讼。

第一百二十二条　固体废物污染环境、破坏生态给国家造成重大损失的，由设区的市级以上地方人民政府或者其指定的部门、机构组织与造成环境污染和生态破坏的单位和其他生产经营者进行磋商，要求其承担损害赔偿责任；磋商未达成一致的，可以向人民法院提起诉讼。

对于执法过程中查获的无法确定责任人或者无法退运的固体废物，由所在地县级以上地方人民政府组织处理。

第一百二十三条　违反本法规定，构成违反治安管理行为的，由公安机关依法给予治安管理处罚；构成犯罪的，依法追究刑事责任；造成人身、财产损害的，依法承担民事责任。

第九章　附　则

第一百二十四条　本法下列用语的含义：

（一）固体废物，是指在生产、生活和其他活动中产生的丧失原有利用价值或者虽未丧失利用价值但被抛弃或者放弃的固态、半固态和置于容器中的气态的物品、物质以及法律、行政法规规定纳入固体废物管理的物品、物质。经无害化加工处理，并且符合强制性国家产品质量标准，不会危害公众健康和生态安全，或者根据固体废物鉴别标准和鉴别程序认定为不属于固体废物的除外。

（二）工业固体废物，是指在工业生产活动中产生的固体废物。

（三）生活垃圾，是指在日常生活中或者为日常生活提供服务的活动中产生的固体废物，以及法律、行政法规规定视为生活垃圾的固体废物。

（四）建筑垃圾，是指建设单位、施工单位新建、改建、扩建和拆除各类建筑物、构筑物、管网等，以及居民装饰装修房屋过程中产生的弃土、弃料和其他固体废物。

（五）农业固体废物，是指在农业生产活动中产生的固体废物。

（六）危险废物，是指列入国家危险废物名录或者根据国家规定的危险废物鉴别标准和鉴别方法认定的具有危险特性的固体废物。

（七）贮存，是指将固体废物临时置于特定设施或者场所中的活动。

（八）利用，是指从固体废物中提取物质作为原材料或者燃料的活动。

（九）处置，是指将固体废物焚烧和用其他改变固体废物的物理、化学、生物特性的方法，达到减少已产生的固体废物数量、缩小固体废物体积、减少或者消除其危险成分的活动，或者将固体废物最终置于符合环境保护规定要求的填埋场的活动。

第一百二十五条 液态废物的污染防治，适用本法；但是，排入水体的废水的污染防治适用有关法律，不适用本法。

第一百二十六条 本法自 2020 年 9 月 1 日起施行。

入海排污口监督管理办法（试行）

（生态环境部令第 35 号）

第一章　总　则

第一条　为加强入海排污口监督管理，保护海洋生态环境，根据《中华人民共和国海洋环境保护法》《国务院办公厅关于加强入河入海排污口监督管理工作的实施意见》等，制定本办法。

第二条　本办法所称入海排污口，是指直接或者通过管道、沟、渠等排污通道向海洋环境水体排放污水的口门。

入海排污口位于法定海岸线向海一侧，其设置论证、规范化建设、备案、监测、执法检查、信息平台建设、动态管理台账建立、信息公开等监督管理工作适用本办法。

海洋石油勘探开发排污口的监督管理不适用本办法。

第三条　通过入海排污口排放污水的企事业单位、其他生产经营者等是入海排污口的责任主体，负责入海排污口设置论证、规范化建设、备案、维护管理、自行监测、信息公开、源头治理以及排污口整治等。

多个排污单位共用一个入海排污口的，应当确定一个主要责任主体，负责共用入海排污口的备案和信息公开，组织开展入海排污口的设置论证、规范化建设、维护管理、自行监测、整治等。

无法确定责任主体的，由属地县级或设区的市级人民政府作为责任主体，或由其指定责任主体。

第四条　入海排污口分为工业排污口、城镇污水处理厂排污口、农业排口、其他排口四种类型。工业排污口包括工矿企业排污口和雨洪排口、工业及其他各类园区污水处理厂排污口和雨洪排口等；农业排口包括规模化畜禽养殖排污口、规模化水产养殖排污口等；其他排口包括规模以下水产养殖排污口、农村污水处理设施排污口、农村生活污水散排口、大中型灌区排口等。设区的市级以上人民政府生态环境主管部门可从实际出发细化入海排污口类型。

入海排污口实行分类管理。对工矿企业、工业及其他各类园区污水处理厂、城镇污水处理厂排污口实行重点管理。对规模化畜禽养殖、规模化水产养殖排污口实行简化管理。对实行重点管理和简化管理之外的入海排污口，实行一般管理。多个责任主体共用一个入海排污口的，原则上从严确定管理分类。设区的市级以上人民政府生态环境主管部门可结合管理需求提出更为严格的管理分类。

第二章　设　置

第五条　入海排污口的设置应当符合《中华人民共和国海洋环境保护法》等法律法规的规定，尽可能设置在扩散稀释能力较强的海域，合理利用海水自净能力，减轻对海洋生态环境的影响。在有条件的地区，应当将排污口深水设置，实行离岸排放。

第六条　集中分布的同类入海排污口原则上合并设置。包括但不限于以下情形：

（一）城镇污水收集管网覆盖范围内的生活污水散排口；

（二）工业及其他各类园区或各类开发区内的排污口。

集中分布、连片聚集的中小型水产养殖散排口，鼓励设置统一的排污口。

第七条　禁止在自然保护地、重要渔业水域、海水浴场、生态保护红线区域及其他需要特别保护的区域，新设工业排污口和城镇污水处理厂排污口；法律、行政法规另有规定的除外。

第八条　入海排污口的设置应当按照国家有关技术规范的要求开展科学论证。实行重点管理和简化管理的入海排污口，责任主体应当论证入海排污口设置的合法性及对海洋生态环境的影响等，编制入海排污口设置论证报告；实行一般管理的入海排污口，责任主体应当论证排污口设置的合法性等。

建设项目需要设置入海排污口，其环境影响报告书（表）已按照国家有关技术规范要求进行设置论证并通过审批的，责任主体无须单独开展入海排污口设置论证，备案时提供建设项目环境影响评价审批意见文号。

第九条　责任主体应当按照国家有关技术规范的要求对入海排污口监测采样点、

检查井、标识牌、监控及监测系统设置、档案建设等开展规范化建设，并加强入海排污口、排污通道及其规范化建设设施的维护管理，发现他人借道排污等情况的，应当立即向属地生态环境主管部门报告并留存证据。

第三章　备　案

第十条　责任主体应当依法将入海排污口设置论证材料报入海排污口所在地设区的市级人民政府生态环境主管部门备案。

设区的市级人民政府生态环境主管部门对入海排污口备案部门存在争议的，由省级人民政府生态环境主管部门确定备案部门；省级人民政府生态环境主管部门对入海排污口备案部门存在争议的，由国务院生态环境主管部门海域派出机构确定备案部门。

备案部门应当向社会公开入海排污口备案方式、需要提供的文件目录、备案文件范例等信息。

第十一条　责任主体应当在入海排污口投入使用前，在线或纸质填报备案登记表，提交相关材料，并就其真实性、准确性、完整性负责。

备案部门收到备案材料后，按照国家有关规定予以命名和编码，并将备案回执反馈责任主体。

备案部门在完成备案后 15 个工作日内，依法将入海排污口设置情况通报同级自然资源、渔业等部门和海事管理机构、海警机构、军队生态环境保护部门。

根据国家规定需要保密的，应当采用纸质备案方式。

第十二条　入海排污口责任主体、排放方式等备案信息发生变化时，责任主体应当在信息变化后 15 个工作日内向备案部门更新入海排污口备案信息。

第十三条　入海排污口永久停用，责任主体应当及时拆除或封堵排水设施及相关构筑物，在线或纸质填报注销登记表，设区的市级人民政府生态环境主管部门予以注销。

第十四条　本办法实施前在用的入海排污口，按下列要求备案：

（一）已完成入海排污口设置审批或备案的，责任主体不再重复备案，由备案部门予以命名和编码，完善备案管理台账。

（二）无审批或备案手续的，按照排污口整治技术指南要求依法应当取缔的，备案部门不予备案；其他情形的入海排污口，责任主体于2025年3月31日前提交登记表，备案部门予以备案。

第四章　监测和执法

第十五条　纳入排污许可管理的，责任主体应当按照排污许可证要求开展自行监测，可不在入海排污口重复开展。

未纳入排污许可管理的，以下类型入海排污口的责任主体应当按照排污口有关技术规范的要求开展自行监测：

（一）实施重点管理的；

（二）规模化海水养殖和设置统一排污口的集中连片海水养殖的排污口。

第十六条　实施重点管理的入海排污口，责任主体应当在入海排污口监测采样点处进行流量等监控。

第十七条　沿海省级人民政府生态环境主管部门制定监测计划，并组织设区的市级人民政府生态环境主管部门每年按照国家有关技术规范的要求实施行政区域内入海排污口监测。实施重点管理的入海排污口抽测比例应当高于实施简化管理的入海排污口，实施简化管理的入海排污口抽测比例应当高于实施一般管理的入海排污口。近岸海域生态环境质量未达到目标要求的应当适当加大监测比例和频次。

第十八条　设区的市级人民政府生态环境主管部门应当将入海排污口执法检查纳入生态环境执法年度工作计划，对入海排污口设置、备案及注销、排放方式、自行监测等开展执法检查。

对违反法律法规规定设置入海排污口，以及设置入海排污口未备案、未按规定开展自行监测、监控的，应当查明责任主体责任，确定违法事实后，按照《中华人民共和国环境保护法》《中华人民共和国海洋环境保护法》等有关法律法规的规定对相应责任主体予以处罚。对于执法检查发现的存在问题的入海排污口，责任主体应当按照《中华人民共和国海洋环境保护法》等有关法律法规要求开展整治。

第十九条　沿海省级人民政府生态环境主管部门应当对行政区域内设区的市级人民政府生态环境主管部门入海排污口监督管理工作情况进行核查，发现问题的依法依规严肃追究有关地方、部门和人员责任。

国务院生态环境主管部门海域派出机构按照有关督察检查考核工作要求，编制入海排污口监督检查年度工作计划，对所辖海域范围内地方生态环境主管部门入海排污口监督管理工作情况开展抽查，重点针对工矿企业雨洪排口、工业及其他各类园区污水处理厂雨洪排口、规模化水产养殖排污口、大中型灌区排口、农村生活污水散排口等类型以及多个责任主体共用一个入海排污口的情形，发现问题及时通报有关单位，并督促跟踪问题整改。

第五章　信息管理和信息公开

第二十条　国务院生态环境主管部门组织建设全国入海排污口监督管理信息化平台。沿海省级人民政府生态环境主管部门应当建立入海排污口动态管理台账，按要求实时通过全国入海排污口监督管理信息化平台报送和更新，相关数据作为统计核实入海排污口监督管理工作情况的依据。国务院生态环境主管部门海域派出机构负责督促所辖行政区域内入海排污口动态管理台账完善。

入海排污口动态管理台账按照首次填报、日常更新、注销登记实施动态管理。设区的市级人民政府生态环境主管部门按照备案要求对入海排污口统一编码后，首次填报入海排污口动态管理台账信息，并在日常监管过程中根据排污许可变更、监管要求变化及时更新入海排污口污染排放、监测、监控、检查等有关信息，入海排污口备案注销后，动态管理台账中应当及时注明。

入海排污口动态管理台账应当包括入海排污口基本情况、责任主体、设置备案、规范化建设、监测监控结果、执法检查、排污许可等信息，本办法实施前在用的入海排污口，入海排污口动态管理台账还应当包括排查整治等信息。

第二十一条　设区的市级人民政府生态环境主管部门应当通过政府网站、政务新媒体等开展入海排污口监督管理法律法规和政策宣传，依法公开并定期更新入海排污口备案等相关信息。

入海排污口责任主体应当通过标识牌、显示屏、网络媒体等渠道主动向社会公开入海排污口位置、排放方式以及自行监测等相关信息。

第二十二条　对违反本办法规定的行为，一切单位和个人有权利进行监督和举报。设区的市级以上人民政府生态环境主管部门应当建立完善公众监督举报机制，鼓励公众举报入海排污口违法行为。

第六章　附　则

第二十三条　本办法由生态环境部负责解释。沿海省级人民政府生态环境主管部门可依据本办法的规定，结合地方实际制定具体的实施细则。

第二十四条　本办法自 2025 年 1 月 1 日起施行。

附 1

重点管理和简化管理的入海排污口备案登记表（格式）

备案登记主表[1]				
责任主体名称				
统一社会信用代码 / 组织机构代码				
联系人			联系电话	
法定代表人			联系电话	
通信地址[2]				
备案情形[3]	□历史排污口（是否需要整治：□是；□否） □新设置排污口			
入海排污口名称和编码	（此信息由备案部门填写）			
（拟）启用时间[4]	年 月 日			
排污口位置	（具体地址[2]）			
	所在海域	□渤海；□黄海； □东海；□南海	地理坐标[5]	经度： 纬度：
	离低潮线距离[6]（km）		出水口距水面距离[6]（m）	
排污口类型	□工矿企业排污口；□工业及其他各类园区污水处理厂排污口；□城镇污水处理厂排污口；□规模化畜禽养殖排污口；□规模化水产养殖排污口；□其他，具体分类：________			
排水设施类型[7]	□明管；□暗管；□明渠；□暗渠；□其他________			
	□无闸门；□有闸门			
环境影响评价审批意见文号 / 备案编号[8]				
排污许可证号 / 登记编号[9]				
入海排污口排放方式	□连续排放；□间歇排放；□无规律排放			
	□离岸排放；□岸边排放			
	是否共用：□是；□否			
扩散器类型[10]				

续表

主要污染物允许排放浓度及排放总量					
项目	**排放浓度** [11]	**排放总量** [12]	**项目**	**排放浓度** [11]	**排放总量** [12]
入海排污口设置论证结论 [13]					
入海排污口整治情况 [14]					
备注	（表内信息发生变化的，按照本办法第十二条规定变更备案信息）				
承诺：×× 市 ×× 县 ×× 公司 / 单位 / 某某某承诺所填写各项内容真实、准确、完整，入海排污口符合《中华人民共和国海洋环境保护法》及国家和地方关于入海排污口设置的有关规定。如存在弄虚作假、隐瞒欺骗等情况及由此导致的一切后果由 ×× 市 ×× 县（×× 公司 / 单位 / 某某某）承担全部责任。 法定代表人或者主要负责人签字：					

备案登记副表 [1]					
责任主体名称					
统一社会信用代码 / 组织机构代码					
联系人			联系电话		
法定代表人			联系电话		
通信地址 [2]					
拟启用时间 [4]	年 月 日				
位置信息	厂界排污口地理坐标 [5]	经度： 纬度：	汇入节点地理坐标 [5]	经度： 纬度：	
污水来源	□工矿企业；□工业及其他各类园区污水处理厂；□城镇污水处理厂；□畜禽养殖；□水产养殖；□雨洪；□其他：________				
排放方式	□连续排放；□间歇排放；□无规律排放				
排污许可证号 / 登记编号 [9]					
主要污染物允许排放浓度及排放总量					
项目	排放浓度 [11]	排放总量 [12]	项目	排放浓度 [11]	排放总量 [12]

续表

备注	（表内信息发生变化的，按照本办法第十二条规定变更备案信息）				
承诺：××市××县××公司/单位/某某某承诺所填写各项内容真实、准确、完整。如存在弄虚作假、隐瞒欺骗等情况及由此导致的一切后果由××市××县（××公司/单位/某某某）承担全部责任。 法定代表人或者主要负责人签字：					

填表说明：

1. 登记表分为主表和副表。一个排污单位对应一个排污口的，只填写主表即可。多个排污单位共用一个排污口的，主要责任主体应当填报主表和副表，副表可填写多份。

2. 格式：地级市名称+区（市/县）名称+街道（乡/镇）名称+详细地址或企业名称，必要时可以用周边特征标志物信息与距离特征、方位特征结合的方式描述。

3. 包括两种情形：（1）历史排污口备案是指本办法实施前在用的入海排污口的备案，应当按照排污口整治技术指南有关要求填写是否需要整治；（2）新设置排污口备案是指入海排污口首次建造使用前的备案，以及对原来不具有排污功能或者已废弃口门的使用的备案。

4. 历史排污口备案的填写启用时间，新设置排污口备案的填写拟启用时间。

5. 单位：°；保留小数点后6位，如×××.××××××°。

6. 此项选填。污水海洋处置工程排污口需填写。

7. 由管道、沟渠等共同构成或其他排水设施可选择“其他”，并说明排水设施的主要构成。

8. 此项选填。已通过建设项目环境影响评价审批的，需填写环境影响评价审批意见文号，备案部门应当根据文号主动获取有关信息，协助填报。

9. 此项选填。已取得排污许可证的，需填写排污许可证编号，备案部门应当根据编号主动获取有关信息，协助填报。多个排污单位/人共用一个排污口的，主表不需填写，取得排污许可证的排污单位在对应副表中填写排污许可证号/排污登记编号，本表中有关信息应当与排污许可证载明内容一致。

10. 此项选填。安装扩散器的污水海洋处置工程排污口应当填写扩散器类型。

11. 填写排污许可证规定的污染物排放限值；未取得排污许可证的，填写污染物排放应当执行的地方污染物排放标准限值，无地方标准的填写行业或国家污染物排放标准限值。单位：mg/L。多个排污单位共用一个入海排污口的，主表中填写各排污单位排放限值的最宽值。

12. 填写入海排污口设置论证允许的污染物年排放总量，单位：吨/年。主要污染物种类数量多于表格数量的，可自行添加或单独附表填报。多个排污单位共用一个入海排污口的，主表中填写各排污单位污染物年排放总量的总和。

13. 新设置入海排污口备案的填写设置论证结论，并附设置论证报告。

14. 历史排污口备案且需整治的填写整治是否完成，如已完成，应当附整治完成说明材料。

附 2

一般管理入海排污口备案登记表（格式）

<table>
<tr><td colspan="5">备案登记主表[1]</td></tr>
<tr><td>责任主体
名称</td><td colspan="4"></td></tr>
<tr><td colspan="3">统一社会信用代码 / 组织机构代码</td><td colspan="2"></td></tr>
<tr><td>联系人</td><td colspan="2"></td><td>联系电话</td><td></td></tr>
<tr><td>法定代表人</td><td colspan="2"></td><td>联系电话</td><td></td></tr>
<tr><td>通信地址[2]</td><td colspan="4"></td></tr>
<tr><td>备案情形[3]</td><td colspan="4">□历史排污口（是否需要整治：□是；□否）
□新设置排污口</td></tr>
<tr><td>入海排污口名称
和编码</td><td colspan="4">（此信息由备案部门填写）</td></tr>
<tr><td>（拟）启用时间[4]</td><td colspan="4">年 月 日</td></tr>
<tr><td rowspan="3">排污口位置</td><td colspan="4">（具体地址[2]）</td></tr>
<tr><td rowspan="2">所在
海域</td><td rowspan="2">□渤海；□黄海；
□东海；□南海</td><td rowspan="2">地理
坐标[5]</td><td>经度：</td></tr>
<tr><td>纬度：</td></tr>
<tr><td>排污口类型</td><td colspan="4">□工矿企业雨洪排口；□工业及其他各类园区污水处理厂雨洪排口；
□规模以下水产养殖排污口；□农村污水处理设施排污口；□农村生活污水散排口；□大中型灌区排口；□其他__________</td></tr>
<tr><td>排水设施
类型[6]</td><td colspan="4">□明管；□暗管；□明渠；□暗渠；□闸门；□其他__________</td></tr>
<tr><td>环境影响评价审
批意见文号 / 备案
编号[7]</td><td colspan="4"></td></tr>
<tr><td>排污许可证号 /
登记编号[8]</td><td colspan="4"></td></tr>
<tr><td>执行排放管控
要求[9]</td><td colspan="4"></td></tr>
</table>

续表

<table>
<tr><td>排放方式</td><td>□离岸排放；□岸边排放</td></tr>
<tr><td>排污口设置论证分析</td><td>1. 是否符合相关法律法规以及国家和地方关于入海排污口设置的有关规定：□符合；□不符合
2. 是否有污水收集处理等污染防治措施：□无；□有，具体措施＿＿＿＿＿</td></tr>
<tr><td>入海排污口整治情况[10]</td><td></td></tr>
<tr><td>备注</td><td>（表内信息发生变化的，按照本办法第十二条规定变更备案信息）</td></tr>
<tr><td colspan="2">承诺：××市××县××公司/单位/某某某承诺所填写各项内容真实、准确、完整，入海排污口符合《中华人民共和国海洋环境保护法》及国家和地方关于入海排污口设置的有关规定。如存在弄虚作假、隐瞒欺骗等情况及由此导致的一切后果由××市××县（××公司/单位/某某某）承担全部责任。

法定代表人或者主要负责人签字：</td></tr>
</table>

<table>
<tr><td colspan="5">备案登记副表[1]</td></tr>
<tr><td>责任主体名称</td><td colspan="4"></td></tr>
<tr><td colspan="2">统一社会信用代码/组织机构代码</td><td colspan="3"></td></tr>
<tr><td>联系人</td><td></td><td>联系电话</td><td colspan="2"></td></tr>
<tr><td>法定代表人</td><td></td><td>联系电话</td><td colspan="2"></td></tr>
<tr><td>通信地址[2]</td><td colspan="4"></td></tr>
<tr><td>（拟）启用时间[4]</td><td colspan="4">年 月 日</td></tr>
<tr><td>位置信息</td><td>厂界排污口地理坐标[5]</td><td>经度：
纬度：</td><td>汇入节点地理坐标[5]</td><td>经度：
纬度：</td></tr>
<tr><td>污水来源</td><td colspan="4">□工矿企业雨洪；□工业及其他各类园区污水处理厂雨洪；
□水产养殖；□农村污水处理设施；□农村生活污水；□大中型灌区</td></tr>
<tr><td>排污许可证号/登记编号[8]</td><td colspan="4"></td></tr>
<tr><td>执行排放管控要求[9]</td><td colspan="4"></td></tr>
<tr><td>备注</td><td colspan="4">（表内信息发生变化的，按照本办法第十二条规定变更备案信息）</td></tr>
</table>

续表

承诺：××市××县××公司/单位/某某某承诺所填写各项内容真实、准确、完整，入海排污口符合《中华人民共和国海洋环境保护法》及国家和地方关于入海排污口设置的有关规定。如存在弄虚作假、隐瞒欺骗等情况及由此导致的一切后果由××市××县（××公司/单位/某某某）承担全部责任。 法定代表人或者主要负责人签字：

填表说明：

1. 登记表分为主表和副表。一个排污单位对应一个排污口的，只填写主表即可。多个排污单位共用一个排污口的，主要责任主体应当填报主表和副表，副表可填写多份。

2. 格式：地级市名称＋区（市/县）名称＋街道（乡/镇）名称＋详细地址或企业名称，必要时可以用周边特征标志物信息与距离特征、方位特征结合的方式描述。

3. 包括两种情形：（1）历史排污口备案是指本办法实施前在用的入海排污口的备案，应当按照排污口整治技术指南有关要求明确是否需要整治；（2）新设置入海排污口备案是指入海排污口首次建造使用前的备案，以及对原来不具有排污功能或者已废弃口门的使用的备案。

4. 历史排污口备案的填写启用时间，新设置排污口备案的填写拟启用时间。

5. 单位：°；保留小数点后6位，如×××.××××××°。

6. 由管道、沟渠等共同构成或其他排水设施可选择“其他”，并说明排水设施的主要构成。

7. 此项选填。建设项目已通过建设项目环境影响评价审批或备案的，需填写审批意见文号或备案编号，备案部门应当根据文号或备案编号主动获取有关信息，协助填报。

8. 此项选填。已取得排污许可证的责任主体需填写排污许可证编号，备案部门应当根据编号主动获取有关信息，协助填报。本表中有关信息应当与排污许可证载明内容一致。

9. 填写排污许可证规定的污染物排放标准名称；未取得排污许可证的，填写其污染物排放应当执行的地方污染物排放标准名称，无地方标准的填写行业或国家污染物排放标准名称。无排放管控要求的填无。多个排污单位/人共用一个排污口的，填写各排污单位排放限值最宽的污染物排放标准名称。

10. 历史排污口备案且需整治的填写整治是否完成，如已完成，应当附整治完成说明材料。

附3

入海排污口备案回执（格式）

备案号〔　〕

________（责任主体名称）：

根据《入海排污口监督管理办法（试行）》有关要求，你（单位）填报的在____市____县（区 / 市）的 ××× 入海排污口排污已完成备案。

入海排污口名称为：________________。

入海排污口编码为：________________。

其他有关事项说明：________________。

你 / 你单位应当主动落实海洋生态环境保护主体责任，自觉接受相关主管部门和社会各界监督。

××市生态环境局

（盖章）

年　月　日

附 4

入海排污口注销登记表（格式）

<table>
<tr><td>入海排污口名称</td><td></td><td>入海排污口编码</td><td></td></tr>
<tr><td>备案号</td><td colspan="3"></td></tr>
<tr><td>统一社会信用代码 /
组织机构代码</td><td colspan="3"></td></tr>
<tr><td rowspan="2">入海排污口位置</td><td colspan="3">（详细地址）</td></tr>
<tr><td colspan="3">经度：　　　　　　纬度：</td></tr>
<tr><td>责任主体名称</td><td colspan="3"></td></tr>
<tr><td>联系人</td><td></td><td>联系电话</td><td></td></tr>
<tr><td>法定代表人</td><td></td><td>联系电话</td><td></td></tr>
<tr><td>注销原因</td><td colspan="3"></td></tr>
<tr><td>承诺</td><td colspan="3">我（单位）对入海排污口进行注销登记，已□拆除排水设施及相关构筑物；□封堵入海排污口。愿意接受生态环境主管部门监管和社会公众监督，并承担由此导致的一切后果和责任。

法定代表人或主要负责人：签字（盖章）
申请日期：　年　月　日</td></tr>
</table>

一般工业固体废物管理台账制定指南（试行）

一、目的和依据

台账制度是规范工业固体废物流向的重要抓手，是实现工业固体废物全过程管理的基础性、保障性制度。产生工业固体废物的单位（以下简称产废单位）建立工业固体废物管理台账，如实记录工业固体废物的种类、数量、流向、贮存、利用、处置等信息，可以实现工业固体废物可追溯、可查询的目的，推动企业提升固体废物管理水平。

为落实《中华人民共和国固体废物污染环境防治法》第三十六条关于建立工业固体废物管理台账的要求，规范一般工业固体废物管理台账制定工作，制定本指南。

二、适用范围

本指南适用于规范产废单位制定一般工业固体废物管理台账。工业危险废物管理台账制定不适用本指南。

三、前期准备工作

（一）分析一般工业固体废物的产生情况。从原辅材料与产品、生产工艺等方面分析固体废物的产生情况，确定固体废物的种类，了解并熟悉所产生固体废物的基本特性。

（二）明确负责人及相关设施、场地。明确固体废物产生部门、贮存部门、自行利用部门和自行处置部门负责人，为固体废物产生设施、贮存设施、自行利用设施和自行处置设施编码。

（三）确定接受委托的利用处置单位。委托他人利用、处置的，应当按照《中华人民共和国固体废物污染环境防治法》第三十七条要求，选择有资格、有能力的利用处置单位。

四、台账管理要求

（一）一般工业固体废物管理台账实施分级管理。附表 1 至附表 3 为必填信息，主要用于记录固体废物的基础信息及流向信息，所有产废单位均应当填写。附表 1 按年填写，应当结合环境影响评价、排污许可等材料，根据实际生产运营情况记录固体废物产生信息，生产工艺发生重大变动等原因导致固体废物产生种类等发生变化的，应当及时另行填写附表 1；附表 2 按月填写，记录固体废物的产生、贮存、利用、处置数量和利用、处置方式等信息；附表 3 按批次填写，每一批次固体废物的出厂以及转移信息均应当如实记录。

（二）附表 4 至附表 7 为选填信息，主要用于记录固体废物在产废单位内部的贮存、利用、处置等信息。附表 4 至附表 7，根据地方及企业管理需要填写，省级生态环境主管部门可根据工作需要另行规定具体适用范围和记录要求。填写时应确保固体废物的来源信息、流向信息完整准确；根据固体废物产生周期，可按日或按班次、批次填写。

（三）产废单位填写台账记录表时，应当根据自身固体废物产生情况，从附表 8 中选择对应的固体废物种类和代码，并根据固体废物种类确定固体废物的具体名称。

（四）鼓励产废单位采用国家建立的一般工业固体废物管理电子台账，简化数据填写、台账管理等工作。地方和企业自行开发的电子台账要实现与国家系统对接。建立电子台账的产废单位，可不再记录纸质台账。

（五）台账记录表各表单的负责人对记录信息的真实性、完整性和规范性负责。

（六）产废单位应当设立专人负责台账的管理与归档，一般工业固体废物管理台账保存期限不少于 5 年。

（七）鼓励有条件的产废单位在固体废物产生场所、贮存场所及磅秤位置等关键点位设置视频监控，提高台账记录信息的准确性。

附表：

1. 一般工业固体废物产生清单（　年度）

2. 一般工业固体废物流向汇总表（　年　月）

3. 一般工业固体废物出厂环节记录表

4. 一般工业固体废物产生环节记录表

5. 一般工业固体废物贮存环节记录表

6.1 一般工业固体废物自行利用环节记录表（接收）

6.2 一般工业固体废物自行利用环节记录表（运出）

7. 一般工业固体废物自行处置环节记录表

8. 一般工业固体废物分类表

附表 1

一般工业固体废物产生清单（　年度）

负责人签字：　　　　　　　　填表人签字：　　　　　　　　填表日期：

序号	代码	名称	类别	产生环节	物理性状	主要成分	污染特性	产废系数 / 年产生量
1								
2								
…								

注：

1. 代码：根据实际情况从附表 8 中选择对应的代码。

2. 名称：结合附表 8 中的废物种类确定具体的名称。以尾矿为例，应当依据采选的主要矿种命名尾矿的具体名称，如铁尾矿、铜尾矿、铅尾矿、铅锌尾矿等。

3. 类别：选择第Ⅰ类一般工业固体废物或第Ⅱ类一般工业固体废物。

4. 产生环节：说明固体废物的产生来源，例如在某个设施以某种原辅材料生产某种产物时产生的废物，明确产生废物的生产设施编码。

5. 物理性状：选择固态、半固态、液态、气态或其他形态。

6. 主要成分：固体废物含有的典型物质成分，如磷石膏的主要成分为硫酸钙。

7. 污染特性：描述固体废物的特征污染物，以及其释放迁移对大气、水、土壤环境造成的影响。

8. 产废系数 / 年产生量：单位产品或单位原料所产生的固体废物量，或者填写固体废物的年度产生量。

附表 2

一般工业固体废物流向汇总表（　年　月）

负责人签字：　　　　　　　　　　填表人签字：　　　　　　　　　　填表日期：

代码	名称	类别	产生量	贮存量	累计贮存量	自行利用方式	自行利用数量	委托利用方式	委托利用数量	自行处置方式	自行处置数量	委托处置方式	委托处置数量

注：

1. 产生量、贮存量、利用量、处置量：均为填表期间内的实际发生数量。

2. 累计贮存量：截止到填表当月月底，累计实际贮存总量，包括本指南实施之前发生的贮存量。

3. 自行 / 委托利用方式：根据实际情况，简要描述利用技术路线和利用产物。

4. 自行 / 委托处置方式：根据实际情况，选择焚烧、填埋、其他处置方式。

5. 利用 / 处置数量：原则上应以“吨”为单位计量，如以其他单位计量则应说明计量单位，并通过估算换算成以“吨”计量。

附表 3

一般工业固体废物出厂环节记录表

记录表编号：　　　　　　　　　　负责人签字：　　　　　　　　　　填表日期：

代码	名称	出厂时间	出厂数量（单位）	出厂环节经办人	运输单位	运输信息	运输方式	接收单位	流向类型

注：

1. 记录表编号：可采用“出厂”首字母加年月日再加编号的方式设计，例如“CC20210731001”，也可根据需要自行设计。

2. 出厂时间：原则上应精确至“分”。

3. 出厂数量：原则上应以“吨”为单位计量，如以其他单位计量则应说明计量单位，并通过估算换算成以“吨”计量。

4. 运输信息：填写运输车辆车牌号码、驾驶员姓名及联系方式。

5. 运输方式：选择公路、铁路、水路。

6. 流向类型：选择省内转移、跨省转移、越境转移。

附表 4

一般工业固体废物产生环节记录表

记录表编号：　　　　生产设施编码：　　　　废物产生部门负责人：　　　　填表日期：

代码	名称	产生时间	产生数量（单位）	转移时间	转移去向	产生部门经办人	运输经办人

注：

1. 记录表编号：可采用“产生”首字母加年月日再加编号的方式设计，例如“CS20210731001”，也可根据需要自行设计。

2. 生产设施编码：填写排污许可证载明的设施编码，无编码的依据 HJ 608 自行编码。无固定产生环节的固体废物，可不填写编码。

3. 转移去向：是指固体废物在厂内的转移去向，如不经过贮存、利用等环节直接出厂则填写“出厂”。

4. 运输经办人：是指固体废物在厂内的运输经办人员。

5. 对于废物连续产生的情况，产生时间可按日或按班次计，“转移时间”填写“连续产生”，“运输经办人”项可不填写。

附表 5

一般工业固体废物贮存环节记录表

记录表编号：　　　　贮存设施编码：　　　　贮存部门负责人：　　　　填表日期：

入库情况								出库情况				
废物来源	前序表单编号	代码	名称	入库时间	入库数量（单位）	运输经办人	贮存部门经办人	出库时间	出库数量（单位）	废物去向	贮存部门经办人	运输经办人

注：

1. 记录表编号：可采用“贮存”首字母加年月日再加编号的方式设计，例如“ZC20210731001”，也可根据需要自行设计。

2. 贮存设施编码：填写排污许可证载明的设施编码，无编码的依据 HJ 608 自行编码。

3. 废物来源：填写废物移出设施（废物产生设施或贮存设施）的编码和名称。

4. 前序表单编号：如废物来自生产环节，则填写附表 4 的记录表编号；如废物来自贮存环节，则填写其他贮存场地附表 5 的记录表编号。

5. 如废物为连续产生且经过皮带、管道等方式自动入库而无废物运输经办人，则运输经办人可不填，入库时间可按日计。

附表 6.1

一般工业固体废物自行利用环节记录表（接收）

记录表编号：　　　　自行利用设施编码：　　　　自行利用部门负责人：　　　　填表日期：

废物来源	前序表单编号	代码	名称	接收时间	接收数量（单位）	运输经办人	自行利用部门经办人

注：

1. 记录表编号：可采用“接收”首字母加年月日再加编号的方式设计，例如“JS20210731001”，也可根据需要自行设计。

2. 自行利用设施编码：填写排污许可证载明的设施编码，无编码的依据 HJ 608 自行编码。

3. 前序表单编号：如废物来自生产环节，则填写附表 4 的记录表编号；如废物来自贮存环节，则填写附表 5 的记录表编号。

4. 运输经办人：是指固体废物在厂内的运输经办人员。

附表 6.2

一般工业固体废物自行利用环节记录表（运出）

记录表编号：　　　　自行利用设施编码：　　　　自行利用部门负责人：　　　　填表日期：

利用产物名称	运出时间	运出数量（单位）	运出去向	自行利用部门经办人	运输经办人

续表

利用产物名称	运出时间	运出数量（单位）	运出去向	自行利用部门经办人	运输经办人

注：

1. 记录表编号：可采用“运出”首字母加年月日再加编号的方式设计，例如“YC20210731001”，也可根据需要自行设计。

2. 运出去向：根据实际情况填写，利用产物可企业自用，也可对外销售等。

3. 运输经办人：可根据实际情况，填写厂内运输经办人或出厂运输经办人。

附表 7

一般工业固体废物自行处置环节记录表

记录表编号　　　　自行处置设施编码：　　　　自行处置部门负责人：　　　　填表日期：

废物来源	前序表单编号	代码	名称	接收时间	接收数量（单位）	处置方式	自行处置部门经办人

注：

1. 记录表编号：可采用“处置”首字母加年月日再加编号的方式设计，例如“CZ20210731001”，也可根据需要自行设计。

2. 自行处置设施编码：填写排污许可证载明的设施编码，无编码的依据 HJ 608 自行编码。

3. 前序表单编号：如废物来自生产环节，则填写附表 4 的记录表编号；如废物来自贮存环节，则填写附表 5 的记录表编号。

附表 8

一般工业固体废物分类表

废物代码	废物种类	废物描述
SW01	冶炼废渣	黑色金属冶炼、有色金属冶炼、贵金属冶炼等产生的固体废物（不含赤泥），包括炼铁产生的高炉渣、炼钢产生的钢渣、电解锰产生的锰渣等。
SW02	粉煤灰	从燃煤过程产生烟气中收捕下来的细微固体颗粒物，不包括从燃煤设施炉膛排出的灰渣，主要来自火力发电和其他使用燃煤设施的行业。
SW03	炉渣	燃烧设备从炉膛排出的灰渣（不含冶炼废渣），不包括燃料燃烧过程中产生的烟尘。
SW04	煤矸石	煤炭开采、洗选产生的矸石以及煤泥等固体废物。
SW05	尾矿	金属、非金属矿山开采出的矿石，经选矿厂选出有价值的精矿后产生的固体废物，包括铁矿、铜矿、铅矿、铅锌矿、金矿（涉氰或浮选）、钨钼矿、硫铁矿、萤石矿、石墨矿等矿石选矿后产生的尾矿。
SW06	脱硫石膏	废气脱硫的湿式石灰石 / 石膏法工艺中，吸收剂与烟气中 SO_2 等反应后生成的副产物。
SW07	污泥	各类污水处理产生的固体沉淀物。
SW09	赤泥	从铝土矿中提炼氧化铝后排出的污染性废渣，一般含氧化铁量大，外观与赤色泥土相似。
SW10	磷石膏	在磷酸生产中用硫酸分解磷矿时产生的二水硫酸钙、酸不溶物，未分解磷矿及其他杂质的混合物。主要来自磷肥制造业。
SW11	工业副产石膏	工业生产活动中产生的以硫酸钙为主要成分的石膏类废物，包括氟石膏、硼石膏、钛石膏、芒硝石膏、盐石膏、柠檬酸石膏等，不含脱硫石膏、磷石膏。
SW12	钻井岩屑	石油、天然气开采活动以及其他采矿业产生的钻井岩屑等矿业固体废物，不包括煤矸石、尾矿。
SW13	食品残渣	农副食品加工、食品制造等产生的有机类固体废物，包括各类农作物、牲畜、水产品加工残余物等。
SW14	纺织皮革业废物	纺织、皮革、服装等行业产生的固体废物，包括丝、麻、棉边角废料等。

续表

废物代码	废物种类	废物描述
SW15	造纸印刷业废物	造纸业、印刷业产生的固体废物，包括造纸白泥等。
SW16	化工废物	石油煤炭加工、化工行业、医药制造业产生的固体废物，包括气化炉渣、电石渣等。
SW17	可再生类废物	工业生产加工活动中产生的废钢铁、废有色金属、废纸、废塑料、废玻璃、废橡胶、废木材等。
SW59	其他工业固体废物	除上述种类以外的其他工业固体废物。

说明：
①本表的目的是为固体废物环境管理提供便利，不是固体废物或危险废物鉴别的依据。
②列入本表的一般工业固体废物，是指按照国家规定的标准和程序判定不属于危险废物的工业固体废物。

国家危险废物名录（2025年版）

（2024年11月26日生态环境部、国家发展和改革委员会、公安部、交通运输部、国家卫生健康委员会令第36号公布，自2025年1月1日起施行）

第一条 根据《中华人民共和国固体废物污染环境防治法》的有关规定，制定本名录。

第二条 具有下列情形之一的固体废物（包括液态废物），列入本名录：

（一）具有毒性、腐蚀性、易燃性、反应性或者感染性一种或者几种危险特性的；

（二）不排除具有危险特性，可能对生态环境或者人体健康造成有害影响，需要按照危险废物进行管理的。

第三条 列入本名录附录《危险废物豁免管理清单》中的危险废物，在所列的豁免环节，且满足相应的豁免条件时，可以按照豁免内容的规定实行豁免管理。

第四条 危险废物与其他物质混合后的固体废物，以及危险废物利用处置后的固体废物的属性判定，按照国家规定的危险废物鉴别标准执行。

第五条 本名录中有关术语的含义如下：

（一）废物类别，是在《控制危险废物越境转移及其处置巴塞尔公约》划定的类别基础上，结合我国实际情况对危险废物进行的分类。

（二）行业来源，是指危险废物的产生行业。

（三）废物代码，是指危险废物的唯一代码，为8位数字。其中，第1–3位为危险废物产生行业代码［依据《国民经济行业分类（GB/T 4754—2017）》确定］，第4–6位为危险废物顺序代码，第7–8位为危险废物类别代码。

（四）危险特性，是指对生态环境和人体健康具有有害影响的毒性（Toxicity, T）、腐蚀性（Corrosivity, C）、易燃性（Ignitability, I）、反应性（Reactivity, R）和感染性（Infectivity, In）。

第六条 对不明确是否具有危险特性的固体废物，应当按照国家规定的危险废物鉴别标准和鉴别方法予以认定。

经鉴别具有危险特性的，属于危险废物，应当根据其主要有害成分和危险特性对照本名录中已有废物代码进行归类；无法按已有废物代码归类的，应当确定其所属废物类别，按代码“900-000-××”（××为危险废物类别代码）进行归类管理。

经鉴别不具有危险特性的，不属于危险废物。

第七条 本名录根据实际情况实行动态调整。

第八条 本名录自2025年1月1日起施行。《国家危险废物名录（2021年版）》（生态环境部、国家发展和改革委员会、公安部、交通运输部、国家卫生健康委员会令第15号）同时废止。

（附表见下页）

附表

国家危险废物名录

废物类别	行业来源	废物代码	危险废物	危险特性
HW01 医疗废物	卫生	841-001-01	感染性废物	In
		841-002-01	损伤性废物	In
		841-003-01	病理性废物	In
		841-004-01	化学性废物	T/C/I/R
		841-005-01	药物性废物	T
HW02 医药废物	化学药品原料药制造	271-001-02	化学合成原料药生产过程中产生的蒸馏及反应残余物	T
		271-002-02	化学合成原料药生产过程中产生的废母液及反应基废物	T
		271-003-02	化学合成原料药生产过程中产生的废脱色过滤介质	T
		271-004-02	化学合成原料药生产过程中产生的废吸附剂	T
		271-005-02	化学合成原料药及中间体生产过程中的废弃的产品及中间体	T
	化学药品制剂制造	272-001-02	化学药品制剂生产过程中原料药提纯精制、再加工产生的蒸馏及反应残余物	T
		272-003-02	化学药品制剂生产过程中产生的废脱色过滤介质及吸附剂	T
		272-005-02	化学药品制剂生产过程中产生的废弃的产品及原料药	T
	兽用药品制造	275-001-02	使用砷或者有机砷化合物生产兽药过程中产生的废水处理污泥	T
		275-002-02	使用砷或者有机砷化合物生产兽药过程中产生的蒸馏残余物	T
		275-003-02	使用砷或者有机砷化合物生产兽药过程中产生的废脱色过滤介质及吸附剂	T

续表

废物类别	行业来源	废物代码	危险废物	危险特性
HW02 医药废物	兽用药品制造	275-004-02	其他兽药生产过程中产生的蒸馏及反应残余物	T
		275-005-02	其他兽药生产过程中产生的废脱色过滤介质及吸附剂	T
		275-006-02	兽药生产过程中产生的废母液、反应基和培养基废物	T
		275-008-02	兽药生产过程中产生的废弃的产品及原料药	T
	生物药品制品制造	276-001-02	利用生物技术生产生物化学药品、基因工程药物过程中产生的蒸馏及反应残余物	T
		276-002-02	利用生物技术生产生物化学药品、基因工程药物（不包括利用生物技术合成他汀类降脂药物、降糖类药物）过程中产生的废母液、反应基和培养基废物	T
		276-003-02	利用生物技术生产生物化学药品、基因工程药物（不包括利用生物技术合成他汀类降脂药物、降糖类药物）过程中产生的废脱色过滤介质	T
		276-004-02	利用生物技术生产生物化学药品、基因工程药物过程中产生的废吸附剂	T
		276-005-02	利用生物技术生产生物化学药品、基因工程药物及中间体过程中产生的废弃的产品、原料药和中间体	T
HW03 废药物、药品	非特定行业	900-002-03	销售及使用过程中产生的失效、变质、不合格、淘汰、伪劣的化学药品和生物制品，以及《医疗用毒性药品管理办法》中所列的毒性中药	T
HW04 农药废物	农药制造	263-001-04	氯丹生产过程中六氯环戊二烯过滤产生的残余物，及氯化反应器真空汽提产生的废物	T
		263-002-04	乙拌磷生产过程中甲苯回收工艺产生的蒸馏残渣	T
		263-003-04	甲拌磷生产过程中二乙基二硫代磷酸过滤产生的残余物	T
		263-004-04	2,4,5- 三氯苯氧乙酸生产过程中四氯苯蒸馏产生的重馏分及蒸馏残余物	T
		263-005-04	2,4- 二氯苯氧乙酸生产过程中苯酚氯化工段产生的含 2,6- 二氯苯酚精馏残渣	T

续表

废物类别	行业来源	废物代码	危险废物	危险特性
HW04 农药废物	农药制造	263-006-04	乙烯基双二硫代氨基甲酸及其盐类生产过程中产生的过滤、蒸发和离心分离残余物及废水处理污泥，产品研磨和包装工序集（除）尘装置收集的粉尘和地面清扫废物	T
		263-007-04	溴甲烷生产过程中产生的废吸附剂、反应器产生的蒸馏残液和废水分离器产生的废物	T
		263-008-04	其他农药生产过程中产生的蒸馏及反应残余物（不包括赤霉酸发酵滤渣）	T
		263-009-04	农药生产过程中产生的废母液、反应罐及容器清洗废液	T
		263-010-04	农药生产过程中产生的废滤料及吸附剂	T
		263-011-04	农药生产过程中产生的废水处理污泥（不包括赤霉酸生产废水生化处理污泥）和蒸发处理残渣（液）	T
		263-012-04	农药生产、配制过程中产生的过期原料和废弃产品	T
	非特定行业	900-003-04	销售及使用过程中产生的失效、变质、不合格、淘汰、伪劣的农药产品，以及废弃的与农药直接接触或者含有农药残余物的包装物	T
HW05 木材防腐剂 废物	木材加工	201-001-05	使用五氯酚进行木材防腐过程中产生的废水处理污泥，以及木材防腐处理过程中产生的沾染该防腐剂的废弃木材残片	T
		201-002-05	使用杂酚油进行木材防腐过程中产生的废水处理污泥，以及木材防腐处理过程中产生的沾染该防腐剂的废弃木材残片	T
		201-003-05	使用含砷、铬等无机防腐剂进行木材防腐过程中产生的废水处理污泥，以及木材防腐处理过程中产生的沾染该防腐剂的废弃木材残片	T
	专用化学产品制造	266-001-05	木材防腐化学品生产过程中产生的反应残余物、废过滤介质及吸附剂	T
		266-002-05	木材防腐化学品生产过程中产生的废水处理污泥	T
		266-003-05	木材防腐化学品生产、配制过程中产生的过期原料和废弃产品	T
	非特定行业	900-004-05	销售及使用过程中产生的失效、变质、不合格、淘汰、伪劣的木材防腐化学药品	T

续表

废物类别	行业来源	废物代码	危险废物	危险特性
HW06 废有机溶剂 与含有机溶剂 废物	非特定行业	900-401-06	工业生产中作为清洗剂、萃取剂、溶剂或者反应介质使用后废弃的四氯化碳、二氯甲烷、1,1- 二氯乙烷、1,2- 二氯乙烷、1,1,1- 三氯乙烷、1,1,2- 三氯乙烷、三氯乙烯、四氯乙烯，以及在使用前混合的含有一种或者多种上述卤化溶剂的混合 / 调和溶剂	T，I
		900-402-06	工业生产中作为清洗剂、萃取剂、溶剂或者反应介质使用后废弃的有机溶剂，包括苯、苯乙烯、丁醇、丙酮、正己烷、甲苯、邻二甲苯、间二甲苯、对二甲苯、1,2,4- 三甲苯、乙苯、乙醇、异丙醇、乙醚、丙醚、乙酸甲酯、乙酸乙酯、乙酸丁酯、丙酸丁酯、苯酚，以及在使用前混合的含有一种或者多种上述溶剂的混合 / 调和溶剂	T，I，R
		900-404-06	工业生产中作为清洗剂、萃取剂、溶剂或者反应介质使用后废弃的其他列入《危险化学品目录》的有机溶剂，以及在使用前混合的含有一种或者多种上述溶剂的混合 / 调和溶剂	T，I，R
		900-405-06	900-401-06、900-402-06、900-404-06 中所列废有机溶剂再生处理过程中产生的废活性炭及其他过滤吸附介质	T，I，R
		900-407-06	900-401-06、900-402-06、900-404-06 中所列废有机溶剂分馏再生过程中产生的高沸物和釜底残渣	T，I，R
		900-409-06	900-401-06、900-402-06、900-404-06 中所列废有机溶剂再生处理过程中产生的废水处理浮渣和污泥（不包括废水生化处理污泥）	T
HW07 热处理含氰 废物	金属表面处理及热处理加工	336-001-07	使用氰化物进行金属热处理产生的淬火池残渣	T，R
		336-002-07	使用氰化物进行金属热处理产生的淬火废水处理污泥	T，R
		336-003-07	含氰热处理炉维修过程中产生的废内衬	T，R
		336-004-07	热处理渗碳炉产生的热处理渗碳氰渣	T，R
		336-005-07	金属热处理工艺盐浴槽（釜）清洗产生的含氰残渣和含氰废液	T，R
		336-049-07	氰化物热处理和退火作业过程中产生的残渣	T，R
HW08 废矿物油 与含矿物油废物	石油开采	071-001-08	石油开采和联合站贮存产生的油泥和油脚	T，I
		071-002-08	以矿物油为连续相配制钻井泥浆用于石油开采所产生的钻井岩屑和废弃钻井泥浆	T
	天然气开采	072-001-08	以矿物油为连续相配制钻井泥浆用于天然气开采所产生的钻井岩屑和废弃钻井泥浆	T

续表

废物类别	行业来源	废物代码	危险废物	危险特性
HW08 废矿物油与含矿物油废物	精炼石油产品制造	251-001-08	清洗矿物油储存、输送设施过程中产生的油 / 水和烃 / 水混合物	T
		251-002-08	石油初炼过程中储存设施、油 - 水 - 固态物质分离器、积水槽、沟渠及其他输送管道、污水池、雨水收集管道产生的含油污泥	T，I
		251-003-08	石油炼制过程中含油废水隔油、气浮、沉淀等处理过程中产生的浮油、浮渣和污泥（不包括废水生化处理污泥）	T
		251-004-08	石油炼制过程中溶气浮选工艺产生的浮渣	T，I
		251-005-08	石油炼制过程中产生的溢出废油或者乳剂	T，I
		251-006-08	石油炼制换热器管束清洗过程中产生的含油污泥	T
		251-010-08	石油炼制过程中澄清油浆槽底沉积物	T，I
		251-011-08	石油炼制过程中进油管路过滤或者分离装置产生的残渣	T，I
		251-012-08	石油炼制过程中产生的废过滤介质	T
	电子元件及专用材料制造	398-001-08	锂电池隔膜生产过程中产生的废白油	T
	橡胶制品业	291-001-08	橡胶生产过程中产生的废溶剂油	T，I
	非特定行业	900-199-08	内燃机、汽车、轮船等集中拆解过程产生的废矿物油及油泥	T，I
		900-200-08	珩磨、研磨、打磨过程产生的废矿物油及油泥	T，I
		900-201-08	清洗金属零部件过程中产生的废弃的煤油、柴油、汽油及其他由石油和煤炼制生产的溶剂油	T，I
		900-203-08	使用淬火油进行表面硬化处理产生的废矿物油	T
		900-204-08	使用轧制油、冷却剂及酸进行金属轧制产生的废矿物油	T
		900-205-08	镀锡及焊锡回收工艺产生的废矿物油	T

续表

废物类别	行业来源	废物代码	危险废物	危险特性
HW08 废矿物油 与含矿物油废物	非特定行业	900-209-08	金属、塑料的定型和物理机械表面处理过程中产生的废石蜡和润滑油	T，I
		900-210-08	含油废水处理中隔油、气浮、沉淀等处理过程中产生的浮油、浮渣和污泥（不包括废水生化 处理污泥）	T，I
		900-213-08	废矿物油再生净化过程中产生的沉淀残渣、过滤残渣、废过滤吸附介质	T，I
		900-214-08	车辆、轮船及其他机械维修过程中产生的废发动机油、制动器油、自动变速器油、齿轮油等废润滑油	T，I
		900-215-08	废矿物油裂解再生过程中产生的裂解残渣	T，I
		900-216-08	使用防锈油进行铸件表面防锈处理过程中产生的废防锈油	T，I
		900-217-08	使用工业齿轮油进行机械设备润滑过程中产生的废润滑油	T，I
		900-218-08	液压设备维护、更换和拆解过程中产生的废液压油	T，I
		900-219-08	冷冻压缩设备维护、更换和拆解过程中产生的废冷冻机油	T，I
		900-220-08	变压器维护、更换和拆解过程中产生的废变压器油	T，I
		900-221-08	废燃料油及燃料油储存过程中产生的油泥	T，I
		900-249-08	其他生产、销售、使用过程中产生的废矿物油及沾染矿物油的废弃包装物	T，I
HW09 油/水、烃/水混合物或者乳化液	非特定行业	900-005-09	水压机维护、更换和拆解过程中产生的油/水、烃/水混合物或者乳化液	T
		900-006-09	使用切削油或者切削液进行机械加工过程中产生的油/水、烃/水混合物或者乳化液	T
		900-007-09	其他工艺过程中产生的废弃的油/水、烃/水混合物或者乳化液	T
HW10 多氯（溴）联苯类废物	非特定行业	900-008-10	含有多氯联苯（PCBs）、多氯三联苯（PCTs）和多溴联苯（PBBs）的废弃的电容器、变压器	T
		900-009-10	含有 PCBs、PCTs 和 PBBs 的电力设备的清洗液	T

续表

废物类别	行业来源	废物代码	危险废物	危险特性
HW10 多氯（溴）联苯类废物	非特定行业	900-010-10	含有 PCBs、PCTs 和 PBBs 的电力设备中废弃的介质油、绝缘油、冷却油及导热油	T
		900-011-10	含有或者沾染 PCBs、PCTs 和 PBBs 的废弃的包装物及容器	T
HW11 精（蒸）馏残渣	精炼石油产品制造	251-013-11	石油精炼过程中产生的酸焦油和其他焦油	T
	煤炭加工	252-001-11	炼焦过程中蒸氨塔残渣和洗油再生残渣	T
		252-002-11	煤气净化过程氨水分离设施底部的废焦油和焦油渣	T
		252-003-11	炼焦副产品回收过程中萘精制产生的残渣	T
		252-004-11	炼焦过程中焦油储存设施中的焦油渣	T
		252-005-11	煤焦油加工过程中焦油储存设施中的焦油渣	T
		252-007-11	炼焦及煤焦油加工过程中的废水池残渣	T
		252-009-11	轻油回收过程中的废水池残渣	T
		252-010-11	炼焦、煤焦油加工和苯精制过程中产生的废水处理污泥（不包括废水生化处理污泥）	T
		252-011-11	焦炭生产过程中硫铵工段煤气除酸净化产生的酸焦油	T
		252-012-11	焦化粗苯酸洗法精制过程产生的酸焦油及其他精制过程产生的蒸馏残渣	T
		252-013-11	焦炭生产过程中产生的脱硫废液	T
		252-016-11	煤沥青改质过程中产生的闪蒸油	T
		252-017-11	固定床气化技术生产化工合成原料气、燃料油合成原料气过程中粗煤气冷凝产生的废焦油和焦油渣	T
	燃气生产和供应业	451-001-11	煤气生产行业煤气净化过程中产生的煤焦油渣	T
		451-002-11	固定床气化技术制煤气过程中产生的废水处理污泥（不包括废水生化处理污泥）	T
		451-003-11	煤气生产过程中煤气冷凝产生的废煤焦油	T

续表

废物类别	行业来源	废物代码	危险废物	危险特性
HW11 精（蒸）馏残渣	基础化学原料制造	261-007-11	乙烯法制乙醛生产过程中产生的蒸馏残渣	T
		261-008-11	乙烯法制乙醛生产过程中产生的蒸馏次要馏分	T
		261-009-11	苄基氯生产过程中苄基氯蒸馏产生的蒸馏残渣	T
		261-010-11	四氯化碳生产过程中产生的蒸馏残渣和重馏分	T
		261-011-11	表氯醇生产过程中精制塔产生的蒸馏残渣	T
		261-012-11	异丙苯生产过程中精馏塔产生的重馏分	T
		261-013-11	萘法生产邻苯二甲酸酐过程中产生的蒸馏残渣和轻馏分	T
		261-014-11	邻二甲苯法生产邻苯二甲酸酐过程中产生的蒸馏残渣和轻馏分	T
		261-015-11	苯硝化法生产硝基苯过程中产生的蒸馏残渣	T
		261-016-11	甲苯二异氰酸酯生产过程中产生的蒸馏残渣和离心分离残渣	T
		261-017-11	1,1,1- 三氯乙烷生产过程中产生的蒸馏残渣	T
		261-018-11	三氯乙烯和四氯乙烯联合生产过程中产生的蒸馏残渣	T
		261-019-11	苯胺生产过程中产生的蒸馏残渣	T
		261-020-11	苯胺生产过程中苯胺萃取工序产生的蒸馏残渣	T
		261-021-11	二硝基甲苯加氢法生产甲苯二胺过程中干燥塔产生的反应残余物	T
		261-022-11	二硝基甲苯加氢法生产甲苯二胺过程中产品精制产生的轻馏分	T
		261-023-11	二硝基甲苯加氢法生产甲苯二胺过程中产品精制产生的废液	T
		261-024-11	二硝基甲苯加氢法生产甲苯二胺过程中产品精制产生的重馏分	T
		261-025-11	甲苯二胺光气化法生产甲苯二异氰酸酯过程中溶剂回收塔产生的有机冷凝物	T
		261-026-11	氯苯、二氯苯生产过程中的蒸馏及分馏残渣	T

续表

废物类别	行业来源	废物代码	危险废物	危险特性
HW11 精（蒸）馏残渣	基础化学原料制造	261-027-11	使用羧酸肼生产 1,1- 二甲基肼过程中产品分离产生的残渣	T
		261-028-11	乙烯溴化法生产二溴乙烯过程中产品精制产生的蒸馏残渣	T
		261-029-11	α－氯甲苯、苯甲酰氯和含此类官能团的化学品生产过程中产生的蒸馏残渣	T
		261-030-11	四氯化碳生产过程中的重馏分	T
		261-031-11	二氯乙烯单体生产过程中蒸馏产生的重馏分	T
		261-032-11	氯乙烯单体生产过程中蒸馏产生的重馏分	T
		261-033-11	1,1,1- 三氯乙烷生产过程中蒸汽汽提塔产生的残余物	T
		261-034-11	1,1,1- 三氯乙烷生产过程中蒸馏产生的重馏分	T
		261-035-11	三氯乙烯和四氯乙烯联合生产过程中产生的重馏分	T
		261-101-11	苯泵式硝化生产硝基苯过程中产生的重馏分	T，R
		261-102-11	铁粉还原硝基苯生产苯胺过程中产生的重馏分	T
		261-103-11	以苯胺、乙酸酐或者乙酰苯胺为原料生产对硝基苯胺过程中产生的重馏分	T
		261-104-11	对硝基氯苯氨解生产对硝基苯胺过程中产生的重馏分	T，R
		261-105-11	氨化法、还原法生产邻苯二胺过程中产生的重馏分	T
		261-106-11	苯和乙烯直接催化、乙苯和丙烯共氧化、乙苯催化脱氢生产苯乙烯过程中产生的重馏分	T
		261-107-11	二硝基甲苯还原催化生产甲苯二胺过程中产生的重馏分	T
		261-108-11	对苯二酚氧化生产二甲氧基苯胺过程中产生的重馏分	T
		261-109-11	萘磺化生产萘酚过程中产生的重馏分	T
		261-110-11	苯酚、三甲苯水解生产 4,4′ －二羟基二苯砜过程中产生的重馏分	T

续表

废物类别	行业来源	废物代码	危险废物	危险特性
HW11 精（蒸）馏残渣	基础化学原料制造	261-111-11	甲苯硝基化合物羰基化法、甲苯碳酸二甲酯法生产甲苯二异氰酸酯过程中产生的重馏分	T
		261-113-11	乙烯直接氯化生产二氯乙烷过程中产生的重馏分	T
		261-114-11	甲烷氯化生产甲烷氯化物过程中产生的重馏分	T
		261-115-11	甲醇氯化生产甲烷氯化物过程中产生的釜底残液	T
		261-116-11	乙烯氯醇法、氧化法生产环氧乙烷过程中产生的重馏分	T
		261-117-11	乙炔气相合成、氧氯化生产氯乙烯过程中产生的重馏分	T
		261-118-11	乙烯直接氯化生产三氯乙烯、四氯乙烯过程中产生的重馏分	T
		261-119-11	乙烯氧氯化法生产三氯乙烯、四氯乙烯过程中产生的重馏分	T
		261-120-11	甲苯光气法生产苯甲酰氯产品精制过程中产生的重馏分	T
		261-121-11	甲苯苯甲酸法生产苯甲酰氯产品精制过程中产生的重馏分	T
		261-122-11	甲苯连续光氯化法、无光热氯化法生产氯化苄过程中产生的重馏分	T
		261-123-11	偏二氯乙烯氢氯化法生产 1,1,1- 三氯乙烷过程中产生的重馏分	T
		261-124-11	醋酸丙烯酯法生产环氧氯丙烷过程中产生的重馏分	T
		261-125-11	异戊烷（异戊烯）脱氢法生产异戊二烯过程中产生的重馏分	T
		261-126-11	化学合成法生产异戊二烯过程中产生的重馏分	T
		261-127-11	碳五馏分分离生产异戊二烯过程中产生的重馏分	T
		261-128-11	合成气加压催化生产甲醇过程中产生的重馏分	T
		261-129-11	水合法、发酵法生产乙醇过程中产生的重馏分	T
		261-130-11	环氧乙烷直接水合生产乙二醇过程中产生的重馏分	T

续表

废物类别	行业来源	废物代码	危险废物	危险特性
HW11 精（蒸）馏残渣	基础化学原料制造	261-131-11	乙醛缩合加氢生产丁二醇过程中产生的重馏分	T
		261-132-11	乙醛氧化生产醋酸蒸馏过程中产生的重馏分	T
		261-133-11	丁烷液相氧化生产醋酸过程中产生的重馏分	T
		261-134-11	电石乙炔法生产醋酸乙烯酯过程中产生的重馏分	T
		261-135-11	氢氰酸法生产原甲酸三甲酯过程中产生的重馏分	T
		261-136-11	β－苯胺乙醇法生产靛蓝过程中产生的重馏分	T
	石墨及其他非金属矿物制品制造	309-001-11	电解铝及其他有色金属电解精炼过程中预焙阳极、碳块及其他碳素制品制造过程烟气处理所产生的含焦油废物	T
	环境治理业	772-001-11	废矿物油再生过程中产生的酸焦油	T
	非特定行业	900-013-11	其他化工生产过程（不包括以生物质为主要原料的加工过程）中精馏、蒸馏和热解工艺产生的高沸点釜底残余物	T
HW12 染料、涂料废物	涂料、油墨、颜料及类似产品制造	264-002-12	铬黄和铬橙颜料生产过程中产生的废水处理污泥	T
		264-003-12	钼酸橙颜料生产过程中产生的废水处理污泥	T
		264-004-12	锌黄颜料生产过程中产生的废水处理污泥	T
		264-005-12	铬绿颜料生产过程中产生的废水处理污泥	T
		264-006-12	氧化铬绿颜料生产过程中产生的废水处理污泥	T
		264-007-12	氧化铬绿颜料生产过程中烘干产生的残渣	T
		264-008-12	铁蓝颜料生产过程中产生的废水处理污泥	T
		264-009-12	使用含铬、铅的稳定剂配制油墨过程中，设备清洗产生的洗涤废液和废水处理污泥	T
		264-010-12	油墨生产、配制过程中产生的废蚀刻液	T

续表

废物类别	行业来源	废物代码	危险废物	危险特性
HW12 染料、涂料废物	涂料、油墨、颜料及类似产品制造	264-011-12	染料、颜料及中间体生产过程中产生的废母液、残渣、废吸附剂和中间体	T
		264-012-12	其他油墨、染料、颜料、油漆（不包括水性漆）生产过程中产生的废水处理污泥和蒸发处理残渣（液）	T
		264-013-12	油漆、油墨生产、配制和使用过程中产生的含颜料、油墨的废有机溶剂	T
	非特定行业	900-250-12	使用有机溶剂、光漆进行光漆涂布、喷漆工艺过程中产生的废物	T，I
		900-251-12	使用油漆（不包括水性漆）、有机溶剂进行阻挡层涂敷过程中产生的废物	T，I
		900-252-12	使用油漆（不包括水性漆）、有机溶剂进行喷漆、上漆过程中过喷漆雾湿法捕集产生的漆渣，以及喷涂工位和管道清理过程产生的落地漆渣	T，I
		900-253-12	使用油墨和有机溶剂进行印刷、涂布过程中产生的废物	T，I
		900-254-12	使用遮盖油、有机溶剂进行遮盖油的涂敷过程中产生的废物	T，I
		900-255-12	使用各种颜料进行着色过程中产生的废颜料	T
		900-256-12	使用酸、碱或者有机溶剂清洗容器设备过程中剥离下的废油漆、废染料、废涂料	T，I，C
		900-299-12	生产、销售及使用过程中产生的失效、变质、不合格、淘汰、伪劣的油墨、染料、颜料、油漆（不包括水性漆）	T
HW13 有机树脂类废物	合成材料制造	265-101-13	树脂、合成乳胶、增塑剂、胶水 / 胶合剂合成过程产生的不合格产品（不包括热塑型树脂生产过程中聚合产物经脱除单体、低聚物、溶剂及其他助剂后产生的废料，以及热固型树脂固化后的固化体）	T
		265-102-13	树脂、合成乳胶、增塑剂、胶水 / 胶合剂生产过程中合成、酯化、缩合等工序产生的废母液	T
		265-103-13	树脂（不包括水性聚氨酯乳液、水性丙烯酸乳液、水性聚氨酯丙烯酸复合乳液）、合成乳胶、增塑剂、胶水 / 胶合剂生产过程中精馏、分离、精制等工序产生的釜底残液、废过滤介质和残渣	T

续表

废物类别	行业来源	废物代码	危险废物	危险特性
HW13 有机树脂类废物	合成材料制造	265-104-13	树脂（不包括水性聚氨酯乳液、水性丙烯酸乳液、水性聚氨酯丙烯酸复合乳液）、合成乳胶、增塑剂、胶水 / 胶合剂合成过程中产生的废水处理污泥（不包括废水生化处理污泥）	T
	非特定行业	900-014-13	废弃的粘合剂和密封剂（不包括水基型和热熔型粘合剂和密封剂）	T
		900-015-13	湿法冶金、表面处理和制药行业重金属、抗生素提取、分离过程产生的废弃离子交换树脂，以及工业废水处理过程产生的废弃离子交换树脂	T
		900-016-13	使用酸、碱或者有机溶剂清洗容器设备剥离下的树脂状、粘稠杂物	T
		900-451-13	废覆铜板、印刷线路板、电路板破碎分选回收金属后产生的废树脂粉	T
HW14 新化学物质废物	非特定行业	900-017-14	研究、开发和教学活动中产生的对人类或者环境影响不明的化学物质废物	T/C/I/R
HW15 爆炸性废物	炸药、火工及焰火产品制造	267-001-15	炸药生产和加工过程中产生的废水处理污泥	R，T
		267-002-15	含爆炸品废水处理过程中产生的废活性炭	R，T
		267-003-15	生产、配制和装填铅基起爆药剂过程中产生的废水处理污泥	R，T
		267-004-15	三硝基甲苯生产过程中产生的粉红水、红水，以及废水处理污泥	T，R
HW16 感光材料废物	专用化学产品制造	266-009-16	显（定）影剂、正负胶片、像纸、感光材料生产过程中产生的不合格产品和过期产品	T
		266-010-16	显（定）影剂、正负胶片、像纸、感光材料生产过程中产生的残渣和废水处理污泥	T
	印刷	231-001-16	使用显影剂进行胶卷显影，使用定影剂进行胶卷定影，以及使用铁氰化钾、硫代硫酸盐进行影像减薄（漂白）产生的废显（定）影剂、胶片和废像纸	T
		231-002-16	使用显影剂进行印刷显影、抗蚀图形显影，以及凸版印刷产生的废显（定）影剂、胶片和废像纸	T

续表

废物类别	行业来源	废物代码	危险废物	危险特性
HW16 感光材料废物	电子元件及电子专用材料制造	398-001-16	使用显影剂、氢氧化物、偏亚硫酸氢盐、醋酸进行胶卷显影产生的废显（定）影剂、胶片和废像纸	T
	影视节目制作	873-001-16	电影厂产生的废显（定）影剂、胶片及废像纸	T
	摄影扩印服务	806-001-16	摄影扩印服务行业产生的废显（定）影剂、胶片和废像纸	T
	非特定行业	900-019-16	其他行业产生的废显（定）影剂、胶片和废像纸	T
HW17 表面处理废物	金属表面处理及热处理加工	336-050-17	使用氯化亚锡进行敏化处理产生的废渣和废水处理污泥	T
		336-051-17	使用氯化锌、氯化铵进行敏化处理产生的废渣和废水处理污泥	T
		336-052-17	使用锌和电镀化学品进行镀锌产生的废槽液、槽渣和废水处理污泥	T
		336-053-17	使用镉和电镀化学品进行镀镉产生的废槽液、槽渣和废水处理污泥	T
		336-054-17	使用镍和电镀化学品进行镀镍产生的废槽液、槽渣和废水处理污泥	T
		336-055-17	使用镀镍液进行镀镍产生的废槽液、槽渣和废水处理污泥	T
		336-056-17	使用硝酸银、碱、甲醛进行敷金属法镀银产生的废槽液、槽渣和废水处理污泥	T
		336-057-17	使用金和电镀化学品进行镀金产生的废槽液、槽渣和废水处理污泥	T
		336-058-17	使用镀铜液进行化学镀铜产生的废槽液、槽渣和废水处理污泥	T
		336-059-17	使用钯和锡盐进行活化处理产生的废渣和废水处理污泥	T
		336-060-17	使用铬和电镀化学品进行镀黑铬产生的废槽液、槽渣和废水处理污泥	T
		336-061-17	使用高锰酸钾进行钻孔除胶处理产生的废渣和废水处理污泥	T
		336-062-17	使用铜和电镀化学品进行镀铜产生的废槽液、槽渣和废水处理污泥	T
		336-063-17	其他电镀工艺产生的废槽液、槽渣和废水处理污泥	T

续表

废物类别	行业来源	废物代码	危险废物	危险特性
HW17 表面处理废物	金属表面处理及热处理加工	336-064-17	金属或者塑料表面酸（碱）洗、除油、除锈（不包括喷砂除锈）、洗涤、磷化、出光、化抛工艺产生的废腐蚀液、废洗涤液、废槽液、槽渣和废水处理污泥［不包括：铝、镁材（板）表面酸（碱）洗、粗化、硫酸阳极处理、磷酸化学抛光废水处理污泥，铝电解电容器用铝电极箔化学腐蚀、非硼酸系化成液化成废水处理污泥，铝材挤压加工模具碱洗（煲模）废水处理污泥，碳钢酸洗除锈废水处理污泥］	T/C
		336-066-17	镀层剥除过程中产生的废槽液、槽渣和废水处理污泥	T
		336-067-17	使用含重铬酸盐的胶体、有机溶剂、黏合剂进行漩流式抗蚀涂布产生的废渣和废水处理污泥	T
		336-068-17	使用铬化合物进行抗蚀层化学硬化产生的废渣和废水处理污泥	T
		336-069-17	使用铬酸镀铬产生的废槽液、槽渣和废水处理污泥	T
		336-100-17	使用铬酸进行阳极氧化产生的废槽液、槽渣和废水处理污泥	T
		336-101-17	使用铬酸进行塑料表面粗化产生的废槽液、槽渣和废水处理污泥	T
HW18 焚烧处置残渣	环境治理业	772-002-18	生活垃圾焚烧飞灰	T
		772-003-18	具有毒性、感染性中一种或者两种危险特性的危险废物焚烧、热解等处置过程产生的飞灰、废水处理污泥和底渣（不包括生活垃圾焚烧炉协同处置感染性医疗废物产生的底渣）	T/In
		772-004-18	危险废物等离子体、高温熔融等处置过程产生的非玻璃态物质和飞灰	T
		772-005-18	固体废物焚烧处置过程中废气处理产生的废活性炭	T
HW19 含金属羰基化合物废物	非特定行业	900-020-19	金属羰基化合物生产、使用过程中产生的含有羰基化合物成分的废物	T

续表

废物类别	行业来源	废物代码	危险废物	危险特性
HW20 含铍废物	基础化学原料制造	261-040-20	铍及其化合物生产过程中产生的熔渣、集（除）尘装置收集的粉尘和废水处理污泥	T
HW21 含铬废物	毛皮鞣制及制品加工	193-001-21	使用铬鞣剂进行铬鞣、复鞣工艺产生的废水处理污泥和残渣	T
		193-002-21	皮革、毛皮鞣制及切削过程产生的含铬废碎料	T
	基础化学原料制造	261-041-21	铬铁矿生产铬盐过程中产生的铬渣	T
		261-042-21	铬铁矿生产铬盐过程中产生的铝泥	T
		261-043-21	铬铁矿生产铬盐过程中产生的芒硝	T
		261-044-21	铬铁矿生产铬盐过程中产生的废水处理污泥	T
		261-137-21	铬铁矿生产铬盐过程中产生的其他废物	T
		261-138-21	以重铬酸钠和浓硫酸为原料生产铬酸酐过程中产生的含铬废液	T
	铁合金冶炼	314-001-21	铬铁硅合金生产过程中集（除）尘装置收集的粉尘	T
		314-002-21	铁铬合金生产过程中集（除）尘装置收集的粉尘	T
		314-003-21	铁铬合金生产过程中金属铬铝热法冶炼产生的冶炼渣	T
	电子元件及电子专用材料制造	398-002-21	使用铬酸进行钻孔除胶处理产生的废渣和废水处理污泥	T
HW22 含铜废物	玻璃制造	304-001-22	使用硫酸铜进行敷金属法镀铜产生的废槽液、槽渣和废水处理污泥	T
	电子元件及电子专用材料制造	398-004-22	线路板生产过程中产生的废蚀铜液	T
		398-005-22	使用酸进行铜氧化处理产生的废液和废水处理污泥	T
		398-051-22	铜板蚀刻过程中产生的废蚀刻液和废水处理污泥	T

续表

废物类别	行业来源	废物代码	危险废物	危险特性
HW23 含锌废物	金属表面处理及热处理加工	336-103-23	热镀锌过程中产生的废助镀熔（溶）剂和集（除）尘装置收集的粉尘	T
	电池制造	384-001-23	碱性锌锰电池、锌氧化银电池、锌空气电池生产过程中产生的废锌浆	T
	炼钢	312-001-23	废钢电炉炼钢过程中集（除）尘装置收集的粉尘和废水处理污泥	T
	非特定行业	900-021-23	使用氢氧化钠、锌粉进行贵金属沉淀过程中产生的废液和废水处理污泥	T
HW24 含砷废物	基础化学原料制造	261-139-24	硫铁矿制酸过程中烟气净化产生的酸泥	T
HW25 含硒废物	基础化学原料制造	261-045-25	硒及其化合物生产过程中产生的熔渣、集（除）尘装置收集的粉尘和废水处理污泥	T
HW26 含镉废物	电池制造	384-002-26	镍镉电池生产过程中产生的废渣和废水处理污泥	T
HW27 含锑废物	基础化学原料制造	261-046-27	锑金属及粗氧化锑生产过程中产生的熔渣和集（除）尘装置收集的粉尘	T
		261-048-27	氧化锑生产过程中产生的熔渣	T
HW28 含碲废物	基础化学原料制造	261-050-28	碲及其化合物生产过程中产生的熔渣、集（除）尘装置收集的粉尘和废水处理污泥	T
HW29 含汞废物	天然气开采	072-002-29	天然气除汞净化过程中产生的含汞废物	T
	常用有色金属矿采选	091-003-29	汞矿采选过程中产生的尾砂和集（除）尘装置收集的粉尘	T
	贵金属冶炼	322-002-29	混汞法提金工艺产生的含汞粉尘、残渣	T
	印刷	231-007-29	使用显影剂、汞化合物进行影像加厚（物理沉淀）以及使用显影剂、氨氯化汞进行影像加厚（氧化）产生的废液和残渣	T

续表

废物类别	行业来源	废物代码	危险废物	危险特性
HW29 含汞废物	基础化学原料制造	261-051-29	水银电解槽法生产氯气过程中盐水精制产生的盐水提纯污泥	T
		261-052-29	水银电解槽法生产氯气过程中产生的废水处理污泥	T
		261-053-29	水银电解槽法生产氯气过程中产生的废活性炭	T
		261-054-29	卤素和卤素化学品生产过程中产生的含汞硫酸钡污泥	T
	合成材料制造	265-001-29	氯乙烯生产过程中含汞废水处理产生的废活性炭	T，C
		265-002-29	氯乙烯生产过程中吸附汞产生的废活性炭	T，C
		265-003-29	电石乙炔法生产氯乙烯单体过程中产生的废酸	T，C
		265-004-29	电石乙炔法生产氯乙烯单体过程中产生的废水处理污泥	T
	常用有色金属冶炼	321-030-29	汞再生过程中集（除）尘装置收集的粉尘，汞再生工艺产生的废水处理污泥	T
		321-033-29	铅锌冶炼烟气净化产生的酸泥	T
		321-103-29	铜、锌、铅冶炼过程中烟气氯化汞法脱汞工艺产生的废甘汞	T
	电池制造	384-003-29	含汞电池生产过程中产生的含汞废浆层纸、含汞废锌膏、含汞废活性炭和废水处理污泥	T
	照明器具制造	387-001-29	电光源用固汞及含汞电光源生产过程中产生的废活性炭和废水处理污泥	T
	通用仪器仪表制造	401-001-29	含汞温度计生产过程中产生的废渣	T
	非特定行业	900-022-29	废弃的含汞催化剂	T
		900-023-29	生产、销售及使用过程中产生的废含汞荧光灯管及其他废含汞电光源，及废弃含汞电光源处理处置过程中产生的废荧光粉、废活性炭和废水处理污泥	T
		900-024-29	生产、销售及使用过程中产生的废含汞温度计、废含汞血压计、废含汞真空表、废含汞压力计、废氧化汞电池和废汞开关，以及《关于汞的水俣公约》管控的其他废含汞非电子测量仪器	T

续表

废物类别	行业来源	废物代码	危险废物	危险特性
HW29 含汞废物	非特定行业	900-054-29	已禁止使用的，所有者申报废弃的，以及有关部门依法收缴或者接收且需要销毁的《关于汞的水俣公约》管控的汞和汞化合物	T
		900-452-29	含汞废水处理过程中产生的废树脂、废活性炭和污泥	T
HW30 含铊废物	基础化学原料制造	261-055-30	铊及其化合物生产过程中产生的熔渣、集（除）尘装置收集的粉尘和废水处理污泥	T
HW31 含铅废物	玻璃制造	304-002-31	使用铅盐和铅氧化物进行显像管玻璃熔炼过程中产生的废渣	T
	电子元件及电子专用材料制造	398-052-31	线路板制造过程中电镀铅锡合金产生的废液	T
	电池制造	384-004-31	铅蓄电池生产过程中产生的废渣、集（除）尘装置收集的粉尘和废水处理污泥	T
HW31 含铅废物	工艺美术及礼仪用品制造	243-001-31	使用铅箔进行烤钵试金法工艺产生的废烤钵	T
	非特定行业	900-052-31	废铅蓄电池及废铅蓄电池拆解过程中产生的废铅板、废铅膏和酸液	T，C
		900-025-31	使用硬脂酸铅进行抗黏涂层过程中产生的废物	T
HW32 无机氟化物废物	非特定行业	900-026-32	使用氢氟酸进行蚀刻产生的废蚀刻液	T，C
HW33 无机氰化物废物	贵金属矿采选	092-003-33	采用氰化物进行黄金选矿过程中产生的含氰废水处理污泥和金精矿氰化尾渣	T
	金属表面处理及热处理加工	336-104-33	使用氰化物进行浸洗过程中产生的废液	T，R
	非特定行业	900-027-33	使用氰化物进行表面硬化、碱性除油、电解除油产生的废物	T，R
		900-028-33	使用氰化物剥落金属镀层产生的废物	T，R
		900-029-33	使用氰化物和双氧水进行化学抛光产生的废物	T，R

续表

废物类别	行业来源	废物代码	危险废物	危险特性
HW34 废酸	精炼石油产品制造	251-014-34	石油炼制过程产生的废酸及酸泥	C，T
	涂料、油墨、颜料及类似产品制造	264-013-34	硫酸法生产钛白粉（二氧化钛）过程中产生的废酸	C，T
	基础化学原料制造	261-057-34	硫酸和亚硫酸、盐酸、氢氟酸、磷酸和亚磷酸、硝酸和亚硝酸等的生产、配制过程中产生的废酸及酸渣	C，T
		261-058-34	卤素和卤素化学品生产过程中产生的废酸	C，T
	钢压延加工	313-001-34	钢的精加工过程中产生的废酸性洗液	C，T
	金属表面处理及热处理加工	336-105-34	青铜生产过程中浸酸工序产生的废酸液	C，T
	电子元件及电子专用材料制造	398-005-34	使用酸进行电解除油、酸蚀、活化前表面敏化、催化、浸亮产生的废酸液	C，T
		398-006-34	使用硝酸进行钻孔蚀胶处理产生的废酸液	C，T
		398-007-34	液晶显示板或者集成电路板的生产过程中使用酸浸蚀剂进行氧化物浸蚀产生的废酸液	C，T
	非特定行业	900-300-34	使用酸进行清洗产生的废酸液	C，T
		900-301-34	使用硫酸进行酸性碳化产生的废酸液	C，T
		900-302-34	使用硫酸进行酸蚀产生的废酸液	C，T
		900-303-34	使用磷酸进行磷化产生的废酸液	C，T
		900-304-34	使用酸进行电解除油、金属表面敏化产生的废酸液	C，T
		900-305-34	使用硝酸剥落不合格镀层及挂架金属镀层产生的废酸液	C，T
		900-306-34	使用硝酸进行钝化产生的废酸液	C，T

续表

废物类别	行业来源	废物代码	危险废物	危险特性
HW34 废酸	非特定行业	900-307-34	使用酸进行电解抛光处理产生的废酸液	C，T
		900-308-34	使用酸进行催化（化学镀）产生的废酸液	C，T
		900-349-34	生产、销售及使用过程中产生的失效、变质、不合格、淘汰、伪劣的强酸性擦洗粉、清洁剂、污迹去除剂以及其他强酸性废酸液和酸渣	C，T
HW35 废碱	精炼石油产品制造	251-015-35	石油炼制过程产生的废碱液和碱渣	C，T
	基础化学原料制造	261-059-35	氢氧化钙、氨水、氢氧化钠、氢氧化钾等的生产、配制中产生的废碱液、固态碱和碱渣	C
	毛皮鞣制及制品加工	193-003-35	使用氢氧化钙、硫化钠进行浸灰产生的废碱液	C，R
	纸浆制造	221-002-35	碱法制浆过程中蒸煮制浆产生的废碱液	C，T
	非特定行业	900-350-35	使用氢氧化钠进行煮炼过程中产生的废碱液	C
		900-351-35	使用氢氧化钠进行丝光处理过程中产生的废碱液	C
		900-352-35	使用碱进行清洗产生的废碱液	C，T
		900-353-35	使用碱进行清洗除蜡、碱性除油、电解除油产生的废碱液	C，T
		900-354-35	使用碱进行电镀阻挡层或者抗蚀层的脱除产生的废碱液	C，T
		900-355-35	使用碱进行氧化膜浸蚀产生的废碱液	C，T
		900-356-35	使用碱溶液进行碱性清洗、图形显影产生的废碱液	C，T
		900-399-35	生产、销售及使用过程中产生的失效、变质、不合格、淘汰、伪劣的强碱性擦洗粉、清洁剂、污迹去除剂以及其他强碱性废碱液、固态碱和碱渣	C，T

续表

废物类别	行业来源	废物代码	危险废物	危险特性
HW36 石棉废物	石棉及其他非金属矿采选	109-001-36	石棉矿选矿过程中产生的废渣	T
	基础化学原料制造	261-060-36	卤素和卤素化学品生产过程中电解装置拆换产生的含石棉废物	T
	石膏、水泥制品及类似制品制造	302-001-36	石棉建材生产过程中产生的石棉尘、废石棉	T
	耐火材料制品制造	308-001-36	石棉制品生产过程中产生的石棉尘、废石棉	T
	汽车零部件及配件制造	367-001-36	车辆制动器衬片生产过程中产生的石棉废物	T
	船舶及相关装置制造	373-002-36	拆船过程中产生的石棉废物	T
	非特定行业	900-030-36	其他生产过程中产生的石棉废物	T
		900-031-36	废石棉建材、废石棉绝缘材料	T
		900-032-36	含有隔膜、热绝缘体等石棉材料的设施保养拆换及车辆制动器衬片的更换产生的石棉废物	T

续表

废物类别	行业来源	废物代码	危险废物	危险特性
HW37 有机磷化合物废物	基础化学原料制造	261-061-37	除农药以外其他有机磷化合物生产、配制过程中产生的反应残余物	T
		261-062-37	除农药以外其他有机磷化合物生产、配制过程中产生的废过滤吸附介质	T
		261-063-37	除农药以外其他有机磷化合物生产过程中产生的废水处理污泥	T
	非特定行业	900-033-37	生产、销售及使用过程中产生的废弃磷酸酯抗燃油	T
HW38 有机氰化物废物	基础化学原料制造	261-064-38	丙烯腈生产过程中废水汽提器塔底的残余物	T，R
		261-065-38	丙烯腈生产过程中乙腈蒸馏塔底的残余物	T，R
		261-066-38	丙烯腈生产过程中乙腈精制塔底的残余物	T
		261-067-38	有机氰化物生产过程中产生的废母液和反应残余物	T
		261-068-38	有机氰化物生产过程中催化、精馏和过滤工序产生的废催化剂、釜底残余物和过滤介质	T
		261-069-38	有机氰化物生产过程中产生的废水处理污泥	T
		261-140-38	废腈纶高温高压水解生产聚丙烯腈－铵盐过程中产生的过滤残渣	T
HW39 含酚废物	基础化学原料制造	261-070-39	酚及酚类化合物生产过程中产生的废母液和反应残余物	T
		261-071-39	酚及酚类化合物生产过程中产生的废过滤吸附介质、废催化剂、精馏残余物	T
HW40 含醚废物	基础化学原料制造	261-072-40	醚及醚类化合物生产过程（不包括成醚反应之前的合成过程）中产生的醚类残液、反应残余物、废水处理污泥（不包括废水生化处理污泥）	T

续表

废物类别	行业来源	废物代码	危险废物	危险特性
HW45 含有机卤化物废物	基础化学原料制造	261-078-45	乙烯溴化法生产二溴乙烯过程中废气净化产生的废液	T
		261-079-45	乙烯溴化法生产二溴乙烯过程中产品精制产生的废吸附剂	T
		261-080-45	芳烃及其衍生物氯代反应过程中氯气和盐酸回收工艺产生的废液和废吸附剂	T
		261-081-45	芳烃及其衍生物氯代反应过程中产生的废水处理污泥	T
		261-082-45	氯乙烷生产过程中的塔底残余物	T
		261-084-45	其他有机卤化物的生产过程（不包括卤化前的生产工段）中产生的残液、废过滤吸附介质、反应残余物、废水处理污泥（不包括环氧氯丙烷皂化液处理产生的石灰渣）、废催化剂（不包括本名录HW04、HW06、HW11、HW12、HW13、HW39类别的危险废物）	T
		261-085-45	其他有机卤化物的生产过程中产生的不合格、淘汰、废弃的产品（不包括本名录HW06、HW39类别的危险废物）	T
		261-086-45	石墨作阳极隔膜法生产氯气和烧碱过程中产生的废水处理污泥	T
HW46 含镍废物	基础化学原料制造	261-087-46	镍化合物生产过程中产生的反应残余物及不合格、淘汰、废弃的产品	T
	电池制造	384-005-46	镍氢电池生产过程中产生的废渣和废水处理污泥	T
	非特定行业	900-037-46	废弃的镍催化剂	T，I
HW47 含钡废物	基础化学原料制造	261-088-47	钡化合物（不包括硫酸钡）生产过程中产生的熔渣、集（除）尘装置收集的粉尘、反应残余物、废水处理污泥	T
	金属表面处理及热处理加工	336-106-47	热处理工艺中产生的含钡盐浴渣	T

续表

废物类别	行业来源	废物代码	危险废物	危险特性
HW48 有色金属采选和冶炼废物	常用有色金属矿采选	091-001-48	硫化铜矿、氧化铜矿等铜矿物采选过程中集（除）尘装置收集的粉尘	T
		091-002-48	硫砷化合物（雌黄、雄黄及硫砷铁矿）或者其他含砷化合物的金属矿石采选过程中集（除）尘装置收集的粉尘	T
	常用有色金属冶炼	321-002-48	铜火法冶炼过程中烟气处理集（除）尘装置收集的粉尘	T
		321-031-48	铜火法冶炼烟气净化产生的酸泥（铅滤饼）	T
		321-032-48	铜火法冶炼烟气净化产生的污酸处理过程产生的砷渣	T
		321-003-48	粗锌精炼加工过程中湿法除尘产生的废水处理污泥	T
		321-004-48	铅锌冶炼过程中，锌焙烧矿、锌氧化矿常规浸出法产生的浸出渣	T
		321-005-48	铅锌冶炼过程中，锌焙烧矿热酸浸出黄钾铁矾法产生的铁矾渣	T
		321-006-48	硫化锌矿常压氧浸或者加压氧浸产生的硫渣（浸出渣）	T
		321-007-48	铅锌冶炼过程中，锌焙烧矿热酸浸出针铁矿法产生的针铁矿渣	T
		321-008-48	铅锌冶炼过程中，锌浸出液净化产生的净化渣，包括锌粉－黄药法、砷盐法、反向锑盐法、铅锑合金锌粉法等工艺除铜、锑、镉、钴、镍等杂质过程中产生的废渣	T
		321-009-48	铅锌冶炼过程中，阴极锌熔铸产生的熔铸浮渣	T
		321-010-48	铅锌冶炼过程中，氧化锌浸出处理产生的氧化锌浸出渣	T
		321-011-48	铅锌冶炼过程中，鼓风炉炼锌锌蒸气冷凝分离系统产生的鼓风炉浮渣	T
		321-012-48	铅锌冶炼过程中，锌精馏炉产生的锌渣	T
		321-013-48	铅锌冶炼过程中，提取金、银、铋、镉、钴、铟、锗、铊、碲等金属过程中产生的废渣	T
		321-014-48	铅锌冶炼过程中，集（除）尘装置收集的粉尘	T
		321-016-48	粗铅精炼过程中产生的浮渣和底渣	T
		321-017-48	铅锌冶炼过程中，炼铅鼓风炉产生的黄渣	T

续表

废物类别	行业来源	废物代码	危险废物	危险特性
HW48 有色金属采选和冶炼废物	常用有色金属冶炼	321-018-48	铅锌冶炼过程中，粗铅火法精炼产生的精炼渣	T
		321-019-48	铅锌冶炼过程中，铅电解产生的阳极泥及阳极泥处理后产生的含铅废渣和废水处理污泥	T
		321-020-48	铅锌冶炼过程中，阴极铅精炼产生的氧化铅渣及碱渣	T
		321-021-48	铅锌冶炼过程中，锌焙烧矿热酸浸出黄钾铁矾法、热酸浸出针铁矿法产生的铅银渣	T
		321-022-48	铅锌冶炼烟气净化产生的污酸除砷处理过程产生的砷渣	T
		321-023-48	电解铝生产过程电解槽阴极内衬维修、更换产生的废渣（大修渣）	T
		321-024-48	电解铝铝液转移、精炼、合金化、铸造过程熔体表面产生的铝灰渣，以及回收铝过程产生的盐渣和二次铝灰	R，T
		321-025-48	电解铝生产过程产生的炭渣	T
		321-026-48	再生铝和铝材加工过程中，废铝及铝锭重熔、精炼、合金化、铸造熔体表面产生的铝灰渣，及其回收铝过程产生的盐渣和二次铝灰	R
		321-034-48	铝灰热回收铝过程烟气处理集（除）尘装置收集的粉尘，铝冶炼和再生过程烟气（包括：再生铝熔炼烟气、铝液熔体净化、除杂、合金化、铸造烟气）处理集（除）尘装置收集的粉尘	T，R
		321-027-48	铜再生过程中集（除）尘装置收集的粉尘和湿法除尘产生的废水处理污泥	T
		321-028-48	锌再生过程中集（除）尘装置收集的粉尘和湿法除尘产生的废水处理污泥	T
		321-029-48	铅再生过程中集（除）尘装置收集的粉尘和湿法除尘产生的废水处理污泥	T
		321-035-48	锡火法冶炼过程中烟气处理集（除）尘装置收集的粉尘	T
		321-036-48	锡火法冶炼烟气净化产生的酸泥	T
		321-037-48	锡火法冶炼烟气净化产生的污酸处理过程产生的砷渣	T
		321-038-48	锡再生过程中集（除）尘装置收集的粉尘和湿法除尘产生的废水处理污泥	T
	稀有稀土金属冶炼	323-001-48	以钨精矿为原料生产仲钨酸铵过程中碱分解产生的碱煮渣（钨渣）、除钼过程中产生的除钼渣和废水处理污泥	T

续表

废物类别	行业来源	废物代码	危险废物	危险特性
HW49 其他废物	石墨及其他非金属矿物制品制造	309-001-49	多晶硅生产过程中废弃的三氯化硅及四氯化硅	R，C
	环境治理	772-006-49	采用物理、化学、物理化学或者生物方法处理或者处置毒性或者感染性危险废物过程中产生的废水处理污泥和废水处理残渣（液）	T/In
	非特定行业	900-039-49	烟气、VOCs 治理过程（不包括餐饮行业油烟治理过程）产生的废活性炭，化学原料和化学制品脱色（不包括有机合成食品添加剂脱色）、除杂、净化过程产生的废活性炭（不包括 900-405-06、772-005-18、261-053-29、265-002-29、384-003-29、387-001-29 类危险废物）	T
		900-041-49	含有或者沾染毒性、感染性危险废物的废弃的包装物、容器、过滤吸附介质	T/In
		900-042-49	环境事件及其处理过程中产生的沾染危险化学品、危险废物的废物	T/C/I/R/In
		900-044-49	废弃的镉镍电池、荧光粉和阴极射线管	T
		900-045-49	废电路板（包括已拆除或者未拆除元器件的废弃电路板），及废电路板拆解过程产生的废弃的 CPU、显卡、声卡、内存、含电解液的电容器、含金等贵金属的连接件	T
		900-046-49	离子交换装置（不包括饮用水、工业纯水和锅炉软化水制备装置以及废水处理成套工艺中的离子交换装置）再生过程中产生的废水处理污泥	T
		900-047-49	生产、研究、开发、教学、环境检测（监测）活动中，化学和生物实验室（不包含感染性医学实验室及医疗机构化验室）产生的含氰、氟、重金属无机废液及无机废液处理产生的残渣、残液，含矿物油、有机溶剂、甲醛有机废液，废酸、废碱，具有危险特性的残留样品，以及沾染上述物质的一次性实验用品（不包括按实验室管理要求进行清洗后的废弃的烧杯、量器、漏斗等实验室用品）、包装物（不包括按实验室管理要求进行清洗后的试剂包装物、容器）、过滤吸附介质等	T/C/I/R

续表

废物类别	行业来源	废物代码	危险废物	危险特性
HW49 其他废物	非特定行业	900-053-49	已禁止使用的，所有者申报废弃的，以及有关部门依法收缴或者接收且需要销毁的《关于持久性有机污染物的斯德哥尔摩公约》管控的化学物质（不包括本名录HW04、HW05、HW10类别的危险废物）	T
		900-999-49	被所有者申报废弃的，或者未申报废弃但被非法排放、倾倒、利用、处置的，以及有关部门依法收缴或者接收且需要销毁的列入《危险化学品目录》的危险化学品（不含该目录中仅具有“加压气体”物理危险性的危险化学品）	T/C/I/R
HW50 废催化剂	精炼石油产品制造	251-016-50	石油产品加氢精制过程中产生的废催化剂	T
		251-017-50	石油炼制中采用钝镍剂进行催化裂化产生的废催化剂	T
		251-018-50	石油产品加氢裂化过程中产生的废催化剂	T
		251-019-50	石油产品催化重整过程中产生的废催化剂	T
	基础化学原料制造	261-151-50	树脂、乳胶、增塑剂、胶水/胶合剂生产过程中合成、酯化、缩合等工序产生的废催化剂	T
		261-152-50	有机溶剂生产过程中产生的废催化剂	T
		261-153-50	丙烯腈合成过程中产生的废催化剂	T
		261-154-50	聚乙烯合成过程中产生的废催化剂	T
		261-155-50	聚丙烯合成过程中产生的废催化剂	T
		261-156-50	烷烃脱氢过程中产生的废催化剂	T
		261-157-50	乙苯脱氢生产苯乙烯过程中产生的废催化剂	T
		261-158-50	采用烷基化反应（歧化）生产苯、二甲苯过程中产生的废催化剂	T
		261-159-50	二甲苯临氢异构化反应过程中产生的废催化剂	T
		261-160-50	乙烯氧化生产环氧乙烷过程中产生的废催化剂	T
		261-161-50	硝基苯催化加氢法制备苯胺过程中产生的废催化剂	T
		261-162-50	以乙烯和丙烯为原料，采用茂金属催化体系生产乙丙橡胶过程中产生的废催化剂	T

续表

废物类别	行业来源	废物代码	危险废物	危险特性
HW50 废催化剂	基础化学原料制造	261-163-50	乙炔法生产醋酸乙烯酯过程中产生的废催化剂	T
		261-164-50	甲醇和氨气催化合成、蒸馏制备甲胺过程中产生的废催化剂	T
		261-165-50	催化重整生产高辛烷值汽油和轻芳烃过程中产生的废催化剂	T
		261-166-50	采用碳酸二甲酯法生产甲苯二异氰酸酯过程中产生的废催化剂	T
		261-167-50	合成气合成、甲烷氧化和液化石油气氧化生产甲醇过程中产生的废催化剂	T
		261-168-50	甲苯氯化水解生产邻甲酚过程中产生的废催化剂	T
		261-169-50	异丙苯催化脱氢生产 α－甲基苯乙烯过程中产生的废催化剂	T
		261-170-50	异丁烯和甲醇催化生产甲基叔丁基醚过程中产生的废催化剂	T
		261-171-50	以甲醇为原料采用铁钼法生产甲醛过程中产生的废铁钼催化剂	T
		261-172-50	邻二甲苯氧化法生产邻苯二甲酸酐过程中产生的废催化剂	T
		261-173-50	二氧化硫氧化生产硫酸过程中产生的废催化剂	T
		261-174-50	四氯乙烷催化脱氯化氢生产三氯乙烯过程中产生的废催化剂	T
		261-175-50	苯氧化法生产顺丁烯二酸酐过程中产生的废催化剂	T
		261-176-50	甲苯空气氧化生产苯甲酸过程中产生的废催化剂	T
		261-177-50	羟丙腈氨化、加氢生产 3- 氨基 -1- 丙醇过程中产生的废催化剂	T
		261-178-50	β－羟基丙腈催化加氢生产 3- 氨基 -1- 丙醇过程中产生的废催化剂	T
		261-179-50	甲乙酮与氨催化加氢生产 2- 氨基丁烷过程中产生的废催化剂	T
		261-180-50	苯酚和甲醇合成 2,6- 二甲基苯酚过程中产生的废催化剂	T
		261-181-50	糠醛脱羰制备呋喃过程中产生的废催化剂	T
		261-182-50	过氧化法生产环氧丙烷过程中产生的废催化剂	T
		261-183-50	除农药以外其他有机磷化合物生产过程中产生的废催化剂	T

续表

废物类别	行业来源	废物代码	危险废物	危险特性
HW50 废催化剂	农药制造	263-013-50	化学合成农药生产过程中产生的废催化剂	T
	化学药品原料药制造	271-006-50	化学合成原料药生产过程中产生的废催化剂	T
	兽用药品制造	275-009-50	兽药生产过程中产生的废催化剂	T
	生物药品制品制造	276-006-50	生物药品生产过程中产生的废催化剂	T
	环境治理业	772-007-50	烟气脱硝过程中产生的废钒钛系催化剂	T
	非特定行业	900-048-50	废液体催化剂	T
		900-049-50	机动车和非道路移动机械尾气净化废催化剂	T

注：1. 本附表“危险废物”列中表述的“废 × ×”或者“废弃的 × ×”，其中“× ×”是指依据我国固体废物鉴别相关标准确定的固体废物。

2. 本附表所列危险特性为危险废物的主要危险特性，不排除该危险废物可能具有其他危险特性；“,”分隔的多个危险特性代码，表示该种危险废物具有列在第一位代码所代表的危险特性，且可能具有所列其他代码代表的危险特性；“/”分隔的多个危险特性代码，表示该种危险废物具有所列代码所代表的一种或者多种危险特性。

3. 医疗废物分类按照《医疗废物分类目录》执行。

4. 如无特殊说明，本附表危险废物表述中的矿物油，以及其他未指明原料来源的油，指石油炼制产生的矿物油、煤直接液化油，不包括动植物油脂、酯基生物柴油、烃基生物柴油以及采用烯烃聚合、合成气制烃工艺生产的合成油。

5. 如无特殊说明，HW02 和 HW03 类危险废物表述中的化学药品、生物制品、药物、原料药不包括调节水、电解质、酸碱平衡药以及氨基酸、维生素、矿物质类药。

6. 如无特殊说明，HW12 类危险废物表述中的颜料不包括钛白颜料。

7. 如无特殊说明，HW40 类危险废物表述中的醚和醚类化合物不包括醚类物质聚合形成的聚合物。

8. 如无特殊说明，HW45 类危险废物表述中的有机卤化物不包括含卤素有机高分子化合物。

附录

危险废物豁免管理清单

本清单各栏目说明：

1.“序号”指列入本目录危险废物的顺序编号；

2.“废物类别 / 代码”指列入本目录危险废物的类别或者代码；

3.“危险废物”指列入本目录危险废物的名称；

4.“豁免环节”指可不按危险废物管理的环节；

5.“豁免条件”指可不按危险废物管理应具备的条件，但仍应符合固体废物管理等生态环境相关法律法规和标准要求；

6.“豁免内容”指可不按危险废物管理的内容；

7.《医疗废物分类目录》对医疗废物有其他豁免管理内容的，按照该目录有关规定执行；

8.本清单引用文件中，凡是未注明日期的引用文件，其最新版本适用于本清单。

序号	废物类别 / 代码	危险废物	豁免环节	豁免条件	豁免内容
1	生活垃圾中的危险废物	家庭日常生活或者为日常生活提供服务的活动中产生的废药品、废杀虫剂和消毒剂及其包装物、废油漆和溶剂及其包装物、废矿物油及其包装物、废胶片及废像纸、废荧光灯管、废含汞温度计、废含汞血压计、废铅蓄电池、废镍镉电池和氧化汞电池以及电子类危险废物等	全部环节	未集中收集的家庭日常生活中产生的生活垃圾中的危险废物。	全过程不按危险废物管理。
			收集	按照各市、县生活垃圾分类要求，纳入生活垃圾分类收集体系进行分类收集，且运输工具和暂存场所满足分类收集体系要求。	从分类投放点收集转移到所设定的集中贮存点的收集过程不按危险废物管理。

续表

<table>
<tr><th>序号</th><th>废物类别 / 代码</th><th>危险废物</th><th>豁免环节</th><th>豁 免 条 件</th><th>豁免内容</th></tr>
<tr><td rowspan="6">2</td><td rowspan="6">HW01</td><td rowspan="2">床位总数在 19 张以下（含 19 张）的医疗机构产生的医疗废物（重大传染病疫情期间产生的医疗废物除外）</td><td>收集</td><td>按《医疗卫生机构医疗废物管理办法》等规定进行消毒和收集。</td><td>收集过程不按危险废物管理。</td></tr>
<tr><td>运输</td><td>转运车辆符合《医疗废物转运车技术要求（试行）》（GB 19217）要求。</td><td>不按危险废物进行运输。</td></tr>
<tr><td>不具备集中处置医疗废物条件的农村的医疗机构产生的医疗废物</td><td>全部环节</td><td>按照地方卫生健康部门、生态环境部门确定的方案进行医疗废物的处理处置。</td><td>全过程不按危险废物管理。</td></tr>
<tr><td>重大传染病疫情期间产生的医疗废物</td><td>运输</td><td>按事发地的县级以上人民政府确定的处置方案进行运输。</td><td>不按危险废物进行运输。</td></tr>
<tr><td>重大传染病疫情期间产生的医疗废物</td><td>处置</td><td>按事发地的县级以上人民政府确定的处置方案进行处置。</td><td>处置过程不按危险废物管理。</td></tr>
<tr style="display:none"><td></td><td></td><td></td><td></td></tr>
<tr><td rowspan="2">3</td><td rowspan="2">841-001-01</td><td rowspan="2">感染性废物</td><td>运输</td><td>按照《医疗废物处理处置污染控制标准》（GB 39707）以及《医疗废物高温蒸汽消毒集中处理工程技术规范》（HJ 276）或者《医疗废物化学消毒集中处理工程技术规范》（HJ 228）或者《医疗废物微波消毒集中处理工程技术规范》（HJ 229）进行处理后按生活垃圾运输。</td><td>不按危险废物进行运输。</td></tr>
<tr><td>处置</td><td>按照《医疗废物处理处置污染控制标准》（GB 39707）以及《医疗废物高温蒸汽消毒集中处理工程技术规范》（HJ 276）或者《医疗废物化学消毒集中处理工程技术规范》（HJ 228）或者《医疗废物微波消毒集中处理工程技术规范》（HJ 229）进行处理后进入生活垃圾填埋场填埋或者进入生活垃圾焚烧厂焚烧。</td><td>处置过程不按危险废物管理。</td></tr>
</table>

续表

序号	废物类别/代码	危险废物	豁免环节	豁免条件	豁免内容
4	841-002-01	损伤性废物	运输	按照《医疗废物处理处置污染控制标准》（GB 39707）以及《医疗废物高温蒸汽消毒集中处理工程技术规范》（HJ 276）或者《医疗废物化学消毒集中处理工程技术规范》（HJ 228）或者《医疗废物微波消毒集中处理工程技术规范》（HJ 229）进行处理后按生活垃圾运输。	不按危险废物进行运输。
			处置	按照《医疗废物处理处置污染控制标准》（GB 39707）以及《医疗废物高温蒸汽消毒集中处理工程技术规范》（HJ 276）或者《医疗废物化学消毒集中处理工程技术规范》（HJ 228）或者《医疗废物微波消毒集中处理工程技术规范》（HJ 229）进行处理后进入生活垃圾填埋场填埋或者进入生活垃圾焚烧厂焚烧。	处置过程不按危险废物管理。
5	841-003-01	病理性废物（人体器官除外）	运输	按照《医疗废物处理处置污染控制标准》（GB 39707）以及《医疗废物高温蒸汽消毒集中处理工程技术规范》（HJ 276）或者《医疗废物化学消毒集中处理工程技术规范》（HJ 228）或者《医疗废物微波消毒集中处理工程技术规范》（HJ 229）进行处理后按生活垃圾运输。	不按危险废物进行运输。

续表

序号	废物类别/代码	危险废物	豁免环节	豁免条件	豁免内容
5	841-003-01	病理性废物（人体器官除外）	处置	按照《医疗废物处理处置污染控制标准》（GB 39707）以及《医疗废物高温蒸汽消毒集中处理工程技术规范》（HJ 276）或者《医疗废物化学消毒集中处理工程技术规范》（HJ 228）或者《医疗废物微波消毒集中处理工程技术规范》（HJ 229）进行处理后进入生活垃圾焚烧厂焚烧。	处置过程不按危险废物管理。
6	900-003-04	农药使用后被废弃的与农药直接接触或者含有农药残余物的包装物	收集	依据《农药包装废弃物回收处理管理办法》收集农药包装废弃物并转移到所设定的集中贮存点。	收集过程不按危险废物管理。
			运输	符合《农药包装废弃物回收处理管理办法》中的运输要求。	不按危险废物进行运输。
			利用	进入依据《农药包装废弃物回收处理管理办法》确定的资源化利用单位进行资源化利用。	利用过程不按危险废物管理。
			处置	符合《生活垃圾填埋场污染控制标准》（GB 16889）或者《生活垃圾焚烧污染控制标准》（GB 18485）要求，进入生活垃圾填埋场填埋或者进入生活垃圾焚烧厂焚烧。	处置过程不按危险废物管理。
7	900-210-08	船舶含油污水及残油经船上或者港口配套设施预处理后产生的需通过船舶转移的废矿物油与含矿物油废物	运输	按照水运污染危害性货物实施管理。	不按危险废物进行运输。

续表

序号	废物类别/代码	危险废物	豁免环节	豁 免 条 件	豁免内容
8	900-249-08	废铁质油桶（不包括900-041-49类）	利用	封口处于打开状态、静置无滴漏且经打包压块后，符合生态环境相关标准要求，作为生产原料用于金属冶炼。	利用过程不按危险废物管理。
9	900-200-08 900-006-09	金属制品机械加工行业珩磨、研磨、打磨过程，以及使用切削油或者切削液进行机械加工过程中产生的属于危险废物的含油金属屑	利用	经压榨、压滤、过滤或者离心等除油达到静置无滴漏后打包或者压块，符合生态环境相关标准要求，作为生产原料用于金属冶炼。	利用过程不按危险废物管理。
10	252-002-11 252-017-11 451-003-11	煤炭焦化、气化及生产燃气过程中产生的废高温煤焦油	利用	符合生态环境相关标准要求，作为粘合剂生产煤质活性炭、活性焦、碳块衬层、自焙阴极、预焙阳极、石墨碳块、石墨电极、电极糊、冷捣糊。	利用过程不按危险废物管理。
		煤炭焦化、气化及生产燃气过程中产生的废中低温煤焦油	利用	符合生态环境相关标准要求，作为煤焦油加氢装置原料生产煤基氢化油，且生产的煤基氢化油符合《煤基氢化油》（HG/T 5146）技术要求。	利用过程不按危险废物管理。
		煤炭焦化、气化及生产燃气过程中产生的废煤焦油	利用	符合生态环境相关标准要求，作为生产原料生产炭黑。	利用过程不按危险废物管理。
11	900-451-13	采用破碎分选方式回收废覆铜板、线路板、电路板中金属后的废树脂粉	运输	运输工具满足防雨、防渗漏、防遗撒要求。	不按危险废物进行运输。
			处置	符合《生活垃圾填埋场污染控制标准》（GB 16889）要求进入生活垃圾填埋场填埋，或者符合《一般工业固体废物贮存、处置场污染控制标准》（GB 18599）要求进入一般工业固体废物处置场处置。	填埋处置过程不按危险废物管理。

续表

序号	废物类别/代码	危险废物	豁免环节	豁免条件	豁免内容
12	772-002-18	生活垃圾焚烧飞灰	运输	经处理后符合《生活垃圾填埋场污染控制标准》(GB 16889)要求，且运输工具满足防雨、防渗漏、防遗撒要求。	不按危险废物进行运输。
			处置	符合《生活垃圾填埋场污染控制标准》(GB 16889)要求进入生活垃圾填埋场填埋。	填埋处置过程不按危险废物管理。
			处置	符合《水泥窑协同处置固体废物污染控制标准》(GB 30485)和《水泥窑协同处置固体废物环境保护技术规范》(HJ 662)要求进入水泥窑协同处置。	水泥窑协同处置过程不按危险废物管理。
13	772-003-18	医疗废物焚烧飞灰	处置	符合《生活垃圾填埋场污染控制标准》(GB 16889)要求进入生活垃圾填埋场填埋。	填埋处置过程不按危险废物管理。
		医疗废物焚烧处置产生的底渣	全部环节	符合《生活垃圾填埋场污染控制标准》(GB 16889)要求进入生活垃圾填埋场填埋。	全过程不按危险废物管理。
14	772-003-18	危险废物焚烧处置过程产生的废金属	利用	符合生态环境相关标准要求，作为生产原料用于金属冶炼。	利用过程不按危险废物管理。
15	772-003-18	生物制药产生的培养基废物经生活垃圾焚烧厂焚烧处置产生的焚烧炉底渣、经水煤浆气化炉协同处置产生的气化炉渣、经燃煤电厂燃煤锅炉和生物质发电厂焚烧炉协同处置以及培养基废物专用焚烧炉焚烧处置产生的炉渣和飞灰	全部环节	生物制药产生的培养基废物焚烧处置或者协同处置过程不应混入其他危险废物。	全过程不按危险废物管理。

续表

序号	废物类别/代码	危险废物	豁免环节	豁免条件	豁免内容
16	193-002-21	含铬皮革废碎料（不包括鞣制工段修边、削匀过程产生的革屑和边角料）	处置	符合《生活垃圾填埋场污染控制标准》（GB 16889）要求进入生活垃圾填埋场填埋，或者符合《一般工业固体废物贮存、处置场污染控制标准》（GB 18599）要求进入一般工业固体废物处置场处置。	填埋处置过程不按危险废物管理。
		含铬皮革废碎料	运输	符合《含铬皮革废料污染控制技术规范》（HJ 1274）运输工具要求。	不按危险废物进行运输。
			利用	符合生态环境相关标准要求，作为生产原料用于生产皮件、再生革或者静电植绒。	利用过程不按危险废物管理。
17	261-041-21	铬渣	利用	符合《铬渣污染治理环境保护技术规范（暂行）》（HJ/T 301）要求用于烧结炼铁。	利用过程不按危险废物管理。
18	900-052-31	未破损的废铅蓄电池	运输	运输工具满足防雨、防渗漏、防遗撒要求。	不按危险废物进行运输。
19	092-003-33	采用氰化物进行黄金选矿过程中产生的金精矿氰化尾渣	处置	符合《黄金行业氰渣污染控制技术规范》（HJ 943）要求进入尾矿库处置或者进入水泥窑协同处置。	处置过程不按危险废物管理。
20	HW34	仅具有腐蚀性危险特性的废酸	利用	符合生态环境相关标准要求，作为生产原料综合利用。	利用过程不按危险废物管理。
			利用	作为工业污水处理厂污水处理中和剂利用，且满足以下条件：废酸中第一类污染物含量低于该污水处理厂排放标准，其他《危险废物鉴别标准 浸出毒性》（GB 5085.3）所列特征污染物含量低于 GB 5085.3 限值的 1/10。	利用过程不按危险废物管理。

续表

序号	废物类别 / 代码	危险废物	豁免环节	豁免条件	豁免内容
21	HW35	仅具有腐蚀性危险特性的废碱	利用	符合生态环境相关标准要求，作为生产原料综合利用。	利用过程不按危险废物管理。
			利用	作为工业污水处理厂污水处理中和剂利用，且满足以下条件：液态碱或者固态碱按HJ/T 299方法制取的浸出液中第一类污染物含量低于该污水处理厂排放标准，其他《危险废物鉴别标准 浸出毒性》（GB 5085.3）所列特征污染物低于GB 5085.3限值的1/10。	利用过程不按危险废物管理。
22	323-001-48	仲钨酸铵生产过程中碱分解产生的碱煮渣（钨渣）和废水处理污泥	处置	符合《水泥窑协同处置固体废物污染控制标准》（GB 30485）和《水泥窑协同处置固体废物环境保护技术规范》（HJ 662）要求进入水泥窑协同处置。	处置过程不按危险废物管理。
23	900-041-49	废弃的含油抹布、劳保用品	全部环节	未分类收集。	全过程不按危险废物管理。
24	突发环境事件产生的危险废物	突发环境事件及其处理过程中产生的HW900-042-49类危险废物和其他需要按危险废物进行处理处置的固体废物，以及事件现场遗留的其他危险废物和废弃危险化学品	运输	按事发地的县级以上人民政府确定的处置方案进行运输。	不按危险废物进行运输。
			利用、处置	按事发地的县级以上人民政府确定的处置方案进行利用或者处置。	利用或者处置过程不按危险废物管理。
25	历史遗留危险废物	历史填埋场地清理，以及水体环境治理过程产生的需要按危险废物进行处理处置的固体废物	运输	按事发地的设区市级以上生态环境部门同意的处置方案进行运输。	不按危险废物进行运输。

续表

序号	废物类别 / 代码	危险废物	豁免环节	豁 免 条 件	豁免内容
25	历史遗留危险废物	历史填埋场地清理，以及水体环境治理过程产生的需要按危险废物进行处理处置的固体废物	利用、处置	按事发地的设区市级以上生态环境部门同意的处置方案进行利用或者处置。	利用或者处置过程不按危险废物管理。
		实施土壤污染风险管控、修复活动中，属于危险废物的污染土壤	运输	修复施工单位制定转运计划，依法提前报所在地和接收地的设区市级以上生态环境部门。	不按危险废物进行运输。
			处置	符合《水泥窑协同处置固体废物污染控制标准》（GB 30485）和《水泥窑处置固体废物环境保护技术规范》（HJ 662）要求进入水泥窑协同处置。	处置过程不按危险废物管理。
26	900-044-49	阴极射线管含铅玻璃	运输	运输工具满足防雨、防渗漏、防遗撒要求。	不按危险废物进行运输。
27	900-045-49	废弃电路板	运输	运输工具满足防雨、防渗漏、防遗撒要求。	不按危险废物进行运输。
28	772-007-50	烟气脱硝过程中产生的废钒钛系催化剂	运输	运输工具满足防雨、防渗漏、防遗撒要求。	不按危险废物进行运输。
29	251-017-50	催化裂化废催化剂	运输	采用密闭罐车运输。	不按危险废物进行运输。
30	900-049-50	机动车和非道路移动机械尾气净化废催化剂	运输	运输工具满足防雨、防渗漏、防遗撒要求。	不按危险废物进行运输。
31	—	未列入本《危险废物豁免管理清单》中的危险废物或者利用过程不满足本《危险废物豁免管理清单》所列豁免条件的危险废物	利用	在环境风险可控的前提下，根据省级生态环境部门确定的方案，实行危险废物“点对点”定向利用，即：一家单位产生的一种危险废物，可作为另外一家单位环境治理或者工业原料生产的替代原料进行使用。	利用过程不按危险废物管理。

限于篇幅，本书仅提供以下标准和技术规范的电子版供读者阅读、使用，请发送邮件至邮箱 zhangyao9903@126.com 免费获取，或者关注“中国市场出版社”微信公众号，在“增值服务”栏——电子书部分免费下载获取。

◆《危险废物管理计划和管理台账制定技术导则》（HJ 1259—2022）

◆《危险废物贮存污染控制标准》（GB 18597—2023）

◆《危险废物收集贮存运输技术规范》（HJ 2025—2012）

◆《危险废物识别标志设置技术规范》（HJ 1276—2022）